U0179739

历史文化街区 保护更新：

梁 伟 侯 旸 著

理论探索与湖州实践

ZHEJIANG UNIVERSITY PRESS

浙江大学出版社

·杭州·

图书在版编目（CIP）数据

历史文化街区保护更新:理论探索与湖州实践 / 梁
伟,侯旸著. —杭州:浙江大学出版社,2023.1
ISBN 978-7-308-23035-3

Ⅰ.①历… Ⅱ.①梁… ②侯… Ⅲ.①商业街—文化
遗产—保护—研究—湖州 Ⅳ.①TU984.13

中国版本图书馆 CIP 数据核字（2022）第 171877 号

历史文化街区保护更新:理论探索与湖州实践
LISHI WENHUA JIEQU BAOHU GENGXIN: LILUN TANSUO YU HUZHOU SHIJIAN

梁　伟　侯　旸　著

责任编辑	胡　畔
责任校对	赵　静
封面设计	时　代
出版发行	浙江大学出版社
	（杭州市天目山路 148 号　邮政编码 310007）
	（网址:http://www.zjupress.com）
排　　版	浙江时代出版服务有限公司
印　　刷	杭州宏雅印刷有限公司
开　　本	710mm×1000mm　1/16
印　　张	17.25
插　　页	8
字　　数	350 千
版 印 次	2023 年 1 月第 1 版　2023 年 1 月第 1 次印刷
书　　号	ISBN 978-7-308-23035-3
定　　价	88.00 元

我们的工作从触摸历史街区的每一片砖瓦开始！

2014 年在小西街现场勘查

小西街鸟瞰（摄影肖二）

衣裳街鸟瞰（摄影俞晓）

小西街秋景（摄影闲云）

衣裳街鸟瞰（摄影侯旸）

小西街沿河修复前（摄影梁伟）

小西街沿河修复后（摄影梁伟）

小西街修复前（摄影梁伟）

小西街修复后（摄影梁伟）

小西街修复前（摄影梁伟）

小西街修复后（摄影梁伟）

小西街沿河修复前（摄影梁伟）

小西街沿河修复后（摄影梁伟）

小西街油车巷建筑修复前（摄影梁伟）

小西街油车巷建筑修复后（摄影梁伟）

衣裳街修复前（摄影梁伟）

衣裳街修复后（摄影梁伟）

衣裳街修复前（摄影梁伟）

衣裳街修复后（摄影梁伟）

衣裳街大摆渡口修复前（摄影梁伟）

衣裳街大摆渡口修复后（摄影梁伟）

衣裳街王安申宅修复前（摄影梁伟）

衣裳街王安申宅修复后（摄影梁伟）

前　言

　　我国已全面进入城镇化高质量发展的新阶段,其中文化发挥的重要作用正日益突显。文化是构成人们美好生活的关键要素,保留文化记忆,记住历史乡愁,坚定文化自信,增强家国情怀,已成为新阶段城市建设发展的主要趋势。文化也是保证城市高质量发展的新动能,做好文化赓续,是促进城市品质与内涵提升的重要手段。文化还是城市特色和城市精神的源泉,延续城市文脉,保护文化遗产,加强历史传承,才能对外树立形象,对内凝聚人心,打造城市精神,彰显城市特色。2021年中共中央办公厅和国务院办公厅下发了《关于在城乡建设中加强历史文化保护传承的意见》,再次强调了保护历史文化风貌,有序实施城市修补和有机更新,加强文化遗产保护传承和合理利用的重大意义。浙江省经济发达,在城乡历史文化遗产保护方面一直走在全国的前列,取得了大量经典的实践案例,多年来浙江省各地积极探索城乡历史文化遗产保护利用的新路径、新模式和新机制,形成了一批可推广借鉴的"浙江经验"。其中杭州形成将传统文化精髓融入现代文明的模式,绍兴积极推动古城台门微更新保护利用的模式,湖州小西街采用完好保留原貌和传统肌理的模式等,都是较为成功的代表性案例,它们也作为典型被列入《浙江省历史文化名城名镇名村保护"十四五"规划》中予以推介。

　　历史文化街区的保护是体现高水平、高质量、全面深化完善城乡历史文化遗产保护的重要工作,也是提升浙江省、湖州市文化综合实力及文化价值的重要抓手。保护、传承、利用好城乡历史文化遗产是践行"八八战略"、奋力打造浙江"文化高地"的重要内容。守根铸魂、筑牢新高地,系统谋划城市建设过程中的历史文化遗产保护,对于保护城乡历史文化遗产,延续城乡历史文脉,保护中华文化基因,在更高层次上彰显浙江人文之美、湖州城市之韵具有重大意义。

湖州是国家级历史文化名城,也是唯一以"太湖"命名的城市,其历史悠久、内涵深厚、文化遗存极为丰富。湖州市政府和名城主管部门历来高度重视城市历史文化遗产的保护,陆续实施了以衣裳街、小西街历史文化街区保护与更新工程为代表的一大批历史文化遗产保护项目。湖州在有效保护城市历史文化遗产,探索历史街区和历史文化名城有机更新的道路上,克服困难,不断创新,积累了丰富的实践经验。2022年是中国历史文化名城制度创立40周年,湖州的历史文化街区保护与更新的实践历程就是一面镜子,从中折射了浙江和我国历史文化名城保护与更新理念的发展过程。湖州虽然在长达15年的历史文化街区实践过程中也走过许多弯路,但最终还是修正了理念、方针,提交了一份市民满意、专家叫好的答卷。

本书系统梳理了中国历史文化街区保护理论的发展过程和研究现状,重点从湖州两处历史文化街区保护与更新工程实践的回顾剖析中,对取得的经验和教训进行了深入研究总结。通过湖州的街区实践案例研究,对当前我国历史文化街区保护与更新过程中存在的真实性、完整性评价,基于价值的保护、传统生活的延续性、历史建筑修缮的关键性技术等重要问题进行了讨论,提出从历史文化街区保护转变为历史文化社区保护的概念展望。吴良镛院士曾这样评价我国名城保护工作的状况:"尽管有关当局、许多专家学者、热心人士都做了许多工作,在一定程度上,也保护了一些文物,但是其理论是苍白的,措施是无力的,并且往往就事论事,着眼于个体建筑物,或把名城保护工作程式化,每每照搬照抄,缺乏根据每个城市特殊条件的各自的独造。"开展历史文化名城保护40年来,我们面临的问题已经不只是政府决策认识不到位、法律法规不完善,可能更多的问题来自保护工作整体策略的制定和基础理论的缺乏。根据中国历史文化遗产特色,探索历史文化名城保护的中国模式依然长路漫漫,希望本书的出版能为此贡献一份绵薄之力。

梁　伟

2022 年 6 月

目　录

第 一 章

历史文化街区保护研究综述

历史街区是城市历史遗产的重要部分，是具有独特历史文化风情的区域，它们依然需要承载城市的诸多功能，是其发展的参与者与见证者。

衣裳街老照片

美国著名城市学家刘易斯·芒福德(Lewis Mumford)曾说过:"城市的作用和贡献在于它能保存、流传和发展社会历史文化。"历史文化街区是城市发展的缩影,蕴含着城市珍贵的历史记忆,延续着城市传统生活的旋律,是反映城市面貌和发展变迁不可或缺的因素。历史文化街区是我国名城保护体系里最为重要的元素之一,也是最能体现城市风貌特色和最容易感知到城市历史文化特征的场所。在高速的城市化过程中,虽然曾经不断地有历史街区①被拆除改造,但是也有相当数量的历史街区被保护下来,在城市更新的大潮下进行了维修和整治。历史文化街区往往地处城市黄金地段,成为各方利益竞相追逐的焦点,也是城市更新中最为敏感、最有争议和难度最大的区域。长三角地区人口稠密,建设用地较为紧张,各个城市陆续开展了紧锣密鼓的城市更新活动,在陆续实施的历史文化街区更新工程中,就最终实施的效果看,真正令人满意的并不多。从某种角度上看,历史文化街区的整治更新工程陷入了实施一个、破坏一个的怪圈,这种"保护性破坏"和"建设性破坏"对历史文化街区带来的伤害远比过去放任自流带来的伤害大得多,许多街区在经过保护整治后面目全非,造成不可逆转的损失。

　　国内对历史街区的保护模式多种多样,已经由政府单一渠道资金投放的"自上而下"的模式,逐步转变为市场经济催化下政府、开发商、居民等多渠道资金投放的多种路径。然而,很多城市中心的历史街区仍采用静态保护的思维,机械确定保护范围,保护内容与保护方式过于简单,未能将历史街区的保护工作与城市总体发展有机联系在一起,难以适应新的城市生活和城市发展的要求。这往往出现两极分化的情况,一方面主要表现为在市场效益驱动下,历史

---

　　①　本书为行文顺畅和表述简便,有时将"历史文化街区"简化为"历史街区",两者概念一致。

街区的保护变成了旧城改造下的大拆大建。追求最大经济效益的房地产开发商和出于"政绩"考虑的某些地方领导,从未将历史街区的保护作为发展的前提,公然违反保护的原则和法律法规,打着"改造更新"的旗号,对历史文化街区进行肆意的设计和建设。这使得历史文化街区快速消失,造成社会、经济、文化等方面巨大的损失。另一方面则主要反映在保护资金的匮乏及广大城市居民的漠视,使得历史文化街区的保护难以维系。导致街区内建筑破旧不堪、基础设施水平低下、环境卫生差的情况,现代生活水平的提升需求也带来了居民自发性改建和损毁,共同导致了城市中心历史文化街区的衰退和破坏。

历史文化街区的保护与更新模式也具有不可复制性。由于各地的文化底蕴、社会发展状况、经济基础和城市管理水平存在一定差异,在具体保护项目的实施过程中碰到的问题千差万别。因此,单纯地照搬某一种或某一地的方式方法很容易出现水土不服。综观国内外若干年来的历史文化遗产保护的发展历程,这也是一个不断摸索和修正、不断成熟的过程,历史文化街区的保护与整治需要我们进行纵横多方的比较研究,回顾国内外保护发展历程和典型案例,将更有利于我们根据具体情况判断成败得失,因地制宜地制定适合特定历史文化街区的保护方法和模式。

第一节　我国历史文化街区的总体情况

一、历史文化街区的概念定义

历史文化街区是城市传统物质与文化的重要承载空间,它通过长时间积累发展而形成,通过具体物质形态的遗存来呈现城市空间的历史发展脉络,它所体现的价值在于历史、科学、艺术和社会文化等多方面。历史文化街区具有不可再生性、不可复制性和稀缺性,它是三维物质空间叠加时间而形成的四维集合体,是"时间的物质化"和"物质的时间化"的双重表现。其中"时间的物质化"表现为城市发展过程中政治、社会、经济、文化等因素向建筑、街巷等城市具体物质遗存和城市空间的转化;"物质的时间化"表现为历史文化街区空间范围内的历史格局原型在时间推移过程中的嬗变,历史肌理原型在时间推移过程中的遗留和变化,历史建筑在时间转换中的物质与功能转变。历史文化街区早在1986年就被国务院以"历史文化保护区"的概念提出,之后于1994年在《历史文化名城保护规划编制要求》中被明确要求需在重要历史地区中被划定,2002 年在《中华人民共和国文物保护法》中历史文化街区概念正式被确定并沿用至今。历史文化街区的概念经历了一个从模糊到清晰,包含范畴从大到小的过程。1986 年公布第二批国家历史文化名城的文件中,提出的名称是"历史文化保护区"的概念,当时的历史文化保护区不仅包含了城区中有传统风貌的历史地段,也包含不在城区范围的历史文化村镇、建筑群等。1996 年在屯溪召开的历史街区保护国际会议上出现了"历史街区"的概念,但这时"历史街区"和"历史文化保护区"含义基本相同。主要区别在于前者是一个学术概念,后者是法定概念,而历史地段则是比较笼统的说法。在 2002 年《文物保护法》修订中,"历史文化街区"成为法定名词取代了"历史文化保护区",并且不再包含历史文化村镇和郊区建筑群。从 2003 年开始,中国历史文化名镇名村保护制度单独设置,2004年《城市紫线管理办法》颁布实施,其中第二条规定:"本办法所称城市紫线,是指国家历史文化名城内的历史文化街区和省、自治区、直辖市人民政府公布的历史文化街区的保护范围界线,以及历史文化街区外经县级以上人民政府公布保护的历史建筑的保护范围界线。"这里面再次表明历史文化街区位于历史文化名城内,不包含市域范围内的历史性村镇、建筑群等。

住建部颁布的《历史文化街区和历史建筑确定标准》中,对历史文化街区的划定要求如下:城镇中具备下列条件的传统居住区、商贸区、工业区、办公区等地区可以划定为历史文化街区:(一)具有下列历史文化价值之一。1. 在城镇形成和发展过程中起到重要作用,与历史名人和重大历史事件相关,能够体现城镇古代悠久历史、近现代变革发展、中国共产党诞生与发展、新中国建设发展、改革开放伟大进程等某一特定时期的建设成就。2. 空间格局、肌理和风貌等体现传统文化、民族特色、地域特征或时代风格。3. 保留丰富的非物质文化遗产和优秀传统文化,保持传统生活延续性,承载了历史记忆和情感。(二)具有一定的规模和真实的物质载体,并满足以下条件。1. 传统格局基本完整,且构成街区格局和历史风貌的历史街巷和历史环境要素是历史存留的原物,核心保护范围面积不小于 1 公顷。2. 保存文物特别丰富,历史建筑集中成片,核心保护范围内文物建筑、历史建筑等保护类建筑的总用地面积不小于核心保护范围内建筑总用地面积的 60%。《历史文化名城保护规划标准(GB/T 50357—2018)》中术语章节对"历史文化街区"概念如是界定:经省、自治区、直辖市人民政府核定公布的保存文物特别丰富、历史建筑集中成片、能够较完整和真实地体现传统格局和历史风貌,并具有一定规模的历史地段。其核定必须满足以下四个条件:1.具有比较完整的历史风貌;2.构成历史风貌的历史建筑和历史环境要素应是历史存留的原物;3.核心保护范围面积不应小于1公顷;4.核心保护范围内的文物保护单位、历史建筑、传统风貌建筑的总用地面积不应小于核心保护范围内建筑总用地面积的60%。

综上,我们可以看出历史文化街区的定义是逐渐发展和不断完善的。首先历史文化街区必须具有价值,其次当今历史文化街区中"年代久远"的因素已不是主要考量因素,它们可以是近代甚至现代的有价值的城市工业区、商贸区、居住区等各种城市功能片区。另外,历史文化街区名录由政府主管部门确定,经相应级别人民政府官方公布后方能视为具有正式法定身份。其保护区划由相关政府部门核定公布,具有明细而层级分明的核心保护范围、建设控制地带范围界线,并受到严格的历史文化遗产保护法规体系管控,是我国历史文化遗产保护体系中微观层面最重要的一环。在历史文化名城中保护历史街区有着十分重要的现实意义,毕竟为体现名城传统格局和风貌保护完整,真正需要全城保护的古城为数并不多。因此,对大多数历史文化名城来说,除保护文物古迹外,有重点地保护好若干历史文化街区,以此为主体,反映古城的传统格局和风貌,展示城市发展的历史和延续文化特色是切实可行的保护方法。

二、我国历史文化街区总体情况分析

截至2022年,国务院已经公布了140座国家级历史文化名城,在这些国家级历史文化名城中共划定历史文化街区970片(处),确定历史建筑4.27万处。住房和城乡建设部、国家文物局还公布了312个中国历史文化名镇、487个中国历史文化名村。2015年,住建部和国家文物局公布了第一批中国历史文化街区,北京市皇城历史文化街区、天津市五大道历史文化街区、吉林省长春市第一汽车制造厂历史文化街区等10个街区入选。中国历史文化街区的评选是由相关国家政府机构组织开展的一项认定工作,主要目的是保护城市中风貌特别完整、传统建筑集中、历史文化遗存特别丰富的历史文化街区,是我国历史文化名城保护展示体系的一项重要评选活动。此外,经由文化部和国家文物局批准,由非国家政府机构——中国文化报、中国文物报和中华民族文化促进会组织了中国历史文化名街评选,活动旨在对全国各地的历史文化街区进行宣传推广。中国历史文化名街是全面落实科学发展观,为了进一步推进城市文化建设和文化遗产保护,经文化部、国家文物局批准后由中国文化报社联合中国文物报社举办的一项评选推介活动。这项活动已于2009年至2013年连续举办五届,以

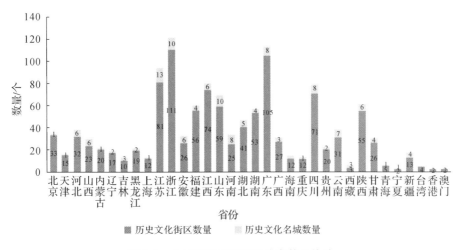

图 1-1　全国历史文化街区分布数量统计

北京市国子监街、江苏省苏州市平江路、上海市虹口区多伦路文化名人街、黑龙江省哈尔滨市中央大街、安徽省黄山市屯溪老街等为代表的特色历史文化街区,共计 50 处街区被公布评定为中国历史文化名街。(图 1-1)

　　根据笔者统计,全国共有各级、各类历史文化街区 1129 片(处),其中历史文化街区数量最多的省份是浙江,达到 111 处,广东和江苏紧随其后,广东为 105 处、江苏为 81 处。单个城市中历史文化街区数量最多的城市是上海市,拥有 44 处,其中中心城区 12 处,郊区 32 处,上海在这些历史街区内共划定了 144 条风貌保护道路,总长度超过 100 千米。北京以 33 处历史文化街区位居次席,杭州 28 处列第三位,广州 26 处列第四位。总体来看,历史文化街区数量分布南多北少,由东部到西部逐渐减少,西藏、宁夏最少,各省之间差距十分明显。历史悠久、文化底蕴深厚的传统的古都型城市历史文化街区保有量普遍较多,如北京、杭州、南京、成都、福州等城市都有 20 处以上。据不完全统计,2011 年以来,全国共计有 375 处历史街区启动实施了保护与整治项目,开展历史文化街区保护整治数量最多的是北京市,有 13 处,杭州市有 12 处,浙江、江苏两省在所有省份中开展街区保护项目最多,都有 40 余处历史文化街区开展了保护整治工程。西部的省份如新疆、青海、西藏每个地区只有一两个街区实施了保护工程。已实施的历史街区保护工程内容主要以基础设施改造和景观面貌提升为主,约占 95%;约 82% 的项目实施主体为政府或政府背景的国企,可见政府主导仍是主要的实施管理方式。总体来看,历史文化街区的数量在各个城市之间差异明显,许多国家级历史文化名城仅保留有一处完整的历史文化街区,保护的力度和保护的效果差异非常大。历史文化街区的分布也与各个城市之间的经济状况存在正向关联性,街区数量多、保护状况好的排名前 10 的城市,其经济实力均位于全国前列。这一方面说明历史文化街区的保护需要强大的社会经济基础,同时也说明保护历史文化街区与经济发展并不矛盾,并不会影响城市经济发展和建设,两者是可以双赢的。

第二节 研究背景

20 世纪初开始,西方国家的城市规划理论受到现代主义建筑思想的影响,主张推倒城市中的历史古迹后建设全新的现代化城市。在此背景下,它们展开了大规模的"城市更新"运动,在这一运动过程当中,大量的历史文化遗产遭到破坏,被学者称为"第二次破坏"(两次世界大战被认为是第一次破坏)。自 20 世纪 60 年代开始,城市文化遗产的保护引起了学术界的重视,西方学术界开始反思二战后的城市更新运动,特别是对城市更新过程中破坏城市文化遗产所造成的城市文化和特色的严重损失进行反思。保护城市文化遗产越来越受到社会各界的重视,一系列保护城市历史文化遗产的活动相继展开,如美国的"社区发展"计划,欧洲的"历史文化街区修复",世界范围的"老建筑有选择地再利用"活动、"社区建筑"项目、"住户自建"等活动。在这些保护城市文化遗产实践的过程中,西方国家率先建立了比较完整的城市历史文化遗产保护制度,如英国的"遗产建筑登录"制度、日本的"文化财"制度,意大利甚至还建立了世界上唯一专职负责文化遗产保护工作的武装部队。国际社会和组织也通过公布一系列的国际宪章或文件,不断总结和修正历史文化遗产保护的经验和理念。1964年 5 月在意大利威尼斯召开的国际古迹遗址理事会上,通过了《国际古迹保护与修复宪章》(《威尼斯宪章》),提出扩大文物建筑保护的范围,再次提到历史街区成片保护。联合国教科文组织在 1976 年 11 月的内罗毕大会通过《关于历史地区的保护及其当代作用的建议》(《内罗毕建议》),界定了历史地区的内涵,归纳总结了历史环境的五个共同点,由此孕育产生欧洲"整体保护"的概念。还有1977 年的《马丘比丘宪章》,1987 年在华盛顿通过的《保护历史城镇与城区宪章》(《华盛顿宪章》)等,这些国际宪章和文件的公布,奠定了现代历史文化遗产保护的理念,为全球历史文化遗产保护确立了正确方向。也正是在这些理念的传播影响下,中国开始了本土的历史文化遗产保护探索。

解放战争时期中国共产党就非常重视历史文化遗产的保护,比如和平解放北平,使大量的历史文化遗产免于战火。新中国成立以后,制定了《中华人民共和国文物保护法》,并于 1961 年公布了第一批全国重点文物保护单位。1982年,由罗哲文、单士元等先生提出并创立了历史文化名城保护制度,从此我国历史文化遗产保护在制度上正式形成了文物和建设系统双向并进的管理体系。1986 年我国正式提出"历史街区"的概念,在国务院公布第二批国家级历史文化名城时明确要求,"作为历史文化名城,不仅要看城市的历史,及其保存的文物古迹,还要看其现状格局和风貌是否保留着历史特色,并具有一定数量的代表城市传统风貌的街区"。1996 年修订后的《中华人民共和国文物保护法》正式将历史街区列入不可移动文物范畴,具体规定为:"保存文物特别丰富并且具有重大历史价值或者革命意义的城镇、街道、村庄,由省、自治区、直辖市人民政府核定公布为历史文化街区、村镇,并报国务院备案。"

改革开放以后,在现代化经济发展的驱动下,我国城市更新的步伐也开始加快,"旧城改造"的口号曾经响遍大江南北,随之而来的则是如火如荼的城市大拆大建。20 世纪 90 年代开始房地产业兴起,各大城市为了获得更多的城市发展空间,在市场利益的驱使下,对位于城市黄金地段的众多历史街区和历史建筑进行了大范围的拆建,它们被千篇一律的现代城市建筑取而代之,那些极具特色和保护价值的城市遗产以令人难以想象的速度快速消失。进入 21 世纪以后,在广大专家学者奔走呼吁和媒体的正面宣传引导下,各级政府、社会大众逐渐意识到了文化遗产对城市发展的重要性,社会各界对于城市历史文化遗产保护的意识也越来越强。但是,在城市文化遗产的保护实践当中却仍然屡屡出现"建设性破坏"的现象,特别是在历史文化名城的旧城区的保护中,许多历史街区仍然难逃被拆迁的厄运。即使那些侥幸逃过拆毁厄运的历史建筑仍然过于依赖财政拨款保护,造成历史建筑的保护工作长期面临资金匮乏的窘境,许多历史建筑由于未能及时得到整修而变成危房,令人扼腕。

历史文化街区是城市历史文化遗产的重要组成部分,是拥有一定规模的历史建筑群且有独特历史风情的城市区域。随着城市发展的不断推进,城市建筑承载着日益增多的历史价值,城市历史建筑是城市文脉延续的重要载体,与千篇一律的现代化城市建筑相比,拥有丰富历史建筑的历史文化街区承载着所在城市的居住功能、商业功能和民俗展示等功能,是城市历史文化发展的见证者。在保护历史文化街区内的历史建筑不受破坏的同时要保证其历史特色得到保留,包括建筑物的历史特色、历史文化街区的功能特色以及街区内部的民俗特色等。历史文化街区的空间环境是十分脆弱和敏感的,寻找历史文化街区保护和发展之间的平衡一直是保护工作和学术研究的重中之重。让历史文化街区更好地融入所在城市的发展当中,设法恢复历史文化街区在历史上的功能,或在已经丧失其原始功能的历史文化街区中引入符合城市现代化发展要求的新功能,是当今历史文化街区保护探索和研究的主要路径。

第三节　国外研究综述

历史文化街区的概念和保护实践兴起于欧洲。作为城市历史文化遗产的重要组成部分,历史文化街区很早就引起了广泛的关注,相关国际组织相继出台了一系列关于保护历史文化街区的指导文件的同时,世界各国学者对历史文化街区的改造利用提出许多可行性建议,国外学术界对历史文化街区的探索已经取得了丰硕的成就。

一、国际组织颁布的相关国际公约

1933 年国际现代建筑协会在第一届纪念物历史建筑师及技师国际会议上颁布了《雅典宪章》,提出"有历史价值的建筑和街区,均应妥为保存,不得加以破坏"的保护理念,学界一致认为正是《雅典宪章》首次提出了"历史文化街区"的概念。20 世纪 60 年代,埃及在尼罗河上修建阿斯旺大坝,两座千年神庙惨遭毁坏,这成为联合国教科文组织颁布《世界遗产公约》的直接动因,自此文化遗产的保护开始受到全世界各国的关注和重视。联合国教科文组织于 1972 年订立了《世界文化和自然遗产公约》(简称《世界遗产公约》),其中明确了文化遗产的含义:文化遗产就是从历史、艺术和科学的角度看具有普遍价值的人类工程,包括文物、建筑和考古遗址。此后,联合国教科文组织又通过《保护非物质文化遗产公约》,将非物质文化遗产纳入文化遗产保护范围。世界遗产委员会明确规定真实性是检验世界文化遗产的重要原则,所以对于申报世界文化遗产的项目,除了要符合登录标准以外,还要在设计、材料、工艺和环境四个方面检验其真实性,这是文化遗产的最重要特征。

1964 年,第二届纪念物历史建筑师及技师国际会议颁布了《威尼斯宪章》,该宪章中指出"历史古迹的概念既适用于伟大的建筑艺术作品也适用于更大量的过去的普通建筑",《威尼斯宪章》提出保护历史古迹需要"为社会公用之目的使用古迹,但决不能改变该建筑的布局或装饰","包含对一定规模环境的保护",宪章中所明确的原则,对全球范围内的历史文化遗产的保护具有深刻的影响,对历史文化街区的保护也有重要指导作用。1976 年,联合国教科文组织颁布的《内罗毕建议》中明确提出历史地区的概念,认为历史地区是包含着考古和古生物遗址的任何建筑群、结构和空旷地,它们构成城乡环境中人类的居住地,历史地区具体分为以下几种类型:史前遗址、历史城镇、老城区、老村庄、老村落以及相似的古迹群。历史地区及其环境应被视为不可替代历史文化遗产的组成部分,各国政府与公民都应将保护历史地区作为自己的义务,至此标志着历史地区成为国际文化遗产保护的核心概念。

1987 年,国际古迹遗址理事会(世界遗产委员会的专业咨询机构)第八次会议在华盛顿举行,通过了《保护历史城镇与城区宪章》,即《华盛顿宪章》。该文件系统总结了关于历史城市、历史地段和历史建筑保护的经验和教训,成为对其后相关保护工作影响巨大的国际性文件。正式将历史文化街区定义为"具有历史文化价值并且保护有一定原有风貌的地区",同时指出保护历史地段与历史城区"不仅要保护它们的特征,还要保护表明这种特征的一切物质的和精神的组成部分",强调社会公众的关注,街区保护"离不开周围居民的参与",这些也都成为历史文化街区的保护原则。

2010 年 4 月在马耳他首都瓦莱塔举行的国际古迹遗址理事会 CIVVIH 年会上经过系统的讨论,2011 年 11 月 28 日,在法国巴黎举行的 ICOMOS 第 17 届全体大会通过了有关历史城镇保护的新宪章,即《关于历史城市、城镇和城区的维护与管理的瓦莱塔原则》,简称《瓦莱塔原则》。新宪章对《华盛顿宪章》进行了反思,提出当今世界面临的很多问题都是全新的,现代社会正在不断发生变化,这些变化是来自多方面的,包括政治、经济、文化的(全球化语境下的文化认同)。现代社会的各种影响、经济的发展(市场及生产模式的全球化)使许多传统职业逐渐消亡,改变了许多历史城镇的社会与经济基础。社会与经济条件的变化,导致历史城镇普遍发生大规模的移民活动。在商业需求的影响下,历史城镇不得不制定新的发展策略以保持其在商业上的吸引力。旅游观光业需求的增加,旅游业及服务业的发展越来越多地影响到历史城镇的社会结构,改变着居民的日常生活、传统生活方式。服务于现代社会及现代经济的新建筑物特别是大型建筑物不断在历史城镇中建成,破坏了历史城镇的景观特征与品质,历史城镇的价值正在不断丧失。但是新的建设活动一方面对历史城镇造成了各种影响或破坏,同时也使历史城镇具有了当今时代的特征,应该辩证地认识和处理两者之间的矛盾和关系。《瓦莱塔原则》不仅是对《威尼斯宪章》《内罗毕建议》《华盛顿宪章》的继承，也是在当今时代的重要发展时刻世界遗产保护理论做出的有效回应，是现阶段关于历史城镇和城区保护与管理的最重要的国际性准则。（表 1-1）

表 1-1 关于历史文化街区保护的国际公约一览表

名称	时间	颁布机构	主要内容	意义和影响
《雅典宪章》	1933 年	国际现代建筑协会（CIAM）	现代城市中历史建筑和街区的定位是讨论的核心问题。有历史价值的建筑和街区，均应妥善保存，不应破坏。	对于历史文化遗产的保护具有世界范围的影响力，首次明确提出"历史街区"这一概念。
《威尼斯宪章》	1964 年	国际古迹遗址理事会（ICOMOS）	现代人有义务将历史遗产完整地传递给后人，并保持其真实性。历史古迹的概念既适用于伟大的建筑艺术作品也适用于大量的过去的普通建筑，其中包括历史街区。	以国际立法的形式，结束了 1860—1960 年历史文化遗产保护长达一百年的迷茫和探索，开启了历史文化遗产保护研究新篇章。
《内罗毕建议》	1976 年	联合国教育、科学及文化组织（UNESCO）	指出历史地区不仅包括著名建筑的地区，还包括历史街区、历史城镇、古村落等，提出了若干对于历史地区保护的观点和方法。	标志着历史地区成为国际文化遗产保护的核心概念。
《华盛顿宣言》	1987 年	国际古迹遗址理事会（ICOMOS）	总结了关于历史城市、历史地段和历史建筑保护的方法和手段。	对后世相关保护工作影响巨大的国际性文件。
《瓦莱塔原则》	2011 年	国际古迹遗址理事会（ICOMOS）	总结了当代历史城镇保护问题，提出控制干预、非物质遗产保护、场所精神和文化认同保护。	指导当代历史文化名城、城镇、街区保护的重要国际文件。

二、相关学术研究

二战后，现代主义理念开始在西方国家盛行，它所追求的全球统一性风潮席卷全世界。现代主义规划师和建筑师们认为，当时的城市建设已经不适应机动车和其他机械化运输方式,加上经过战争破坏后世界各地百废待兴的城市状况,这些理论为城市彻底地改造提出了合理的理由。在此背景下,部分西方国家率先开始了城市更新运动,在这场运动的推动下,大量的历史建筑被推倒,取而代之的是所谓象征着国家现代化的高楼大厦,欧洲的城市面貌开始出现翻天覆地的变化。然而,人们慢慢感到"焕然一新"的城市面貌不但毫无特点,令人感到单调乏味,而且缺乏人文关怀,还带来了大量包括治安、交通在内的社会问题。具有珍贵历史价值的城市建筑遗产在这场城市更新运动中被大量拆除,于是许多学者开始从保护城市文化遗产的角度,对西欧这场大规模的城市更新运动进行反思,并积极探索保护包括历史文化街区在内的城市历史文化遗产的途径。20世纪70年代,经济危机席卷全球,西方社会开始检讨过去的城市规划发展路线,尝试放弃大规模拆旧换新的城市改造模式,取而代之以小规模循序渐进的城市发展方式,逐渐兴起了保护城市历史文化遗产的风潮。在学术界,历史文化遗产的保护研究渐渐成为热点,关于历史文化遗产的保护理论也日臻成熟,对历史文化遗产关注的重点由单体的历史建筑扩展到历史片区甚至整个历史城市。西方学术界对历史文化街区保护、旧城市空间的复兴研究正是源自此时。

西方学者对历史文化街区的研究是随着对历史文化街区的保护与经济社会发展之间的矛盾深化而推进的,研究者们最终越来越意识到历史文化街区仍然是现代城市不可或缺的重要组成部分这一核心问题。学术界一直致力于对历史文化街区的保护与发展之间关系的研究,反对进行激进的改造,强调对历史文化街区进行循序渐进的开发利用,在保护中寻求历史文化街区的振兴。历史文化街区不同于普通的建筑文物,单纯地使用"控制保护"原则亦不适用,历史文化街区是一个活的城市生命体,保护工作最重要的是确保历史文化街区历史文脉的延续,历史文化街区的保护与发展之间并不是对立的,而是相辅相成的。斯蒂文·蒂耶斯德尔(Steven Tiesdale)在《城市历史文化街区的复兴》一书中系统总结了西方国家对历史文化街区保护的历史,他认为西方国家对城市历史文化街区的保护经历了三次运动:第一次运动注重的是对历史文化街区单体建筑和遗迹的保护,像宫殿、教堂等,因为保护的内容和范围有限,所以早期的保护策略所能起到的作用有限,被保护建筑的周边被随意开发,对历史环境造成了破坏。正是因为历史环境遭到大量破坏,城市历史文化街区的第二次保护运动开始兴起,这次运动的重点,一是对保护范围和内容扩大,由单纯地保护建筑单体扩展到保护历史建筑所在整体区域。二是社会各界意识到了历史文化街区内历史文脉延续的重要性,由最开始简单地保护历史文化街区的建筑等物质要素转向历史文化街区的振兴发展和活力重塑。在这一过程中,更多的建筑师、规划师、经济开发者等专业人士都参与了进来,使历史文化街区的保护成为城市规划的重要组成部分。随着对历史文化街区保护工作的深入,城市历史文化街区的第三次保护运动兴起。这时的保护工作更加注重专业性,政府对于不同的历史文化街区开始制定更加具有针对性的保护政策,并由早期的保护物质遗产本身的历史特征到侧重保护历史文化街区的整体社会关系,促进城市经济振兴。这就要求政府在历史文化街区的保护开发过程中不断提高管理水平,协调好保护与振兴之间的平衡。英国著名建筑师理查德·罗杰斯(Richard Rogers)认为,保护历史文化街区要考虑到保护和发展的关系,对历史文化街区既不能够肆意开发也不能过度控制。历史文化街区的保护和发展之间存在着长期的辩证关系,关键是要把握好允许历史文化街区变化的程度和规模,制定出符合街区历史特征的控制方法。大卫·科尔布(David Kolb)提出,在城市开发中应实施循序渐进的开发政策,保护历史文化街区的历史文脉特征,并将这一思想称之为"累进重读过程"。佛罗里安·斯坦伯格(Florian Steinberg)提出,应该从政治、文化、社会、经济、城市化影响五个方面对历史文化街区进行保护和利用,作为历史文化名城的重要组成要素,确保历史文化街区得到完整、科学地保护是解决城市的发展需求与保持城市历史特征之间矛盾的关键问题。英国城市规划专家纳撒尼尔·利奇菲尔德(Nathaniel Litchfield)教授在《城市保护的经济学》一书中,强调了城市文化遗产的保护与经济发展之间的重要关系,提出文化遗产本身就具有商品性和资产性的特性,他从经济发展角度观察历史文化遗产的保护,以此获得了更加广阔的研究视角。

国外学者对于历史文化街区保护利用的研究,更多的是通过对具体案例的研究来探寻其保护方法。塞巴斯蒂安·洛斯(Sebastian Los)通过研究法国历史文化街区的保护经验,详细评价了各类历史文化街区中的可利用资源,重点总结了法国在保护和振兴历史文化街区中的做法以及取得的经验教训。具体包括在历史文化街区的保护过程中如何处理与政府管理部门之间的关系,公众在历史文化街区保护中的作用等内容。约翰·彭德尔伯里(John Penderbury)重点研究了英国历史文化街区的保护历史,他认为虽然英国历史文化街区的保护工作也面临着城市经济发展的巨大压力,在历史上却鲜有历史建筑被拆除毁坏的现象出现,这主要得益于公众参与在历史文化街区的保护中所起到的重要作用。肯尼迪·科特瑞(Kennedy Koteri)对荷兰南部地区的社区居民参与历史建筑的评价标准进行了研究,提出政府在制定保护策略和评价历史街区和历史建筑时,应将社区居民的评价标准和利益考虑进来。他还界定了评价历史建筑的四个价值标准:功能、形式、蕴含的历史信息及公众熟悉度。他提出居民对历史建筑的评价标准可分为两个原则:建筑的功能必须服从形式,环境的需求必须服从于结构。安东尼·滕(Anthony M. Tung)通过走访意大利、希腊、日本、中国等国家的 22 座世界闻名的历史文化名城,对这些历史名城的历史与保护现状进行了描述与反思,既回顾了这些名城的保护历程,也对其基于新时代保护理念的保护现状提出了质疑,表达了关注保护全世界历史文化遗产的强烈愿望。日本学者西村幸夫在《再造魅力故乡》一书中介绍了日本数个城市中传统街区重生的案例,在这些街区中,当地政府并不掌握主导权,大多数保护工作是社区居民自主发起的。居民们积极参与到历史文化街区的整治当中,取得了十分显著的效果,充分说明在历史文化街区的保护运动中公众参与的重要性。罗伯特·弗里斯顿(Robert Friston)总结了当今历史城市中关于保护历史建筑的观点和案例,回顾了城市更新的方式、成果和在独裁政府统治下对历史文化街区的破坏,严厉批判了因现代主义的盛行而造成的历史遗迹的毁坏现象。贝西姆·哈金姆(Belcim Hakim)探寻了意大利、希腊、西班牙等地的历史文化街区,他总结道:西欧历史城市和历史文化街区复兴的主要途径是将法律原则与社会道德作为历史文化街区复兴的基础,政府对复兴项目要制定细致的实施规则,要明确公众在其中的责任和义务,公众应对整个复兴项目进行管理,以保证实施过程中的公平公正。2004 年出版的《城市街区:当代社会中的村落》,大卫·贝尔(David Belle)和马克·泰恩(Mark Tayne)在其中阐述了在城市更新过程中,旧城的复兴与历史文化特色的保护之间的矛盾是需要处理的首要矛盾,动员公众参与到旧城改造工作中是解决这一矛盾的关键所在。

通过对回顾国外历史文化街区保护利用的研究可以看出,西方国家在历史文化街区保护更新过程中既重视政府的主导作用,亦非常重视社会公众参与的作用。政府应主要负责明确发展目标,制定详尽的规划策略,同时政府也会强调保护历史文化街区,公民参与将更有利于推动各项工作的开展。在与日常生活息息相关的城市规划管理中,特别是对历史文化遗产进行再利用时,政府会积极争取社会公众参与其中。政府会颁布健全的法律,保障公民参与具体事务的权利,推行完善的行政制度保证社会公众参与的途径。这些举措不仅能够提高社会公众对城市发展、历史文化遗产保护的关注度,还能够提升他们的主人翁意识,能够让社会公众意识到历史文化遗产的保护和更新不仅是政府和专家学者的工作,也与其自身日常生活有着紧密联系。

第四节　国内研究综述

　　国内对历史文化街区的研究从 20 世纪 90 年代初开始,研究趋势逐年升温,研究成果和发文量也逐年递增。大致可以分为三个阶段:第一阶段为1986—2001 年的起步阶段,这时发表文献数量稀少且增长速度缓慢,研究内容以理论构建和策略定性为主。第二阶段为发展阶段,时间为 2002—2011 年,这一时期文献数量陡然攀升,年均增长率达到 23.4%,研究内容从基础调研、理论完善和规划实践案例分析过渡到对形态学、社会学和经济学等相关领域的渗透。2012 年至今为第三阶段,深入研究阶段。近十年来发表的相关文献数量一直处于高位,研究成果融入其他学科内容,形成多学科交叉的多元化发展趋势,研究方法则从定性转向定量或二者结合。从 CNKI 数据库检索到本研究领域1156 篇文献,提取作者和所发表论文数量,发现共有 890 位作者,仅发表一篇论文的有 771 人,故低产作者占全部作者的比重较高。从研究机构来看,排在前50 位的发文机构中有 38 个来自高等院校,说明研究者主要集中在高校及其相关科研机构,其中同济大学发文量最多。从院校背景来看,排在前面的发文机构均为"双一流"院校,且拥有国家级重点实验室。(图 1-2 至图 1-4)

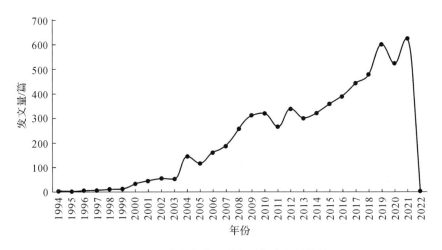

图 1-2　历史文化街区研究历年发文量统计

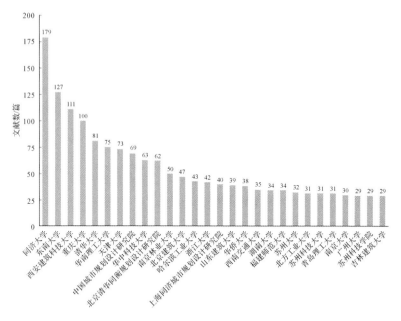

图 1-3　历史文化街区主要研究机构统计

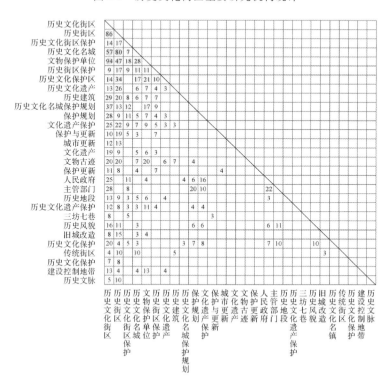

图 1-4　历史文化街区研究关键词分布

一、我国历史文化街区的保护历程

从清末开始受西学东渐的影响，国内兴起了文物保护的潮流，经过百余年的发展，我国文化遗产的保护工作取得了很大的成就。这其中既包括了学术界研究工作的丰硕成果也包含了法律法规方面的不断健全，特别值得注意的是，社会公众对文化遗产也普遍有了基本的保护意识。从 20 世纪 80 年代历史文化名城制度确立以来，学术界对于历史文化街区保护与利用的研究热度至今仍不减当年，学者们也产生了大量的研究成果，这些研究成果对于历史文化街区的保护利用提供了极具价值的理论指导。

清末民初，由于西方列强的入侵，国内大批珍贵的文物流失海外，文物保护工作遂开始引起学术界的关注，国内关于历史文化遗产保护的研究开始起步。20 世纪初，敦煌莫高窟洞藏文物的大量流失，国际文化考古理论也开始在国内传播，学术界掀起了研究考古理论的热潮。这时英、法等西方国家已经颁布了有关文物保护的法律法规，自此通过颁布法律法规来有效保护文物古迹在国际上广为盛行。正是在此背景下，1909 年清政府颁布了中国历史上第一部文物保护法规《保存古迹推广办法》，这部法规对文物的调查和保护事项都作了较为详尽的规定。

民国时期，文物古迹保护工作得到进一步发展。北京大学于 1922 年成立了考古学研究室，外聘罗振玉、伯希和为导师，开始进行适合东方文化背景的文物保护的理论研究工作，这是国内最早关于文物保护的专业研究机构。国内真正现代意义上的文物保护活动始于 1928 年，其时国民政府成立专门的文物管理机构——中央古物保存委员会，直至抗日战争期间，该机构都承担着全国文物调查、文物保护、发表学术报告等相关工作。1935 年，国民政府成立了旧都文物整理委员会，专门负责文物的整理工作。在此期间，国民政府还先后颁布了《保存古物暂行办法》《名胜古迹古物保存条例》《古物保存法》等法律法规。《古物保存法》是中国历史上第一部由中央政府颁布的关于文物保护的正式法律，它开启了国内保护文物的法治化进程，也为日后的文物保护工作的开展奠定了法制基础。

新中国成立后，中央政府陆续颁布了多项有关历史文化遗产保护的法律法规。中央政府发布了保护文物古迹的相关法律法规。中华人民共和国将保护文物纳入宪法当中。国家级历史文化遗产管理机构为建设部和国家文物局共同管理，在地方则是由住建部门和文物局或文化局共同管理。进入 60 年代，国务院颁布了第一批全国重点文物保护单位名单,从此开始实行分级文物保护制度,并配套出台法律法规进行详细规定,我国的文物保护工作基本走向正轨。但是,"文化大革命"开始后,国内文物保护工作陷入极大困境,大量文物在"十年浩劫"中遭到了毁灭性的破坏,直至 70 年代中期,在刑法明确提出追究违反文物法规者的刑事责任后,文物破坏情况才开始得以遏制。

改革开放以后,全国各地兴起了大拆大建的旧城改造运动,在这一过程中,古城、街区和历史建筑遭到了毁灭性的打击,这引起了众多专家学者对城市历史文化遗产保护问题的关注。自 20 世纪 80 年代起,学术界对文化遗产保护范围的讨论从单体的文物逐渐扩展到历史文化街区,直至达到历史文化名城。学者们对文物古迹历史环境保护问题的关心,不仅反映在对保护对象和内容的扩展方面,而且还反映在对历史环境在精神、文化方面的价值的理解与评价标准上。各级政府也将历史文化遗产的保护纳入城市规划当中,相继出台《关于加强古建筑和文物古迹保护管理工作的请示报告》《关于认真做好文物古迹、风景园林游览安全的通知》等重要文件,强调保护历史文化遗产在城市规划中的重要性。1982 年,我国的历史文化遗产保护工作取得了两大进展:一是命名公布了首批国家级历史文化名城,象征着我国正式确立了历史文化名城保护制度;二是正式颁布实施了《中华人民共和国文物保护法》,从此历史文化遗产的保护工作有了坚实的法律基础。

自 20 世纪 80 年代初,专家们便动议提出"历史文化街区"概念,1985 年我国成为《保护世界文化和自然遗产公约》缔约国。这时建设部提出"对文物古迹比较集中,或能较完整地体现出某一历史时期传统风貌和民族地方特色的历史文化街区等也应予以保护"的要求,认为对于历史文化名城的认定标准也必须包含历史文化街区。1986 年国务院公布第二批历史文化名城时,建设部正式提出了要保护历史文化街区:"作为历史文化名城,不仅要看城市的历史,及其保存的文物古迹,还要看其现状格局和风貌是否保留着历史特色,并具有一定的代表城市传统风貌的街区",至此,国内"历史文化街区"的概念基本形成。值得一提的是,安徽屯溪老街于当年成为首个被评为省级历史文化保护区的历史文化街区。

20 世纪 90 年代起,各级地方政府在全国文物普查的基础之上建立了各个级别的文物保护单位制度,众多被埋没的历史文化遗产重新被世人所认知。1991 年,中国城市规划学会历史文化名城规划学术委员会以"城市历史地段保护与更新"为主题召开了年会,会议进一步明确:"历史地段是指那些需要保护好的具有重要文化、艺术和科学价值,并有一定的规模和用地范围,尚存真实的历史文化物质载体及相应内涵的地段。"1994年,第三批国家历史文化名城名单公布时,全国历史文化名城保护专家委员会正式成立,从此历史文化名城的保护工作除了有法律法规的保障,还有了专家学者的专业指导。1996年,历史文化街区保护(国际)研讨会在黄山召开,会议提出"历史文化街区的保护已经成为文化遗产保护重要一环",进一步明确了历史文化街区保护的重要地位。1998年,中央政府设立"历史文化名城保护专项资金",用于国家历史文化名城中有重要保护价值的重点历史文化街区的保护规划编制,维修、整治文物古迹。至此,我国历史文化名城的保护制度基本成型。

进入21世纪,国民经济、社会文化飞速发展,历史文化遗产的保护工作也与时俱进。2007年,经过再次修订的《中华人民共和国文物保护法》正式将历史文化街区列入不可移动文物的范畴,明确提出"历史文化名城和历史文化街区、村镇所在地的县级以上地方人民政府应当组织编制专门的历史文化名城和历史文化街区、村镇保护规划,并纳入城市总体规划"。强调不仅要保护历史文化街区中的建筑、构筑物等物质文化遗产,更要注意保护街区内部生活的传统文化、生活习俗等非物质文化遗产,这标志着我国对于文化遗产的保护工作又上了一个新的台阶。在接下来的时间里,各级政府管理部门也不断加强对历史文化街区保护工作的引导和监督工作。为提高广大民众对历史文化遗产的关注度和参与度,营造保护文化遗产的社会氛围,2006年开始,中国政府将每年六月的第二个星期六设立为"文化和自然遗产日",通过节日的形式,让更多的民众参与到文化遗产的保护工作当中。随着法律制度的完善和政府相关规定的出台,历史文化街区作为重要的历史文化遗产已经受到了社会各界的广泛重视,其保护体系也已基本形成。但不容忽视的是,我国对历史文化街区保护制度的完善程度与西方国家还存在着一定差距。

二、历史文化街区保护的研究历程

梁思成先生是中国历史文化遗产保护的开创者,是近代中国第一代建筑师的代表,他为国内历史文化遗产的保护做出了巨大贡献。从1949年开始,历史文化遗产的保护与现代化城市的发展之间的矛盾就开始显现。北京作为首都,在承担现代化城市功能的基础上,还需要保护数量巨大的历史文化遗产。梁思成就此提出要用整体的眼光来看待城市发展与城市文化遗产保护之间的问题,为了保护世界上规模最大、保存最完整的北京古都,梁思成与陈占祥于1950年合作完成了《关于中央人民政府行政中心区位置的建议》（即著名的"梁陈方案"）。方案借鉴了巴黎、罗马的城市保护和发展思路，提出在完整地保护北京古城区的基础之上，于北京西郊建设新城，以承担首都职能。这一方案因为种种原因，最终并未能实现。但是梁思成先生提出的对城市历史文化遗产进行整体保护的思路和先进的城市保护发展理念，为后人保护历史文化遗产提供了宝贵经验。

继梁思成先生之后，著名古建筑专家单士元、郑孝燮、罗哲文先生继续致力于国内文物建筑的保护工作，中国文化遗产的保护工作能够取得现如今的成就，离不开包括他们在内的一大批有识之士的奔走呼号。罗哲文曾参加中国营造学社的工作，并师从梁思成先生，在青少年时期的求学阶段，即打下了坚实的理论与实践基础。20 世纪 80 年代中期，罗哲文积极参与了《保护世界文化和自然遗产公约》的申报工作，使包括长城在内的国内一大批优秀的历史文化遗产成为世界文化遗产。罗哲文所著的《中国古代建筑简史》等著作，为中国古代建筑的维修保护和调查研究工作提供了理论基础。

吴良镛院士也是国内较早开始对历史文化街区进行研究的学者之一。20 世纪 90 年代初期，吴先生主持了北京菊儿胡同保护更新工程，他在《北京旧城与菊儿胡同》一书中提出了"有机更新"理论。指出有机更新是采用适当规模、合适尺度，依据改造的内容和要求，妥善处理目前与将来的关系，以求不断提高规划设计质量，使旧城每一片区的发展达到相对的完整性。这样集中无数个相对完整性之和，将能促使北京旧城的整体环境得到改善，达到有机更新的目的。"有机更新"理论强调在发展中保护旧城格局的完整性，将历史文化街区当作一个有机整体，在历史文化街区的保护更新中要确保历史文化街区肌理的完整性，这一理论为国内历史文化街区的研究奠定了基础。

阮仪三先生对平遥南大街、丽江、黄山屯溪老街等国内具有代表性的历史文化街区保护利用情况进行了分析，指出历史文化街区能够在城市更新过程中传承人类文化，书写人类历史，保护好这些具有价值的城市遗产，可以使优秀的城市特色得以存留，城市文脉得以传承。同时他总结了我国历史文化街区保护与更新的实践模式：如侧重商业开发来获取经济效益，却忽视保护历史文化遗产的福州"三坊七巷"模式；仅仅保留历史建筑外观和外部环境，对建筑内部进行全面更新改造的上海"新天地"模式；将街区改造重建的苏州"桐芳巷"模式和"修旧如旧"的"乌镇"模式；社区居民小规模自我更新的北京"南池子"模式。指出国内历史文化街区发展的共同特点，提出保护发展对策。

随着国内城市更新的广泛推进，以及社会各界对包括历史文化街区在内的历史文化遗产保护的关注度越来越高，学术界对历史文化街区的保护与更新的研究成果也日渐丰硕。许多学者在对历史文化街区的保护案例的研究中，都在尝试探索历史文化街区的保护新模式。王骏、王林针对旧城更新的加速，富有历史氛围与传统风貌的历史文化街区遭到致命冲击的状况，提出了"持续整治"的保护模式。刘阳、赵和生通过对国内的"泛新天地现象"以及新天地的发展模式进行研究后，提出历史文化街区在保护与更新中要延续城市历史文脉特色，保护利用模式应多元化的对策。梁乔针对城市历史文化街区居住环境改善与居民生活需求之间存在的冲突，以人本精神、可持续发展理念和交往实践为理论依据，提出了历史文化街区保护的双系统模式。既为整个城市保留地方性历史系统，也为历史文化街区营造现代生活系统，建立起人与物、局部与整体、传统与现代同时考虑的一种历史文化街区保护模式。郑利军在其博士论文中提出应对历史文化街区进行动态保护的观点，详细说明了历史文化街区动态保护的理论框架和基本原则，并从动态保护的角度提出了相应的保护方法，对历史文化街区保护更新的公共政策、资金来源、公众参与等方面提出了具体建议。

随着研究的深入，学者们也开始尝试从更小的专项视角切入，对于在历史文化街区保护实施过程中所产生的各种问题进行分析探讨。刘敏选择了以公众参与历史文化街区的改造为切入点进行研究，对西方国家关于文化遗产保护过程中公众参与的情况进行了梳理，总结了它们的成功经验，以及这些经验对国内公众参与历史文化街区保护工作的启发。通过实例分析我国历史文化街区保护过程中公众参与的可行性及可能会面临的困难，尤其对公众参与历史文化街区保护的法治机制、回应机制、教育机制等政策性问题加以重点研究与分析，尝试探索公众参与历史文化街区的模式。桂晓峰、戈岳对历史文化街区保护过程中的资金问题进行了探讨，从资金来源、资金构成、资金筹措、资金管理以及资金回报等方面，对国内历史文化街区保护的资金问题做了初步总结和探索。何依、邓巍从政府职能的角度入手进行了研究，认为通过从政府的服务职能、有限职能、协同职能三个角度出发，可以实现历史街区保护与更新的双重目标。

近几年，学界关于历史文化街区保护更新的研究主要集中在通过对具体案例的分析，总结成功经验，力求从个别推广到一般，为历史文化街区的保护与更新提供指导。鲍黎丝以成都宽窄巷子为案例进行研究，分析了"场所精神"在历史文化街区保护和利用中所起到的重要作用，积极探索了历史文化街区中"场所精神"的营造路径。李彦伯、诸大建等通过建模的研究方法,对上海历史文化街区内社区居民的满意度进行了调查,总结了居民满意度对历史文化街区保护和利用实施的影响作用,为城市历史文化街区选择保护更新模式提供了依据。吴祖泉以广州市恩宁路保护更新为研究对象,解析了第三方在参与历史文化街区更新方面不容忽视的作用。石坚韧以大运河沿线的历史文化街区为例,探讨了具有典型意义的历史文化街区的共性和差异,尝试提出特定文化背景条件下历史文化街区的保护更新模式,为解决历史文化街区文化传承与经济协调发展提供了借鉴。李宜君在《台湾的再生空间》中,介绍了台湾历史文化街区的再生空间的规划使用情况,提出在赋予再生空间现代意义的同时应使其重新发挥自身的功能,文化创意产业是实现再生空间再利用的有效途径之一。

三、历史文化街区的活化利用研究历程

历史文化街区自身的特性也决定了保护工作与利用工作理应是相辅相成的,利用恰恰是为了更好的保护。但不可忽视的是,在很长一段时期内,对历史文化街区的活化利用实践却并未取得预期效果,许多项目反而因此对历史文化街区造成了"建设性破坏",这也引起了众多学者的反思。如何处理历史文化街区保护与利用之间的矛盾,把握合理利用的度,寻求历史文化街区振兴的路径,成为摆在学者面前的重要问题。目前来看,第三产业因其低污染、高回报率成为历史文化街区复兴的首选,如何将第三产业重新置入历史街区的保护开发当中成为全社会关注的重点。

在历史文化街区内发展文化创意产业的研究方面,吕斌、王春通过对北京南锣鼓巷地区保护与更新的社会评估结果进行探讨,认为南锣鼓巷在历史风貌、文化底蕴、传统生活氛围等方面具有绝对优势,这些都为发展文化创意产业提供了良好的基础,发展文化创意产业能够促进南锣鼓巷的振兴。李山石、刘家明则提出发展文化创意产业对于历史文化街区来说是一种有新意的利用方式,可以积极发展基于本地文化特色的文化创意产业,这样既可实现历史文化街区的文化传承,形成特色产业,又能创造经济价值,实现历史文化街区的振兴与文化创意的发展之间互利共生。陈燕则将历史文化街区视为一个特殊的文化创意产业集聚区,探讨文化创意产业对于历史文化街区的保护和振兴的积极作用,提出了历史文化街区在采用文化创意产业实现其振兴时所遇到的挑战和困难,强调各方要谨慎地把握解决历史文化街区所面临问题时的介入程度。

关于在历史文化街区内发展文化旅游业的探讨也是一个长期的热点话题。

牛玉提出当代历史文化街区发展旅游业时遇到了"原真文化僵化保护"和"过度商业化"的两种极端模式的瓶颈,分析了现代游客对历史文化街区旅游消费的需求,提出在现代背景下发展旅游业的创新路径。孙利坤将在历史文化街区内发展文化旅游单独拿出来探讨,认为历史文化街区作为最重要的文化旅游资源,发展文化旅游业符合历史文化街区维护历史真实性、生活真实性和风貌完整性的需要,也符合保持其自身可持续发展的需求。梁保尔、潘植强关注了旅游营销策略问题,研究了历史文化街区官方宣传力度与游客的关注度之间的关系,结论显示游客偏好资源禀赋高且官方宣传力度大的旅游目的地,认为深厚的文化内涵是历史文化街区的核心吸引力,官方理应给予重点关注。余冠臻、郭林林以广州沙面历史文化街区为例,探讨了历史文化街区保护更新过程中产业发展情况,分析发展第三产业的条件,可以发展特色旅游业、文化商业、艺术产业等,这样既可充分利用已有条件又可保证街区历史风貌的延续。

四、小结

长期以来,我国学术界对历史文化街区的保护更新的研究经历了一个不断深入认识的过程。从早期单纯地将历史文化街区当成物质实体进行保护,到后来意识到历史文化街区内不光有实体的建筑等物质构成,还有内部蕴含的文化内涵、历史风俗等非物质文化内容。研究者逐渐认识到文化的传承才是历史文化街区文脉延续的精髓所在,物质与文化两者都是历史文化街区保护与更新时需要关注的重点,想要使历史文化街区可持续发展就要根据不同的地域条件,想方设法积极探寻复兴途径。国内学界关于历史文化街区的保护和利用的研究可总结如下。

首先,自20世纪90年代以来,学术界开始出现大量出现关于历史文化街区的专项研究成果。早期对历史文化街区的研究主要集中在建筑学学科领域内,研究视角也主要集中在对历史文化街区的特色、空间结构、构成肌理和传统建筑特色上,主要关注点还是在于建筑传统风貌的保护。研究主要集中在对当时国内出现的"大拆大建"现象的批判和对历史文化街区保护工作的必要性探讨,以及对一些历史文化街区进行实践性规划的案例分析。其次,进入21世纪后,对于历史文化街区的保护更新研究开始跨学科综合,涉及经济学、社会学、历史学、人类学、旅游学等学科,学者们也开始尝试从多学科交叉角度进行研究,阐释历史文化街区保护工作不应仅局限在建筑风貌的保护,还涉及传统生活和历史文脉的延续,历史文化街区的保护需要社会各界,如政府、社区居民共同参与才能圆满完成。另外,学术界的研究过程经历了从一开始将历史文化街区作为独立的单元进行研究,到后来将其置入城市整体发展当中进行探讨的发展路径。将历史文化街区作为现代城市中的有机组成部分探讨其保护与发展,对于历史文化街区的研究将更加具有现实意义和实践意义。

当前历史文化街区的研究工作也存在以下问题。首先,从研究方法上看,多数研究成果仍然以具体案例分析研究为主,这类研究论文占总量的八成以上。缺乏纵横综合性的比较研究,一些相关研究专著也多以案例为主,缺乏综合的分析研究,由仇保兴主编的《风雨如磐——历史文化名城保护30年》是现有少数的几部综合研究专著之一。另外,在理论层面,我国还没有形成适合国情和文化特征的完整历史文化街区保护理论,现有的研究理论,如真实性、完整性、生活延续、历史性城市景观等主要研究理论大多数为舶来品。虽然许多专家学者一直致力于西方保护理论与中国保护实践的结合研究,但是适合东方文化体系和遗产特征的保护方法、保护理论还有待建立和完善。还需要积极探索西方保护理论的适应性转化,形成中国的完整理论体系。再有,已经实施的历史文化街区的保护与更新工程中,仍然习惯以建筑等物质遗存的保护与整治为最主要研究内容,对人、社会、非物质文化的关注依然不够,许多研究即使采用社会学、经济学等交叉学科的研究方法,最后仍然难免仅回归到物质的保护。历史文化街区研究的出发点始终没有脱离以物质遗产为基础的窠臼,是研究方法和理论视野范围受局限、难以有实质性突破的主要制约因素之一。

第 二 章

历史文化街区保护的
理论、方法和技术

历史街区是动态的、变化的，它在存续过程中会与城市进行持续的交流，会根据城市发展、社会生活需求不断地变化调整，它是一个活着的有机体。

衣裳街照片（摄影侯旸）

第一节　历史文化街区保护的相关基础理论

一、历史信息的真实性和完整性

1.真实性的理论发展过程

19 世纪初,约翰·约阿希姆·温克尔曼(Johann Joachim Winckelmann)等人在基于对古典艺术品价值的认识基础上提出了真实性一词。对于欧洲艺术品和纪念物的遗产保护,真实性的对象和内涵一直都是比较清晰的。早期的国际理论,如《威尼斯宪章》反映了同样的修复和认识真实性的原则,但随着近代世界遗产保护理论的发展,不同文化背景的介入和 20 世纪 90 年代以后发展中国家的文化觉醒,使更多地表达不同区域、民族、文化独特性和重要性成为主要诉求,原有世界遗产的理论体系受到了质疑。真实性是随着世界遗产引进中国的一个关于文化遗产保护的概念。在 1977 年第一版《实施保护世界遗产公约的操作指南》中,就提到文化遗产必须接受真实性的检验。在中国文物保护理论中真实性首先表达为"四原"原则,即"原材料""原工艺""原形制""原结构"的修复原则,但"四原"原则与真实性的原则是有差异的,真实性并不局限于原始的形式和结构,这意味着文物的修复应当保护体现原有的建筑设计特征、原有材料、原有工艺特点的建筑原物,但又不局限于此,它也包括历史推移中所具有的有特定价值的改变和添加。这里指的都是一种实实在在的物质存在,而不是采用相同品种的木材,也不是仅仅按照传统工艺复原这么简单。1994 年在日本奈良通过的《奈良真实性文件》,引起了中国遗产保护界对真实性的关注。人们

29

评论《奈良真实性文件》时指出，《奈良真实性文件》基于东方文化体系相对主义的观点对真实性做了重新定义。因此真实性的认知取决于文化遗产的性质以及文化背景，真实性的评判标准与信息来源有关。这些来源可能包括多方面因素，如"形式与设计，材料与物质，用途与功能，传统与技术，地点与背景，精神与情感，以及其他内在或外在的因素"。这些关于真实性的表述反映了人们开始把物质遗产和非物质文化遗产视为一个整体，至少认为两者是相互关联的不应分割的部分，反映了人们对物质遗产和非物质遗产背后的文化多样性的关注。《奈良文件》传入中国以后，一些学者将真实性翻译为"原真性"，这在一定程度上与复原的概念产生了关联，可能造成把复原和重建的概念注入真实性的内涵，造成了对真实性真正意图的混淆。如 2005 年的《曲阜宣言》就曾提到："对于已经损坏了的文物建筑，只要按照原型制、原材料、原结构、原工艺进行认真修复，科学复原，依然具有科学价值、艺术价值和历史价值。按照'不改变原状'的原则科学修复的古建筑不能视为'假古董'。"按照这样的观点，采取历史材料，用"原工艺"重新拼装成的传统风格的建筑也可以成为文物或者历史建筑？这种观点显然是不正确的。在中国原有保护体系中将类似的历史建筑的重建作为文物保护工程进行管理，也在一定程度上造成了对重建的"历史"建筑价值的混淆。类似的例子有很多，如存在很大争议的大同大规模复建古城、街区事件等，这说明，这样的做法甚至在今天都还是有社会基础的。从价值认识和定性上厘清重建与遗产保护的关系仍然是中国遗产保护理论中需要重点关注的问题，真实性和完整性都是通过世界遗产的保护进入中国文物保护的原则体系的。从世界遗产保护的发展反映出 20 世纪 90 年代以后世界对于文化多样性保护的发展深刻地影响了世界遗产认定、价值评价、保护方法和观念的发展，特别是根据 1994 年《奈良真实性文件》的内容对 2005 年版的《实施保护世界遗产公约的操作指南》关于真实性内容的调整，强调了对作为物质存在的文化遗产和体现其所在文化背景、环境特征的非物质遗产保护的统一性，强调了对作为整体的传统文化的保护。这种观念同样在中国世界遗产的相关案例，如世界文化遗产红河哈尼梯田中得到了体现。真实性的原则本身意味着不仅需要保护物质遗存的真实性，同样也要保护其所承载的传统文化内涵的真实性。这意味着在历史文化名城、名村、名镇、街区等具有活态的保护对象的保护中不仅仅应当保护它们的建筑、街道、构筑物、空间等物质要素，还需要延续它们所承载的文化和传承传统，物质遗产和非物质文化遗产应当被视为一个整体予以保护。许多历史文化街区原本是一直延续着传统生活的城市街区，但在保护过程中搬迁了全部居民,将建筑维修后招商出租,将街区改变成了商业场所,这种做法显然是对历史文化街区真实性的破坏。

2013 年由 UNESCO 制定的《世界遗产保护实施操作导则》对遗产的真实性概念做了较为完整和法定的阐述,提出了与文化遗产特色和价值相关的"信息源"的"真实可靠"是评判"真实性"的基础。不同文化之间,甚至相同的文化中对遗产价值评判的标准是不同的,要尊重与遗产价值相关的文化背景因素。《导则》中明确"真实性"的要素包括以下八个方面,即形式与设计、物质与材料、使用功能、文化传统、技术、管理系统、位置与周边环境、语言和其他形式的非物质文化遗产、精神与情感,以及与其相关的其他的内在与外在要素。基于"真实性"原则,只有在极为特殊的情况下,并具备完整和真实的文献记载,才能允许对考古遗址、历史建筑、历史街区进行重建。

2. 关于完整性理论

国际上对"整体性"概念的提出是伴随着对"真实性"认识的不断深入而产生的,是对"真实性"各组成对象、元素完整无缺的一种表述。这一认识过程一方面体现在保护对象的保护范围从单体文物扩大到城镇、乡村及其周边历史环境;另一方面则体现在保护内容从有形物质文化遗产拓展到无形非物质文化遗产。1964 年《威尼斯宪章》最早提出为了确保纪念物的整体性,要保护纪念物的周边场地和环境,历史古迹的概念不仅包括单体建筑物,也应包括其周边具有独特文明、特殊意义和历史事件的城市及乡村环境。1975 年 ICOMOS 欧洲委员会制定的《关于建筑遗产的欧洲宪章》继承了《威尼斯宪章》精神,指出建筑遗产不仅指那些最重要的纪念性建筑,还应包括那些位于传统村镇中的次要建筑群,以及这些建筑存在的自然环境和人工环境。整体性保护在尊重现存环境、比例、形式、体量尺度、传统材料的前提下,并不排斥在传统建筑片区中建设现代建筑。

1976 年 UNESCO 通过的《内罗毕建议》首次提出应当把人类活动、建筑物、空间结构及周围环境,视为一个具有相互价值关联的统一整体。2005 年 ICOMOS 通过的《西安宣言》系统地阐述了遗产建筑、遗址或历史区域"周边历史环境"的含义,强调了其周边历史环境不仅包括物质、视觉等方面的保护价值,还包括当地人过去与现在的社会活动、传统文化、生活习俗以及其他非物质文化遗产等方面的保护价值。2011 年 ICOMOS 制定的《瓦莱塔原则》指出真实性和完整性主要体现在城市形态、建筑形式、周边环境、城市功能和文化传统五个方面,并应当控制真实性和完整性的过快变化,这将对历史城镇所有价值的完整性产生负面影响。

2013年《世界遗产保护实施操作导则》中对遗产的"整体性"概念同样作了较为完整和明确的阐述。"整体性"是衡量自然、文化遗产各组成部分是否完整的概念。"整体性"的状况,需要从如下三个方面进行评估:其一,是否包含体现遗产杰出价值、普遍价值的所有要素;其二,是否拥有足够的区域和范围,来确保能够体现遗产的重要特征和完整过程;其三,是否由于发展过快,或在发展过程中忽视对整体性的保护,而造成不利影响。

二、基于价值的保护

中国文化遗产保护在2000年以后进入以价值评估为基础的时期,《中国文物古迹保护准则》的发布,标志着中国历史文化遗产保护理论体系基本成熟。这一时期保护工作的主要特征是通过对保护对象的研究,确定其所具有的主要价值,分析确定这些价值各个方面的特征,进而确定反映这些价值特征的物质载体内容。对具体建筑来讲,是特定时期的构件、代表性的结构做法、特殊的构造处理方式、典型的时代风格、相关附属文物等等。然后根据对这些有价值物质载体的现状评估结论,制定相应的保护措施,以改善这些价值载体的保存状况,达到对文化遗产价值和文化遗产实物遗存的有效保护。在这样的保护逻辑下,对保护对象价值的评估决定了其保护的基本方法和应对措施,因此价值认识是整个保护工作的基础。2015年修订的《中国文物古迹保护准则》对我国文物保护面临的一些似是而非的观念进行了阐述,同时对中国历史文化遗产保护工作应当遵循的基本原则进行了界定说明。再次强调文物保护的基础是对保护对象价值的认识,价值认识本身会随着人们对于保护对象认知的深化而变化,这是人类认识事物的基本过程。从整个遗产保护的发展角度而言,由于新的保护对象的产生,必然会促进对保护对象价值认识的发展。中国遗产保护中不断出现的一些新的类型促进了人们对于新价值内涵的思考和认识,如对文化景观、文化线路的保护促进了人们对文化价值的认识,对于历史文化名城、名村、名镇、街区等的保护促进了人们对于保护对象社会价值和文化价值的认识。

历史文化遗产首先具有的是历史价值、科学价值和艺术价值,这是一切保护存在的基础。新中国成立初期,在中国相关法规中,即已明确规定了受国家保护的文物应当具有的历史、艺术、科学价值内容。如"1950年中央人民政府政务院令"中提出"各地原有或偶然发现的一切具有革命、历史、艺术价值之建筑、文物、图书等,应由该地方人民政府文教部门及公安机关妥为保护"。在1961

年发布的《中华人民共和国文物保护管理条例》中规定，"国家保护的文物的范围如下：（一）与重大历史事件、革命运动和重要人物有关的、具有纪念意义和史料价值的建筑物、遗址、纪念物等；（二）具有历史、艺术、科学价值的古文化遗址、古墓葬、古建筑、石窟寺、石刻等；（三）各时代有价值的艺术品、工艺美术品；（四）革命文献资料以及具有历史、艺术和科学价值的古旧图书资料；（五）反映各时代社会制度、社会生产、社会生活的代表性实物"。1982年公布的《中华人民共和国文物保护法》规定在"中华人民共和国境内，下列具有历史、艺术、科学价值的文物，受国家保护：（一）具有历史、艺术、科学价值的古文化遗址、古墓葬、古建筑、石窟寺、石刻等；（二）与重大历史事件、革命运动和著名人物有关的、具有重要纪念意义、教育意义和史料价值的建筑物、遗址、纪念物等；（三）历史上各时代珍贵的艺术品、工艺美术品；（四）重要的革命文献资料以及具有历史、艺术和科学价值的手稿、古旧图书资料；（五）反映历史上各时代、各民族社会制度、社会生产、社会生活的代表性实物"。相关学者的研究也强调了文物与历史、艺术和科学价值的关系："文物必须是具有历史、艺术和科学价值的文化遗迹、遗物，否则不可称其为文物。"

在2015年《中国文物古迹保护准则》修订版关于文物古迹价值的论述中，增加了社会价值和文化价值的内容表述，即文物古迹的价值包括历史价值、艺术价值、科学价值以及社会价值、文化价值。社会价值和文化价值是许多类型的文化遗产的重要价值，社会价值包含了记忆、情感、教育等内容，文化价值包含了文化多样性、文化传统的延续及非物质文化遗产要素等相关内容。文化景观、文化线路、遗产运河等文物古迹还可能涉及相关自然要素的社会和文化价值。《准则》修订版阐释部分对社会价值和文化价值做了进一步的解释："社会价值是指文物古迹在知识的记录和传播、文化精神的传承、社会凝聚力的产生等方面所具有的社会效益和价值。文化价值则主要指以下三个方面的价值：文物古迹因其体现民族文化、地区文化、宗教文化的多样性特征所具有的价值；文物古迹的自然、景观、环境等要素因被赋予了文化内涵所具有的价值，与文物古迹相关的非物质文化遗产所具有的价值。"这一价值认识是中国从文物向文化遗产保护发展的重要标志，它植根于中国自身的历史文化遗产保护实践，反映了中国文物保护与文化遗产保护之间的关系。中国在相关法律体系上仍然基于对以历史见证为主的文物保护，大量的保护对象还是古遗迹、古墓葬和古建筑、石窟寺，历史价值、艺术价值和科学价值仍然是保护工作中首先要注意的价值。《准则》修订版在关于价值的表述中也坚持强调了历史、艺术和科学价值。

社会价值和文化价值则被作为新的内容补充原有的价值认知。《准则》修订版中的文化价值,与历史、艺术、科学、社会价值具有同等的重要性,不等同于澳大利亚《巴拉宪章》中的涵盖其他各项价值的"文化重要性"概念。这一价值认知的表述,为《准则》修订版的其他内容建立了基础。

1972年联合国教科文组织通过的《世界遗产公约》中也表现了同样的价值认识。作为文化遗产,如古文化遗址、古墓葬、石窟寺、古建筑、石刻,或与重要人物、重大事件相关的纪念物、建筑等。它们主要是作为重大事件、历史阶段、重要人物的见证或纪念地而具有被保护的价值。它们的原有功能,相对于这种历史见证作用而言已变得几乎可以忽略不计。当保护的对象发生变化,那些体现民族文化特征的对象,或许它们的时代并不久远,艺术价值也不突出,却是与某些民间信仰、传说紧密关联的名胜时,历史、艺术、科学价值就具有了局限性,难以充分表达这些价值特征。例如在编制长江三峡淹没范围文物保护规划时,位于云阳县的张飞庙,作为地上文物抢救保护工程的三个重点项目之一,进行搬迁论证时就特别强调了它所具有的文化价值和社会价值,这里所说的文化价值是指张飞庙在三峡沿线"三国文化"中所占有的重要地位,社会价值是指张飞庙与云阳当地社会生活之间的联系。这两项价值对于张飞庙来说就远比它的历史价值、艺术价值和科学价值突出。最终决定将张飞庙与云阳县城一起向长江上游平移30千米,也是基于对这两项价值的认识。再如,传统村落和村寨中村民的民居,仍然在不断的使用过程当中,它们与村落和村寨中传统生活融为一体,这种文化的鲜活本身也是它们的价值所在。一些这样的村落和村寨被列为保护对象之后,随着旅游活动无序的渗透,尽管村落和村寨本身从建筑、街道等物质要素方面得到了很好的保护,但原本充满独特文化气息的村落和村寨变成了一个商业化的旅游区域,使其失去了原有的生活魅力和文化价值,这种状况反映了文化价值在这些保护对象上的重要意义。

三、历史性城市景观(HUL)的理论

在2005年《维也纳保护具有历史意义的城市景观备忘录》(简称《维也纳备忘录》)对城市遗产保护相关概念进行了一次集中的更新,提出了"历史性城市(镇)景观"(Historic Urban Landscape,缩写HUL)的新概念。从此HUL概念逐渐发展为一种强调保护城市遗产真实性、完整性、延续性的遗产保护理论与方法,目前已经广泛地影响着世界各地城市遗产保护与发展的研究和实践。2011年联合国教科文组织通过了《关于城市历史景观的建议书》,以一个国际文

件的形式进一步明确了 HUL 既是城市遗产保护的概念也是一种保护方法、管理策略与技术工具。在建议书中,国际相关专家学者就 HUL 理论方法实施的六个关键步骤和四类工具的内涵达成了共识。其六个步骤是指:(1)全面调查城市的自然、文化和社会资源并绘制分布地图;(2)与利益相关方进行磋商,通过促进其参与规划的方式,就哪些价值应被保护和流传后世的问题与之达成一致,同时应查明承载这些价值的特征;(3)评估这些特征面对气候变化影响和社会经济压力的脆弱性;(4)将城市遗产价值及其脆弱性状况纳入城市发展规划的大框架中,这一框架中应明确在规划、设计和实施发展项目时需要特别注意的遗产敏感区域;(5)按优先顺序排列制定保护和发展的相关行动计划;(6)为每个保护和发展项目制定适合的管理框架以及参与方式,为公、私部门不同主体间的各项活动制定协调机制。四类工具为:(1)公众参与工具,如咨询和对话、公示宣传、社区赋权、文化地图绘制等;(2)规划和知识工具,如城市规划、地理信息系统(GIS)、大数据、形态与结构研究、影响评估、脆弱性评估、政策评估等;(3)监管制度工具,如计划和政策、法律法规、传统习俗道德约束等;(4)财务工具,如经济学研究、政府补贴、公私合作等。

2013 年联合国教科文组织在《历史名城焕发新生:城市历史景观保护方法详述》一书中,进一步阐释了 HUL 理论与方法,增强了其通俗性,以便全球推广运用。HUL 理论与方法延续了传统遗产保护方法中将真实性与完整性的重视,吸收了重视文化多样性、文化景观等新的保护理论。HUL 理论也充分考虑到全球化背景下城市的快速变化与发展状况,将城市视为一个综合演进的有机体,将维持城市发展连续性作为城市发展的重要指导方针。HUL 理论还将文化遗产视为城市发展的重要动力资源,强调理解和尊重城市演进过程与动力机制,争取多方参与城市景观保护、管理与发展。HUL 理论与方法的思想内涵主要包括以下三方面:(1)保护方法的整体性与动态性。城市遗产保护在不断变化的城市背景语境中,其保护目标、对象、方法之间相互联系、动态变化,保护的核心是真实性、整体性,应该动态性地管理应对变化。整体性思想考虑人口迁移、商业、旅游兴起等城市发展要素,从视角上结合多学科思想,从空间上拓展至城市总体层次保护,探寻城市遗产与更广阔的空间环境的联系;从内容上拓展至同时包括城市遗产保护的物质和非物质范畴,兼顾时空整体性。动态性思想则认为保护内容是动态变化的,需结合城市遗产发展过程实际情况探寻适宜的保护方法;在管理上,需要考虑保护行动在城市整体发展框架中的必要性和紧迫性,必须进行动态监控,以适应随时变化的城市环境。(2)遗产价值的层积性与关联性方面。HUL 用整体性动态性视角看待城市遗产的过去、现在与未来，认为城市遗产是经过时间延续层层累积下来的，而阐释其层积过程、找到保护要素关联、发现城市生长规律是保护工作开展的重要前提。时间上的层积性要求尊重不同时期城市发展中遗留下来的历史信息；空间上的联系性强调研究城市空间里不同时间层中要素的形成背景、演变脉络，进而探索其各要素之间的关联，为有效地管控既有城镇空间的变化提供指导。（3）文脉传承的延续性与公众性方面。HUL 认为城市遗产是文化多样性的体现，是由一代代人共同创造的社会、文化和经济的遗产，是一种不可再生资源，有着重要的文化意义和社会意义。城市遗产保护的本质在于有效传承不同时间段层层积累下来的价值，虽然城市物质空间可能出现断层与突变，但是社会文脉会一直延续，这就要求将公众参与融入城市遗产价值挖掘和保护中，参与到保护发展计划制定与城市遗产保护全过程之中，让其切实理解城市社会文脉的传承过程与物质空间的关系，使城市遗产保护不脱离时代背景，既真正活起来，又不陷入碎片化的保留。

2012 年《城市时代的遗产管理：历史性城镇景观及其方法》一书从保护理论革新、城市规划理论发展、城市遗产管理新方法和新角色等多个角度梳理 HUL 的理论背景，并阐释了 HUL 方法的目标、关键工具、研究方向。2014 年发表的《重新关联城市：历史性城镇景观方法与城市遗产的未来》深入阐释了与 HUL 有关的考古学、地理学、城市形态学等方面和公众参与等工具的内容。近年来，学者也从价值评估、政策影响、公众参与等不同视角切入研究 HUL 实践框架，进一步具体化和优化 HUL 方法的工具与步骤。在案例实践层面，世界范围内的 HUL 探索与实践在 HUL 方法六个步骤与四类工具的指导下展开，其中以厄瓜多尔昆卡和澳大利亚巴拉瑞特最为瞩目。开展 HUL 实践的城镇大多拥有世界遗产或正在努力推进世界遗产申报工作，如德国雷根斯堡、哥伦比亚安巴莱马尝试推进的保护共识建立行动。也有一些城市逐渐将 HUL 方法推广到一般历史城市地区以及更广阔的城市周边地区，如苏州的双湾地区对城市化背景下的周边乡村遗产保护与发展应对措施的积极探索。当然，国内也有大量实践只是简单化地冠以 HUL 方法框架，却未能真正在 HUL 思想内涵下开展有效研究。2019 年《重塑城市保护：行动中的历史性城镇景观方法》一书对世界范围内的 HUL 实践进行了总结，并对其中 28 个城镇案例进行详细分析。此外，诸多学者也比较、总结了不同城镇的 HUL 实践经验，如以厄瓜多尔昆卡、坦桑尼亚桑给巴尔、中国苏州和澳大利亚巴拉瑞特为例比较了世界遗产城市和非世界遗产城市的 HUL 实践成果。以英国的林肯、格兰瑟姆、萨塞克斯的 HUL 试点城镇和澳大利亚巴拉瑞特为例,总结了城镇历史景观特征评估的方法。同时,结合人文地理、城市形态、城市意象、公共管理等不同领域的 HUL 方法探索也更加注重实践性。在理论研究层面,国内外相关研究中以层积性、关联性的遗产价值研究认识最为丰富,整体性、动态性的遗产管理与城市发展路径研究次之,公众性、延续性在研究中的深化和具体化不足。在方法探索层面,学者在世界各地文化背景各异的城镇开展试点工作,但大多数的学者是局部尝试性地运用 HUL 方法的一部分,全局整体性运用 HUL 理论与方法框架推进城市保护与发展的极少,作为 HUL 方法重要线索的多方参与也缺乏全过程考量。总体而言,全世界仍处于将 HUL 方法努力推向实现的初步阶段,还需要完善和具体化理论方法框架,通过落地实践探索,在分步骤、分专题的研究基础上体现出 HUL 作为兼顾遗产管理与城市发展整体性方法的本质。HUL 方法以多方参与为核心要素,要求在伙伴关系、政策法规、财务工具等全方位的能力建设条件下,在关联、层积、动态、整体性思想指导的背景基础上,通过多方参与的价值、问题、愿景、行动共识建立与策略整合,实现城市遗产的有效保护与人居环境的和谐发展。

四、基于价值与真实性的动态认知

1. 动态地认识历史文化街区的价值

我国文化遗产的价值认识经历了一个漫长的过程,从 1964 年的《威尼斯宪章》到《奈良真实性文件》,再到 2011 年《瓦莱塔原则》将历史城区的"价值阐释"与"价值维护"作为融入当代社会、文化与经济生活方式的重要手段。2008 年颁布的《历史文化名城名镇名村保护条例》将价值特色作为各类历史名城、名镇、名村申报或列入保护名单的重要依据。2012 年印发的《历史文化名城名镇名村保护规划编制要求》反复强调保护规划的编制须以价值评估为基础的重要工作原则。2015 年修订的《中国文物古迹保护准则》充分吸收和体现了国际、国内的历史文化遗产发展理念,建立了我国基于遗产价值的遗产保护工作体系和方法。历史文化遗产门类众多、千姿百态,保护工作必须建立在对遗产价值和构成深入研究和评估的基础上。对价值的认识程度高低和完备与否,是决定一个遗产保护工程成败的关键因素,全面正确认识历史街区的价值是决定和判断其真实性的基础。

"罗马不是一天建成的",历史街区也不可能是一天形成的,历史街区也是生活着的城市的一部分,而我们在整体界定历史街区价值和风貌特征的时候往往忽略时间和人这两个重要因素。国际社会也逐渐认识到了历史城区或历史街区的这一特性，并提出了历史性城市文化景观（HUL）的概念，探索了动态保护的理论前沿问题。历史街区的价值产生的基础有两方面，一是其初建状态时反映的当时城市、社会、经济、文化、建筑的特征，另一方面城市是不断发展变化的，在其历史的延续过程中，若干年居民生活的历史痕迹会不断地层层叠加沉积在历史街区里，最终形成我们现在看到的街区面貌。历史街区从产生之初就是动态的、不断变化的，它在存续过程中必然与城市进行不断的交流，会根据城市发展、社会生活需求不断地变化调整，它是一个变化的有机体。仅仅将历史街区价值定义为是明清风貌、民国风貌等某一特定时期的提法是不全面的、不科学的。历史文化街区目前呈现给我们的是一个若干年变化叠加的结果，因此，历史街区的价值仍然处在生成或发展的过程当中，其价值是动态的，没有最终完结和形成，街区的每个历史时间段都是反映价值的。

2. 历史文化街区的真实性与价值的关系

伴随着与世界接轨，遗产类型得到极大地拓展，我国文物保护领域长期坚持的不改变原状的"四原"修复原则也不断地受到挑战。对于那些已经"死去"了的、失去原有功能和使用者的遗物，我们可以理所当然地把它们作为博物馆内的藏品或者标本，其原状的真实性保护毋庸置疑；历史街区却是"活着"的，仍然被使用、创造、发展，因此它的原状和真实性保护内涵就要丰富得多。基于以上对价值认识的分析，那么我们怎么来看待历史街区的现状风貌、原状和真实性？首先可以肯定历史文化街区墙倒屋塌、破败荒芜的状态不是原状，不是其应该有的健康状态，也不是其真实性的体现。《实施保护世界文化和自然遗产公约操作指南》中将真实性做了清晰的阐述："（文化）遗产应当满足在设计、材料、工艺和位置环境方面真实性的检验；真实性并不局限于原始的形式和结构，它还应包括在时间延续过程中构成其艺术和历史价值的所有持续的改动和添加。"《中国文物古迹保护准则》中将真实性表述为"是指文物古迹本身的材料、工艺、设计及其环境和它所反映的历史、文化、社会等相关信息的真实性。对文物古迹的保护就是保护这些信息及其来源的真实性。与文物古迹相关的文化传统的延续同样也是对真实性的保护"。由此可以理解历史街区的真正面貌应该是真实地、完整地反映其在城市发展时间延续过程中形成的价值及其体现这种价值的状态。这就需要我们去甄别、鉴定，哪些是有价值的信息，哪些是负面的、没有价值的信息。对于街区价值有补益的原状是应该得到保留和尊重的，反之是影响价值体现的，也不应作为真实性的内涵。（图 2-1）

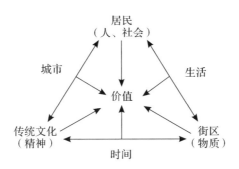

图 2-1　价值与真实性结构

　　历史街区的真实性应该是在对其价值整体认识的基础上得出的,包括以下内涵和来源。以街区的建筑、构筑物等真实的物质遗存保护为基础,同时保护它所反映的建筑、城市和社会生活的演变轨迹,反映的街区与城市的互动方式,承载积淀的文化特征及文化传统,这就包含了物质遗产和非物质遗产两项内容,因此历史街区的真实应该既是实物的真实,也是生活真实。这类具有活态特征的遗产,那些不同时期、不同人群、具有文化多样性价值的文化传统和互动信息,是真实性的重要组成部分,需要得到完整的保护。真实性是多维的,包括了外形和设计、材料和材质、用途和功能、传统技术和管理体系、环境和位置、精神和感觉等一系列内外因素。街区的真实性不但来源于创造之初,也来源于建筑使用和发展的过程;不但来源于街区本身的发展变化,也来源于城市周边环境的影响;不但来源于创造者,也来源于使用者和改造者;街区的每一个阶段自身和周边环境的关系都是真实性的体现,都应该予以应有的尊重。

第二节　保护内容和保护方法

一、历史文化街区的保护内容

　　住建部 2013 年颁布的《历史文化名城名镇名村保护规划编制要求》中规定历史文化名城及街区的保护内容包括:保护和延续传统格局、历史风貌及与其相互依存的自然景观和环境;具有历史价值和传统风貌的历史街巷;文物保护单位,以及登记尚未核定公布为文物保护单位的不可移动文物;历史建筑,包括优秀近现代建筑;传统风貌建筑;历史环境要素,包括反映历史风貌的古井、围墙、石阶、铺地、驳岸、古树名木等；特色鲜明与空间相互依存的非物质文化遗产以及优秀传统文化，继承和弘扬中华优秀传统文化。根据保护理论的发展，可以具体梳理出历史文化街区的保护内容包括以下几方面。

1. 文物古迹

"文物古迹"这一名词在中国是一个广泛使用的概念，是社会上普遍接受的一个约定俗成的泛称，但不是一个法定的概念。《中国文物古迹保护准则》中规定文物古迹"是指人类在历史上创造或遗留的具有价值的不可移动的实物遗存，包括古文化遗址、古墓葬、古建筑、石窟寺、石刻、近现代史迹及代表性建筑、历史文化名城、名镇、名村和其中的附属文物；文化景观、文化线路、遗产运河等类型的遗产也属于文物古迹的范畴"。可见文物古迹的范围是非常广的，历史文化街区本身就属于文物古迹的一种。一般来说，历史文化街区内的文物古迹是指不可移动文物，即各级政府公布的文物保护单位、文保点和经过文物普查登录的不可移动文物。文物古迹必须是需要保护的实物遗存，即那些具有历史、地点、年代的要素。构成文物古迹的历史要素包括：重要历史事件和历史人物的活动；重要科学技术和生产、交通、商业活动；典章制度；民族文化和宗教文化；家庭和社会；文学和艺术；民俗和时尚；其他具有独特价值的要素。

2. 历史建筑

历史建筑是近 20 年才提出的一个概念，未公布为文物保护单位或者文物保护点的建筑物、构筑物，经市、县（市）人民政府批准，可以被确定公布为历史建筑。历史建筑是个法定的概念，必须经过政府公布后才具有法定身份，并不是我们日常理解的具有一定年代的建筑。成为历史建筑一般应具备下列条件之一：建筑样式、结构、材料、施工工艺或者工程技术具有艺术特色和科学研究价值；反映某一地域历史文化和民俗传统，具有特定时代特征和地域特色的；属于在产业生活和社会发展史上具有代表性的作坊、商铺、厂房和仓库等；属于与重大历史事件、革命运动或者著名人物有关的近代现代重要的代表性建筑物、构筑物；其他具有特殊历史文化意义的建筑物、构筑物；其他具有典型代表性的和保护价值的建构筑物。历史建筑的认定一般会将年代下限设置为至少 50 年以上的建筑，但是从全国各地对历史建筑的公布情况来看，年代并不是一个主要的衡量标准，许多建成年代不到 50 年的建筑都已经被列为历史建筑，如杭州的浙江展览馆、上海的世博会中国馆等。

3. 传统风貌建筑

传统风貌建筑一般指街区内具有传统特征、建成年代比较短的建筑，这类建筑外观形式、色彩、高度、体量等与街区能够协调,有可能是通常我们说的仿古建筑或者其他对风貌和街区空间肌理没有影响的建筑。为了体现城市发展的延续性,我们不应该一刀切地根据年代和建筑形式判定街区内的建筑,应该注意保护城市发展过程中各个时期的痕迹,因此那些60年代的筒子楼、70年代的"文革"时期建筑,甚至90年代的代表性城市住宅都应该客观评价,确定是否需要列入传统风貌建筑保护范畴。

4. 具有保护价值的其他物质遗迹

主要指街区内的历史环境要素,包括反映历史风貌的古井、围墙、石阶、铺地、驳岸、河埠头、古树名木等。特色的庭院和公共空间也是保护的重要内容,另外后期生活的一些添加物,或者街区住户根据需求人为进行的一些改造部分也需要纳入保护范畴。这些都需要经过客观的认定和评价,对于生活痕迹、历史印记的保存也非常重要。

5. 街区整体空间环境和肌理风貌

街区的整体空间环境包括街区存在的山水环境、城市空间关系和传统格局、历史风貌三方面。我国传统城市的营城理念和营建方式是古人在长期的观察自然、适应自然、利用自然的过程中形成的、包含了丰富、直观而深刻的感性认识和经验,体现了深厚的哲学、科学和美学观念。因此,历史文化遗产与其周围的环境都是同时存在、密不可分的,失去了原有的历史环境,就会影响对历史信息的正确理解。对历史街区所依存的山水植被等自然环境要保护和整治好,是维持其地域和自然特色的重要条件。传统格局是指历史上形成的由街巷、建筑物、构筑物等自身特征结合自然景观构成的布局形态,主要构成要素包括轴线、道路、水系、山丘等。这些传统格局要素是城市物质空间在宏观上的具体体现,也是组成街区整体风貌特色的重要空间载体和关键所在。在传统格局保护中,需要深入挖掘体现街区特色的平面肌理、空间轮廓、空间轴线以及道路骨架、水网系统等,同时还要关注标志性历史建筑物和构筑物,通过上述要素的整体梳理,更好地展示街区的整体空间环境和风貌,体现特定的地理环境和社会文化模式。另外,对于传统格局的保护还要注重挖掘各个历史要素之间的关联性,充分展示体现传统格局要素之间的空间秩序和景观特征。如为了更好地保护古城观望西山及各个重要景点的视觉通廊,北京市历史文化名城保护中就对多个通视走廊内的建筑高度和体量进行控制,避免建设高层建筑影响整体的格局和视线景观,同时还对包括前门大街北望至箭门城楼、景山至鼓楼等在内的多个传统街道对景和视廊加以控制,提出保护要求。在历史风貌的保护中,一是要求对原有城市景观、传统建筑以及历史环境要素进行保护；二是要求在新的建设活动中，通过控制建筑高度、体量、形式等创造与传统风格相协调的建筑形象，尽量做到既满足现代生活需要，又不失去历史传统特色。一般来说，通过控制建筑的高度、体量、色彩、屋顶形式等手段，可以较好地保护历史传统风貌。

6. 非物质文化遗产

在历史文化街区保护的过程中，应深入挖掘、充分认识其中蕴含的中华优秀传统文化的内涵，保护好非物质要素，注重对传统艺术、民间工艺、民俗精华、名人轶事、传统产业等非物质文化遗产的保护传承。近年来，国家陆续公布了多批国家级非物质遗产名录，加强了政策保障和经济支持。例如北京市原宣武区从学校和社区入手，特别是着眼于青少年做好非物质文化遗产的传承。2006年，"北京抖空竹"被正式列入国家首批非物质文化遗产保护名录。同年抖空竹在原宣武 14 个中小学校开始传承。而以原宣武区师范学校附属第一小学为代表的一部分学校，则将区级非物质文化遗产——北京童谣纳入了课程。课堂上学生们学习、创编童谣，课后学生们又在游戏中吟诵童谣。在苏州的保护传承中突出强调了对传统产业等非物质文化遗产的内容，对工艺美术、戏曲文化、美食文化、民俗文化、名人文化和宗教文化均提出了保护要求和引导政策。

二、历史文化街区的保护方法

历史文化街区的保护方法目前主要包括：1. 保护历史遗存的真实性，禁止拆真建假，保护现存各类历史文化遗迹，确保历史信息的真实载体不受到人为破坏和自然损毁；2. 保护风貌的完整性，避免擅自破坏和改变历史环境，保护街区的空间环境和自然环境；3. 维持社会生活的延续性，应保持一定比例的原住民，延续生活，继承文化传统，改善基础设施和居住环境，保持社区活力；4. 划定核心保护范围和建设控制地带界线，制定相应的管理规定；5. 对保护范围内的建筑物、构筑物和环境要素进行分类保护；6. 保护街区内的非物质文化遗产与传统文化，传承传统生活和非物质文化遗产。

其中尤为重要的一点在于历史文化街区保护与文物保护单位保护的最大区别是居民还要继续在此居住和生活，因此必须保持并完善街区的使用功能，使其始终保持活力，促进其不断繁荣。历史文化街区的保护要积极改善基础设施，提高居民生活质量，采取逐步整治的做法，鼓励居民参与维护社区的使用功能。必须禁止大拆大建，对历史建筑要按原样维修整饬，对后人不合理改造的地方，可恢复其原貌，对符合整体风貌的建筑和改动应予保留。延续传统生活方式,留下居民是历史文化街区活力延续的关键所在。世代生活在这里的人们所形成的价值观念、生活方式、组织结构、风俗习惯等,构成了街区甚至是文化名城的文化信息,是活态的无形文化遗产,体现着街区的特殊文化价值。因此,承载文化记忆的居民及其生活方式、民风民俗等生活形态必须得到延续,街区内部必须保证原住民的保有率,才能延续街区原有的功能,不至过度改变社区人文环境。规划设计中应制定相应的政策措施,保持街区内稳定的人口数量,保护街区原生社会网络、生活方式等。例如浙江绍兴在古城历史文化街区保护与整治中,在保护街区整体格局和传统风貌的同时,非常注重对民居聚落形式和传统生活方式的保护,延续了社区的社会文化环境。

第三节　街区更新的实施模式

历史文化街区的保护更新经过多年实践,探索出了很多种实施模式,这些模式在参与主体、组织方式等方面存在着一定差异,往往直接影响到更新后的实际效果,因而历史文化街区保护更新实施模式的选择是保护工作中极为关键的一环。对我国不同城市的多个历史文化街区进行长期跟踪和研究,可以将实施模式归纳为五种类型:政府主导实施,项目推进型;政府引导,企业为主实施型;政府主导,民众参与,小微更新实施型;政府引导,民众主导实施型;上下联动,多方参与,共同缔造型。

一、政府主导实施,项目推进型

这种实施方式是早期采用较多的一种模式,由政府进行统一规划设计、统一施工建设、统一管理运营,政府是主要的投资方和建设方。效仿 20 世纪 90 年代开始的持续"旧城改造"方式,政府视历史街区的改造为改善居民生活、提升城市面貌的"民生工程"。历史文化街区由于产权从属复杂,从经济效益方面看,拆除重建经济上最为合算,时间更短,效率更高,省去做大量琐碎、细致工作的麻烦,政府同时也可以通过土地出让获取收益。从社会效益上讲,整体搬迁的安置方法能够极大地改善原有居民的生活环境和居住条件,更容易得到相关居民的支持和拥护。但是街区往往在推土机下被夷为平地,历史文化遗产及其历史环境也遭到了毁灭性的破坏,这样的损失是无法估量和不可弥补的。另外,这种方式需要大量持续资金的投入,稍有意外便会造成工程烂尾,那就会破坏街区功能和活力。这种实施路径的典型代表有大同市鼓楼东街、鼓楼西街历史文化街区的改造工程。2008年大同市政府做出了《关于大同古城保护和修复的决定》,文件中计划用三至五年先修复东半城,然后修复西半城。将包括历史街区及其建筑、传统院落、城墙、四个城门楼及瓮城、钟楼、代王府、府衙、云中书院、总镇署、帝君庙等列入修复计划。2009年,政府又将两个历史文化街区的保护更新项目纳入古城保护工程,自此开始对两个历史文化街区中的传统民居进行大规模的拆除,取而代之的是一大批新建的仿古建筑。从历史文化街区里迁出了传统四合院内的原住民,阻断了生活的延续性,削弱了浓郁的市井生活气息,改造后的街区人气萧条、活力丧失,在晚间尤为冷清。再加上政府缺乏经营管理和市场运作的经验,新配备的商业设施经营业态单一,布局混乱,产业和业态引导不佳,人气集聚缓慢。该项目耗资巨大,从实施到2012年年底不到三年时间,相关投资金额已达18亿元(不含拆迁安置费用),根据计划之后仍需投资约81亿元,导致政府财政压力巨大,几乎无法使后续工程按照原计划实施。如今,除了那些已经整体拆除重建的地区外,大同市的历史文化街区内仍存在着大量居民搬迁后留下的空置危房,古城内整体居住条件、基础设施、公共服务并未得到显著改善。

二、政府引导,企业为主实施型

这类实施方式出现在20世纪90年代,在全国房地产开发的热潮下,各地政府也将房地产公司引入旧城改造项目中。这些工程通过政府项目立项,与房产企业签订土地出让合同,企业通过招拍挂形式获得土地所有权进行建设,然后实施居民整体拆迁和项目施工。项目建成后的房屋少部分用于原有居民回迁安置,大部分房产用于出售或出租从事商业经营。依据具体负责实施企业的性质,大体可分为社会开发商企业实施和国企背景的企业实施两种情况。

1.社会开发商企业实施。一般来说,这类开发商主要看重街区的历史文化资源,目的是把历史文化街区打造成为一种具有高商业价值的商品,从而尽可能地追求最大的商业利益。这种实施方式打着危旧房棚户区改造的旗号,在实施过程中短时间内清空街区内居民,大量拆除历史建筑,对原有街区真实性和完整性、生活延续性造成毁灭性的破坏。采用这种实施方式的历史文化街区的典型代表有杭州龙翔里、元福巷、韶华巷等。以元福巷地块为例,于2002年先被出让给银嘉地产,后又被转让给绿城集团,在此期间开发商分别组织了两轮建筑更新设计实施方案,最后确定将原来以居住为主的历史文化街区改为高端别墅区,迁出全部原有居民,将地块内的原有建筑(其中含 2 处历史建筑)全部拆除,重建为仿古建筑。对此,社会舆论产生很大的反响,政府饱受质疑。处在闹市区的龙翔里、韶华巷也遇到类似的问题,均通过商业房地产开发的模式,改变原居住功能、迁出原住民、破坏历史建筑,对历史文化街区造成了严重的破坏。

2.国企背景的企业实施。这类企业多为各地组建的城投公司,是政府投融资平台,属于带有政府性质的特殊市场经营体,为国有独资公司或者事业单位性质。与社会企业开发商单纯逐利不同,国有企业背景开发商在街区实施中一般会将其作为政府的政绩工程,更关注城市人居环境改善和整体环境风貌质量提升。当然,这种历史文化街区的保护更新模式仍然具有局限性,政府进行“统一规划、统一实施”的方式也比较容易造成追求目标与效益的单一倾向。具体实施的执行部门在领导“政绩工程”压力下,很可能会被要求在短期内完成改造项目实施,政府在预定目标和资金平衡的压力下,也会对历史文化街区采取大范围拆除、统一设计和集中建造的方式,这一过程中忽视历史文化街区发展的多样性,很多在城市历史发展中弥足珍贵的历史信息在这期间丧失殆尽。这类政绩项目由于时间紧迫,实施主体从主观意愿上也希望居民搬迁,有些地方为了推动街区更新工作尽快完成,会出台鼓励居民外迁的优惠政策,以优厚的条件吸引原住民迁出,最终结果是原住民大规模地搬迁,街区文化生活的延续性遭受到严重破坏。这种实施路径的历史文化街区例子在全国范围内还是比较多见的,典型案例有杭州的小河直街、中山中路等项目。以小河直街为例,其由杭州市政府旗下的运河集团负责组织规划实施,由拱墅区政府牵头,杭州市发改委、市建委、规划局等多个部门参加了项目的运作,建立了工作例会机制,不定期地以例会形式协商解决有关问题。政府一期投入约 2.5 亿元资金进行公共服务配套设施和基础设施的综合改造提升,改善整体环境品质,以此带动民间投资进入街区。外部资金的引入使得街区内部和周边土地的经济价值逐步上升,使房屋的出租、出售成为有利可图的经营方式,周边房价也水涨船高。这种方式使有意愿和有能力进行保护更新的社会力量进入街区,为街区保护更新注入了新的活力与动力。运河集团等国有企业通过建设投融资平台,积极投入保护资金,一定程度上分担了政府保护资金投入的压力。此外,工程实施中按照杭州危旧房改造“鼓励外迁、允许自保”的政策,最终艰难地保留下了约 30%的原住民。小河直街历史文化街区保护更新实施过程中探索了街区中可持续的建筑保护与人居改善方式,有效保护了历史建筑和部分传统风貌建筑,改善提升了街区内的人居环境质量,延续了街区传统历史文化氛围。其实施模式有别于强制性"一刀切"的集中拆迁模式,探索了一条可协商的、多主体参与的实施路径。然而,其在快速实施的过程中,仍然存在街区真实性、生活延续性遭到破坏等问题,比如历史街巷的尺度改变、历史建筑被拆除重建、原住民数量短期内大幅减少、传统居住功能未得到很好延续等问题。

三、政府主导,民众参与,小微更新实施型

历史文化街区内部原住民是其保护的重要力量,也是街区能否保持真实性和生活延续性的关键因素,其能否参与街区保护更新实施过程,直接决定了保护工作的成效。近年来实施的街区保护更新工程,在这方面进行了较多的探索,调动社会公众参与街区保护更新的积极性,充分利用社会各方力量参与,成为主要的保护更新模式。按照社会民众参与的程度,可分为社会力量有限参与型和社会力量深度参与型两种。

1.社会力量有限参与型。这种实施模式中,广大居民一般只是在街区更新规划编制阶段通过认可方案、提出建议等方式参与,并不是全程参与到街区的保护更新工作中,这种实施模式的历史文化街区典型案例有绍兴仓桥直街、苏州平江路等。苏州平江路历史文化街区在实施过程中正确处理了政府意志、社会意愿、专家意见三者的关系,形成政府理性执政、社会广泛参与、专家科学指导的多方合作机制。历史街区保护的主要责任者是政府,平江路历史文化街区规划实施按照政府推动、政策扶持、部门支持、市场运作的模式进行,各级政府部门依据各自职责,负责相应的保护与建设管理工作。在保护工程的实施过程中,技术人员提供全程咨询服务,加强设计与施工之间的技术衔接,政府组织专家定期对实施工程进行检查。项目建立历史文化街区专家咨询委员会,对街区保护与管理中出现的重大问题进行论证,监督保护规划的落实。项目从规划编制阶段即开始鼓励社会公众参与,及时反馈和听取社会各阶层关于街区保护与发展的意见和建议。街区内建筑的保护与整治采取公示方式告知居民,采取的房屋征收办法也得到了居民的理解和认可。总体来看,平江路历史街区保护过程中居民的参与程度还不够,特别是并未真正参与到具体的房屋修缮与保护过程中,还缺乏对于自身居住环境改善自主权的把控。

2.社会力量深度参与型。这种实施模式中,社会力量会广泛深入地参与街区更新,反映在街区更新实施过程中的各个环节参与度大大提高,社会民众不仅是保护更新方案的被告知者,也是实施工作的决定者和合作者。这种实施路

径的历史文化街区典型代表有杭州五柳巷、十五奎巷等。杭州五柳巷历史文化街区由政府危旧房改善机构组织实施,执行"鼓励外迁、允许自保"的政策,充分尊重居民的去留意愿。规划设计中,对街区内建筑采取"一幢一策"的处理方式。项目设计与实施过程中,保护更新方案由设计师和施工人员与居民商议进行,户型设计等方案需经居民确认后才能确定。这使得街区危改工程的实施不是"一张蓝图干到底",而是在多方博弈中形成了多种可能。针对历史文化街区复杂多变的现状问题,多方关联利益主体的参与,是寻求合理解决问题途径的基础。在居民缺乏对街区的保护更新的动力和能力时,政府强力主导、争取居民深度参与是一条行之有效的道路。实施过程中,广泛听取意见在前,避免了大规模工程推进中容易产生的居民和政府之间的直接矛盾。通过一系列克制的、持续的、循环渐进的改善措施,基本维持了街区原有多样化的生活方式,取得社会、文化、经济的多重效益。当然,这种实施模式也存在一些不足之处,首先,政府机构一元主导使保护工程资金来源较为单一,政府财政压力比较大,后期管理、维护、运营成本很高。其次,由于政府积极推动街区保护更新,使居民搭便车般地迅速提升了房屋价值和自有财富,这会造成居民搬离、出售或出租的意愿提高而保护的主观能动性降低,反倒有悖于街区保护的初衷。现阶段居民虽然拥有了更多的自主权,但多数还是被动参与更新工作,这也为街区保护的后续运营维护埋下隐患。另外,在这种随机的多方协商过程中,缺乏明确的实施管理流程,会因为居民意愿反复而导致沟通成本和工作量无限增加,这大大降低了城区保护更新的实施效率,甚至有的问题久拖不决,导致项目无法正常推进。

四、政府引导,民众主导实施型

这种模式由政府对公共服务、道路设施、市政基础设施等外部环境进行提升,并对民众建设行为进行引导,政府适当补贴,民众自行出资进行房屋修缮,主导街区更新实施,典型案例有杭州梅家坞、扬州仁丰里等。杭州梅家坞是西湖风景名胜区中的景中村,土地产权关系明晰,杭州市政府先期进行了道路交通和市政基础设施的提升改善工作,并编制了居民建房控制要求和提供技术支持。村民为改善居住条件,纷纷自发开展房屋修缮、拆除临时搭建、整治院落环境等活动,使街区整体环境得到了大幅提升,这进一步增加了居民自主更新的信心,激发了居民自主更新的动力,从而逐渐形成街区良性发展模式。在扬州仁丰里历史文化街区的保护更新中,政府进行了整体人居环境提升工程,搭建了房屋租赁交易平台，为具有出租意愿的居民寻找租户。将不符合历史文化街区保护规划的业态列入负面清单，鼓励引导租户运营相关文化产业，逐步培育街区文化氛围。承租户在独立自主地运营、管理其受托建筑的同时，需要负责对建筑进行日常保护和修缮。在此过程中，政府实际上只承担了信托机构的任务，使街区产权在符合保护要求、利用可控的条件下进行逐步流转。承租户和当地居民在政府引导下，共同承担街区保护更新实施工作，在此过程中，由于居民需求和出租需求的多样性，使街区更新形式十分丰富。实施规模以单栋建筑和院落为单位，成熟一个推进一个，政府投入低、实施方式灵活的特点突出，是行之有效的渐进式推进方法。但是，扬州在对居民自发修缮房屋的行为中指导和有效监管方面做得不够，居民自主更新涉及的房屋面积可能都比较小，很多时候并不上报规划管理部门，也不重视对历史建筑修缮的具体规范与要求，建筑改建更多根据居民经济条件进行，经常不按照保护修缮的要求实施，甚至部分建筑改建直接影响了公共利益和整体历史风貌。在以居民为主的实施过程中，政府需要加强管理和引导力度，制定街区整体层面的引导控制与技术标准，并加以强力监管，居民对自身居住环境改善需求才能与历史文化街区保护与更新的目标相协调、统一。

五、上下联动，多方参与，共同缔造型

此类实施方式中，融合了政府、市场、社会和居民等多方力量，力求各方在共同对话的基础上达成共识、形成合力，使历史文化街区得到更好的保护和发展。比较成功的案例有北京大栅栏历史文化街区中的杨梅竹斜街、扬州东关街等。大栅栏历史文化街区中的杨梅竹斜街是我国历史文化街区中"小规模、渐进式"保护更新方式中的典型案例，实施过程中遵循"以民为本，有机更新，多元主体，共同参与"的原则，逐步改善了历史文化街区的人居环境，调整了功能业态。国有企业作为市、区两级政府改造建设大栅栏历史文化街区的政策性投资载体，代表政府进行街区内市政基础设施和非营利性项目的投资建设。本着自愿腾退的原则，有约40%的原住民迁出，留下的居民分别散落在各式大杂院中。迁出腾空后的建筑，由企业作为实施主体，采用"城市针灸"的微更新方式对院落、街巷进行修缮或改造，以这些分散的点为触媒，激活其周边区域，逐步带动居民和社会资本参与街区更新活动，最终达到整个区域活力提升的目的。此外，企业还组建了大栅栏跨界中心，通过充分整合社会资源、社会平台、社会组织，为杨梅竹斜街的更新提供经济、理论、操作方式等多方面的技术支持。目

前,该平台已经积累了上千个机构、群体和个人,包含了文化、艺术等各方面的专家、学者,成为大栅栏历史文化街区保护与更新的智库。另外,街区更新过程中还与北京国际设计周等知名活动进行合作,使街区内部形成实体空间与产业经济深度结合的文化品牌,推动创意设计服务、设计产品、设计版权交易,成为北京面向国际交流的一个特色窗口。在上下联动、多方参与、共同实施的保护更新方式中,实施主体的多元化对项目的主导方和技术支持方都提出了较高的要求,二者除需具备较高的技术水平外,更应具备较强的协调沟通能力,便于联动上下各方、达成意见的统一与平衡。这也决定了这种模式必将是慢工出细活的模式,推动街区在保护的基础上达成共识,逐步更新活化,对于历史文化街区的生活延续性保持具有较高的支撑作用,有效避免了政府或企业完全自上而下主导实施的各类问题。

总之,各地多年的实践证明历史文化街区的保护与更新不宜采用政府“一元主导、大包大揽”,在短时间内对街区进行大拆大建、集中改造的做法,这种保护性的破坏对历史文化遗产造成的损失极为严重。太多惨痛的教训使我们认识到,倡导政府组织、引导、监督,企业、居民及社会各界人士广泛参与,“微循环、渐进式、共同缔造”的更新模式是较为符合保护要求、具有可持续性和可操作性的模式之一。历史文化街区保护与更新中,宜以政府为主对街区传统人居环境、基础设施、公共服务设施、景观风貌、文化品质进行先期提升,改善社区居住环境,增强居民及社会各界对街区保护与可持续发展的信心,同时应积极吸引更多的社会资本进入街区更新中。项目实施过程中,应充分尊重居民意愿,保留原住民,延续片区传统城市功能,维持传统生活方式。不能单纯地以“文化旅游打造”为目标,大量迁出街区人口,引入与街区文化内涵无关的商业和旅游功能,颠覆性地斩断街区在所处城市的发展脉络。

第 三 章

叄

湖州历史文化文化街
区的存在背景与沿革

湖州，古称菰城、乌程、吴兴，是太湖南岸一座有着 2200 多年建城史的江南
古城，也是太湖流域唯一以湖命名的城市，素有"吴越古邑、东南望郡"的美誉。

烟波浩渺的太湖（摄影肖二）

2015 年编制完成的《湖州历史文化名城保护规划》,确定湖州市区衣裳街和小西街两片为历史文化街区,两街区面积共计 27.82 公顷。其中,核心保护范围面积 9.38 公顷,建设控制地带面积 18.44 公顷。衣裳街历史文化街区保护范围东至红门馆前、乌盆巷,西至南街、衣裳街北 30 米,北至红旗路、妇保院南,南至金婆弄、甘棠桥,街区范围面积 10.14 公顷。其中,核心保护范围面积为 5.57 公顷,建设控制地带面积为 4.57 公顷。小西街历史文化街区北至红旗路南侧,南至所前街,西至环城西路,东至南街,街区范围面积 17.68 公顷。其中,核心保护范围面积为 3.81 公顷,建设控制地带面积为 13.87 公顷。

第一节　街区存在和发展的背景

一、湖州概况

　　湖州,古称菰城、乌程、吴兴,地处江浙皖三省交界,是太湖南岸一座有着 2200 多年建城史的江南古城,也是太湖流域唯一以湖命名的城市,素有“吴越古邑、东南望郡”的美誉。1991 年,湖州成为浙江省首批历史文化名城,2014 年 7 月 24 日,国务院将湖州市公布为国家级历史文化名城。

　　湖州市共辖吴兴和南浔 2 个市辖区和德清、长兴、安吉 3 个县,共 12 个街道办、44 个镇和 13 乡。总人口约 290 万,其中市区人口约 129 万。市域面积 5818 平方千米,其中市辖区面积 1621 平方千米。湖州东部为水乡平原,西部以山地、丘陵为主,俗称“五山一水四分田”。全市地势大致由西南向东北倾斜,西倚势若奔马的天目山脉,境内重山复岭,群山逶迤,异峰突起,最高峰龙王山海拔 1587 米。东部为平原水网区,境内水系密如蛛网,平均海拔仅 3 米左右。境内主要河流有西苕溪、东苕溪、下游塘、双林塘、泗安塘等,境边南接东苕溪上游,北濒太湖,东连大运河及黄浦江。京杭大运河及源于天目山麓的东、西苕溪贯穿湖州全境,苕溪东经頔塘,流于黄浦江,北经数十条溇港注入烟波浩渺的太湖。湖州风光独特,东部小桥流水人家的风情,北部溇港纵横、太湖浩渺的风光,西部中国竹乡林海、飞瀑、高山草甸的风韵,南部荡漾密布、桑稻沃野的风貌,孕育了"太湖、竹乡、名山、湿地、大宅门、古生态"六大特色资源类型,拥有"吴兴八景:道场霁晓、苍弁清秋、西塞晚渔、下菰长烟、龙洞云归、横山暮岚、南湖雨意、金盖出云""湖州三绝:塔里塔、桥里桥、庙里庙"等特色文化旅游资源。湖州人口多为江浙民系,使用吴语。湖州素有"丝绸之府、鱼米之乡、文化之邦"的美誉,宋代便有"苏湖熟,天下足"之说,湖州是湖笔文化的诞生地、丝绸文化的发源地、茶文化的发祥地。湖州是长三角地区重要的对外开放城市,是国务院确定的以上海浦东开发开放为龙头的长江三角洲地区"先行规划、先行发展"的 15 个重点城市之一。

二、湖州的历史沿革

湖州历史悠久,人文荟萃,物富民殷,经济开发甚早,自三国时期起,历来是郡、州、路、府、地区、市的治所,浙北地区的政治、经济、文化中心。

1.旧、新石器时代

旧石器时代,浙江先民就在湖州西部的苕溪流域繁衍生息。2005 年湖州境内长兴七里亭遗址的考古发掘,把浙江的古人类活动史,从 10 万年前上溯至100 万年前。湖州七里亭、银锭岗、合溪洞、上马坎等遗址的考古发掘,填补了浙江省旧石器时代考古的空白。新石器时代,湖州先民创造了辉煌的太湖流域史前文化。湖州千金塔地、钱山漾、毗山等新石器时代聚落遗址,是环太湖马家浜文化、崧泽文化、良渚文化的重要代表。钱山漾遗址在环太湖史前文化中地位突出,它填补了良渚文化与马桥文化之间的空白,更以出土最早的蚕丝织物著称,因文化内涵的特殊性,被定名为"钱山漾文化"。邱城遗址中层出土的石犁证明,早在 5300 年前湖州便已进入农耕文明时期。

2.夏—周

夏代,禹划九州,湖州地属扬州。防风氏在今德清一带建国,《史记·孔子世家》记载:"仲尼曰:汪罔氏之君守封、禺之山,为厘姓。在虞、夏、商为汪罔,于周为长翟,今谓之大人。"商代,吴太伯与弟仲雍奔荆蛮,自号"句吴",湖州地属句吴。先民们开始在东苕溪中游烧制原始瓷器,黄梅山窑址、南山窑址为其典型代表。商末,先民在今道场乡金盖山麓筑菰城,证明此时湖州已进入较高文明程度。春秋时期,湖州地处吴越两国争霸前沿地带,吴王夫差的弟弟夫概曾在湖州建邱城作为军事堡垒。公元前 473 年,越灭吴,地属越国;楚灭越后,归属楚国。史载,公元前 248 年,春申君黄歇徙封于吴,于今下菰城设菰城县,此为湖州行政建置之始。

3. 秦—南北朝

公元前 222 年,秦灭楚。随后于菰城置乌程县,以乌巾、程林两家善酿酒而得名。湖州境内分隶会稽、鄣两郡。会稽郡治所吴县(今苏州),菰城属之。秦二世二年(公元前 208),项梁起兵,据乌程,在江渚汇筑城,世称项王故城,后作为湖州子城。西汉初年,改菰城为乌程县,迁至子城,从此子城便一直是湖州的治所衙署所在地。这一时期湖州隶属时有变动,或属王国,或为郡县。三国东吴孙皓宝鼎元年(266)因孙坚曾受封乌程侯,吴国由此而兴,改乌程为吴兴郡,隶扬州,吴兴之名始于此。282 年,建置调整后吴兴郡辖乌程、阳羡等十一县。东晋大兴年间(318—321),太守郭璞在子城外建罗城。谢安、著名书法家王羲之相继担任吴兴太守;永和六年(350),郡太守殷康筑荻塘(即现在的頔塘),至今仍发挥重要的航运作用。南北朝时期,湖州境内分属义兴、吴兴郡。557 年,长兴人陈霸先称帝,建立陈朝。

4. 隋—五代

隋文帝仁寿二年(602)置湖州,因滨太湖而得名,治所乌程,领武康、乌程、长城(今长兴)三县,湖州之名由此始。隋大业二年(606)废湖州,公元 621 年复置湖州。以后的一千多年,虽经多次体制变化,湖州之名沿用至今。

唐代,湖州郡名屡有变更,或称吴兴,或名湖州。唐贞观元年(627),湖州属江南道,733 年,江南道分为东西两道,湖州隶属江南东道。肃宗乾元元年(758),湖州隶属浙江西道节度使,次年废节度使置观察使,湖州隶属浙江西道观察使。唐代扩建罗城,周长二十四里,并设九门。636 年,姚思廉续其父姚察的遗稿,编成《梁书》《陈书》;770 年,长兴顾渚紫笋茶被列为贡品;公元 772 年,颜真卿为湖州刺史,并在湖州修成《韵海镜源》;公元 780 年,陆羽在湖州纂成《茶经》,是中国历史上第一部茶文化专著;唐末五代时,湖州隶吴越国。北方战乱造成大量人口南迁,太湖塘浦圩田系统开始形成规模。

5. 宋、元

北宋太平兴国三年(978)吴越王纳土归宋,子城被"奉敕拆毁";南浔为湖州境东之门户,聚居居民日增,村落规模初具,因滨溪遂称浔溪,隶属乌程县震泽乡,浔溪之名一直沿用至南宋宁宗朝(1195—1224)。太平兴国七年(982)领乌程、归安、长兴、安吉、德清、武康县,乌程县东南十五乡划出,分置归安县,归安县始设于此。自此,湖州府、乌程县、归安县一府两县的一城三治格局形成,直至清末。南宋理宗(1225—1264)时文献记载"南林一聚落,而耕桑之富,甲于浙右"。由于浔溪之南商贾云集,屋宇林立,遂称南林。至淳祐季年(1252)建镇,取南林、浔溪两名之首字,称南浔,隶属安吉州乌程县震泽下乡。湖州宋代成为全国粮食主产区之一,有"苏湖熟、天下足"之称;经范仲淹推荐,胡瑗执教湖州,经学治事并用,开明体达用之学,为世所重,称为"湖学";南宋时湖州为畿辅望地,成为贵族、官僚聚居地,园林之风大盛,被誉为"南宋以来,园林之盛,首推四州,而湖、杭尤胜之";湖州成为南宋著名的制镜业中心。元至元十三年(1276),设湖州路安抚司,隶属两浙都督府。至元十四年(1277)改州路安抚司为湖州路达鲁花赤总管府,1295年,省下废州置路,置湖州路,领一州五县,即长兴州、乌程、归安、安吉、德清、武康县。至正十六年(1356)改湖州路为吴兴郡,领乌程、归安、德清、武康四县。元末张士诚据南浔,于至正十六年(1356)筑城。元至正二十六年(1366),吴王朱元璋攻下吴兴郡,改为湖州府,直隶中书省。

6.明、清

明初,湖州府隶中书省,领乌程、归安、德清、武康、安吉、长兴六县。1381年,湖州府改隶浙江承宣布政司,1507年,湖州府领安吉州、孝丰、乌程、归安、长兴、德清、武康县,升安吉县为安吉州,领孝丰一县,仍隶湖州府。明代,湖州成为名副其实的"丝绸之府",明万历年间,湖州成为全国出版印刷业中心之一,套色印刷名重一时。1645年,湖州被清军攻占,清乾隆年间,设杭嘉湖道,湖州府隶属之。1774年领乌程、归安、长兴、德清、武康、安吉、孝丰七县,改安吉州为安吉县,与孝丰县并属湖州府。清代湖州丝绸之府继续繁荣发展,至清末南浔涌现出"四象八牛"的丝商群体,明万历至清康熙、乾隆、道光时的史志对于南浔"烟火万家"之说都有记载,由于蚕桑业与手工缫丝业的兴起和商品经济的发展,该时期成为南浔经济繁荣时期。王一品笔店于乾隆年间开张;"志书之乡"进入鼎盛时期,仅清前期湖州府县志书就达29种;清末,沈家本主持清末刑律修订,开传统中华法系向近代大陆法系转型之先河,被誉为"法制冰人"。湖州在太平天国历史上具有重要地位,1860年2月,太平军为实施攻杭救京方案,第一次进入湖州地区,以后几度用兵湖州,并于1862年5月攻下湖州府,天京陷落后,湖州成为太平天国最后一个大据点。

7. 近现代

1911 年湖州光复。民国初年,实行撤道废府,乌程、归安合并为吴兴县。南浔初属吴兴县 16—18 区,民国 16 年(1927)属吴兴县第三行政区(后改南浔区)。民国年间,是湖州历史上的又一个发展高峰期。这一时期人才辈出,在各领域取得了非凡成就。他们或实践实业救国的梦想而与洋商折冲樽俎,或在科学技术领域披荆斩棘,成为中国科技事业的开路先锋。张静江曾任国民党主席,陈英士、朱家骅等一大批湖州人相继成为位居中枢的国民政府要员;以钱玄同、沈尹默为代表,涌现出一批新文化运动中摇旗呐喊的猛将;胡仁源、章鸿钊、任鸿隽等学者潜心于科学技术,成为中国科技事业的开路先锋。同时,近代企业、公用设施开始出现,城市逐步进入近代化,城墙逐步被拆。这一时期,在中国共产党的领导下,湖州为中国人民的解放事业做出了重要贡献。钱壮飞是中国共产党早期隐蔽战线的光辉代表,被周恩来誉为“龙潭三杰”之一。抗战时期,湖州人民配合新四军主力开辟了浙西抗日根据地,一度成为党领导苏浙皖地区人民革命的中心。1949 年新中国成立后,先后设浙江第一专区、嘉兴专区和嘉兴地区,治所长期设在湖州。此后,地、市、县体制屡有改变。1953 年南浔镇为县直属五大镇之一,1958 年南浔与东迁、马腰、横街、北里、三长合并为南浔人民公社,设南浔大队。1979 年,恢复湖州市建制,1981 年,撤销吴兴县并入湖州市。1983 年,撤销嘉兴地区,湖州市升为地级市,湖州市辖德清、长兴、安吉 3 县及城区、郊区 2 区,南浔属郊区。1988 年,湖州市辖德清、长兴、安吉 3 县,湖州市直管乡镇,撤销城、郊区建制,实行市直接领导乡镇体制,南浔直属湖州市。1993 年设城区、南浔、菱湖三区管委会,作为市政府的派出机构,南浔镇区为南浔区工作委员会驻地。1999 年,东迁镇、马腰镇、横街镇、三长乡并入南浔镇,2003 年,撤销城区、南浔、菱湖三区,设立吴兴、南浔两区。湖州市辖德清、长兴、安吉 3 县,吴兴、南浔两区,从而形成了目前湖州三县二区的行政体制。新中国成立以来,以“两弹一星”功臣钱三强、赵九章、屠守锷等为代表的湖州人民继续为祖国的富强做出重大贡献。

三、湖州的城市发展历程

湖州建城早期,城址多变,先后经历了春秋战国时期的邱城、菰城、秦末项王城(后称子城)3 个主要阶段。湖州罗城修建于东晋,以后各个朝代都未能突破晋人修筑罗城的范围,只是在其范围内进行重修。早期的邱城、菰城虽未能延续城市的主要功能,城址遗存却较为完整地保留了下来。子城遗址得到了保护,罗城虽已拆除,但其遗址范围尚可辨识。早期湖州的三座城址,均位于苕溪沿岸,并最终落址于东西苕溪交汇的溇港地区,充分体现了城市与水的密切关系。

1. 城市早期雏形阶段

春秋时期,吴国于太湖南岸现邱城山筑城屯兵,筑邱城。楚灭越后,楚春申君黄歇建菰城,城址在金盖山南,东苕溪北侧。春秋时期,湖州地处吴越两国争霸前沿地带,吴王夫差的弟弟夫概曾在湖州建邱城作为军事堡垒,湖州城区西北太湖边的邱城为其屯兵的"三城三圻"之一。清《长兴县志·卷十四》记载:"三城三圻在县东,临太湖。吴王屯戍之地,吴城与斯圻联,彭城与石圻联,邱城与芦圻联。城以屯步骑,圻以屯水军。"因汉代有邱氏居住此地,故名"邱城"。邱城遗址现存面积约3公顷。城墙遗迹明显,灰土夯筑的城墙仍可辨识。主要遗存包含马家浜文化、高祭台类型青铜文化、汉代墓葬等。邱城遗址是太湖流域新石器时代至青铜时代的典型聚落遗址。为马家浜文化分期与类型研究、吴越城址的起源和发展研究、太湖流域的早期聚落研究提供了宝贵的线索和物证。战国时期,楚灭越后,公元前248年,春申君黄歇徙封于吴,于商代城址上(即今下菰城遗址处)设菰城县治,此为湖州行政建置之始。菰城后又作为秦乌程县治。下菰城遗址城垣可分内外两重,平面均呈圆角等边三角形。现存外城垣长约2000米,城址总面积达44公顷。内城居于外城东南角,面积约16公顷,为浙江省现存规模最大、保存最好的先秦古城遗址。

2. 城市基本定型阶段

秦末项梁、项羽于今湖州地区筑城屯军,名项王城,为湖州筑城之始。后因外筑罗城,故称子城。此后历代,如唐、宋之州治,元之路治,明清之府治,一直都在子城。经唐武德四年(621)、元至正十七年(1357)两次重建,古城格局基本定型。明、清两代在前代基础上修筑,城址未变。秦改菰城县为乌程县,秦二世二年(公元前208年),项梁、项羽起兵,在苕霅交汇处的江渚汇东北,现湖州中心广场、人民公园附近,建项王城,史称"项王故城"。城周围有河流环绕,土地面积约3平方千米,城周长一里三百六十七步(拆于宋太平兴国三年),东西237步,南北136步,城墙高筑,四周开城壕。此后,湖州城址未经变迁,距今已有2200多年的历史。汉初,乌程县迁入子城。汉代,子城已是店铺林立,商贾云集。三国东吴宝鼎元年(266)改乌程为吴兴,置吴兴郡,取吴国兴盛之意,为吴兴名称之始,子城设郡治署衙。东晋时,太守郭璞在子城外督建罗城,即外城。罗城奠定了湖州中心城市延续千年的发展格局,一些街巷、水系名称沿用至今。

唐武德四年(621),赵郡王李存恭在东晋罗城的基础上加以扩大。重建的郡城罗城,城周24里,东西10里,南北14里,有城门9座。北宋开国之初,吴越王纳土归宋,子城"奉敕拆毁",东西二门均废,只留中门及谯楼。2008年,湖州子城遗址因建设被发现,随即实施原址保护工程。现子城遗址保存有唐五代到北宋、南宋等多个时期叠压有序的城门与城墙遗存,甬道、城墙、城楼及附属建筑遗迹、排水沟等古代城址元素一应俱全。991年,知州陈之茂、李景和先后重修罗城,改设六门,东为迎春、南为定安、西北迎禧、北为奉胜,此四门水陆门各一,西面的清源、东北的临湖门为水城门,城池及六门基本定型。元末,张士诚部将潘原明守湖州,"以旧城多圮",重修罗城,东缩半里,西缩一里,南北各缩数丈,四围亦各有所缩。周13里138步,以石砌垒,更凿壕堑,开临湖门之陆门,筑迎禧门,有陆门无水门。此后,古城范围无大变动,湖州古城延续千年的格局基本形成。1553年为防范倭寇来袭,加高加厚城墙。次年,又修整府城,"巍然一方壮观"。清初知府唐绍祖又奉敕督修,城垣高二丈六尺、阔二丈五尺,六城门沿袭旧样。

3. 近现代城市发展阶段

清末太平天国战乱,罗城、街市受到极大损毁。民国时期由于城市建设发展,局部开始拆除罗城城墙。新中国成立初期至1983年,罗城城墙拆毁严重,沿城墙及周边修建了环城东路、北路、西路和南路以及人民路、东街、南街、红旗路等13条马路,形成了以子城为中心向四周辐射的主干交通网络,现仅存清源水门等部分残垣。新中国成立后,湖州城区范围用地发展大致经历了从缓慢扩展到快速发展的几个阶段。新中国成立初期至1957年,城市用地基本上保持在旧城墙范围以内,1958年至1976年,随着经济发展和人口增长,突破城墙范围,向西侧、东北、东南发展;1977年至1983年,向城区四周扩展,在吉山、红丰、潮音、车站发展了四个生活区。进入21世纪,随着湖州经济社会的发展,城市规模不断扩大,2000年通过城市总体规划调整,将湖州东部的织里纳入中心城市范围,设立了织里工贸区,城市形态由单一城区向组团城市发展。为了更好地发挥中心城市的作用,2003年初通过战略规划,提出了将南浔纳入中心城市范围的设想,中心城市由湖州城区、织里工贸区、南浔城区三片组成,城市建设用地也由1949年的3.57平方千米扩大到2012年的92平方千米。2003年,国务院批准设立南浔区,并将其纳入湖州中心城市的范围,组团型城市的发展框架基本形成。

四、湖州的历史文化价值

湖州有着 100 万年人类活动史、7000 年农耕文明史、2200 多年建城史。湖州的"太湖溇港（塘浦）圩田"及其衍生的"桑基圩田""桑基鱼塘"和运河水运系统，构成了太湖南岸风华无尽的溇港文化景观带，滋养了湖州独特的城乡聚落体系，孕育了湖州辉煌灿烂的吴越文化。湖州是丝绸文化的发源地、湖笔文化的诞生地、茶文化的发祥地、"湖学"的兴盛地和众多文化名人的集聚地。勤劳智慧的湖州人民历经千百年的传承和创新，在保留自身文化特质的基础上，开放交流、兼收并蓄，形成了具有鲜明特色、深厚底蕴、丰富内涵的地域文化，留下了众多的文化遗产。頔塘运河将湖州、南浔与上海联系在一起，江浙财团的中坚力量——湖州商帮应运而兴，对近代中国的经济、文化和政治产生了深远的影响。此外，湖州保存完整的"三城三址"系列遗址、城址，完整见证了太湖流域的人类聚居发展历程。因此，湖州历史文化名城的突出价值可以概括为"溇港文化景观，吴越文化内涵，历史脉络完整，近代影响深远"四个主要方面。

1. 湖州基于溇港系统的城乡人居环境体系是太湖流域独有的文化景观

湖州是太湖溇港及塘浦圩田系统发端最早且唯一完整留存的地区，太湖沿岸地区利用太湖浅碟形地形，沿湖滩修筑形成了溇港圩田系统，即后世所谓吴兴"三十八溇"、长兴"三十六港"、宜兴"百渎"和震泽七十二港及与之相配套的横塘系统。这是古代太湖流域劳动人民改造利用滨湖湿地，变涂泥为沃土的一项独特创造，属于政府有计划、有组织的大型农田水利工程，其独特的架构代表了人类农业文明时代水利、水运工程技术发展的最高水平，在我国水利史上的地位可与四川都江堰、关中郑国渠相媲美。湖州的太湖溇港及塘浦圩田系统，自春秋时期就开始萌生发展，是太湖沿岸发端最早的地区之一。目前，太湖东南的 90 多条溇港仅有十几条尚能通水，宜兴的荆溪百渎已大半无存，只有太湖南岸的湖州地区，溇港和圩田系统存续时间最长，至今仍基本留存。湖州的溇港圩田具有四个突出特点：其一，湖州的溇港圩田全部是以自然圩为基础，规模适度，维护管理方便，适宜"农业立国"的封建社会小农经济和生产力的发展；其二，有一整套的科学的管理制度，例如唐代的都水营田使、撩浅军制度，吴越撩清卒制度，清代的巡检司制度等，真正做到了治水与治田相结合；其三，布局合理，设置科学，充分利用山水地形特点布局，分布频密，间距合理，设施完备；其四，湖州的太湖溇港系统与运河水运系统、城乡聚落体系融为一体。（图 3-1）

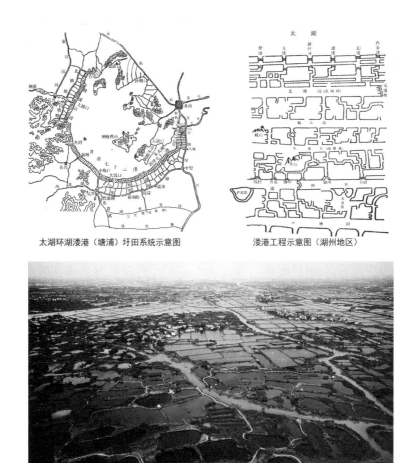

太湖环湖溇港（塘浦）圩田系统示意图　　　　溇港工程示意图（湖州地区）

图 3-1　太湖溇港体系图及照片

　　湖州溇港文化景观是滨湖地区人类适应和改造自然的杰作。晋代吴兴郡太守殷康所筑的荻塘是太湖溇港系统的重要组成部分，是其多条"横塘"中重要的一条。荻塘运河比一般运河价值特殊并突出的地方，就是有太湖溇港作为支撑，形成了密集的运河网络。以荻塘为界，北部溇港地区以人工为主的格状水系，与南部地区以自然为主的网状水系，催生出生长机理相同但景观风貌迥异的两种江南水乡格局。湖州形成的城—镇—乡—圩田人居环境体系，在肌理上与一般的江南水乡并无二致，但是由于它的形成是基于人工的、规则的格状溇港系统，因此在空间布局上、在整体景观风貌上具有布局更加规则、内部空间结构更加一致等溇港特色。溇港圩田系统，及其所滋养的湖州、织里、旧馆、南浔等城镇和大量乡村，共同构成了具有鲜明地域特色的溇港文化景观，是滨湖地区城乡聚落与自然环境和谐共生发展的典范。这条带状城—镇—乡—圩田人居环境体系西端为湖州,东端为南浔。南浔作为湖州东部连接大运河主线的门户城镇,依托其独特的区位和交通条件而繁荣发展的市镇经济,逐步成为湖州重要的经济商贸中心。明清以来,特别是近现代上海开埠以后,南浔通过"浔沪丝路"与上海紧密联系,迅速崛起,以其经济强、文化盛而称雄江南,逐步成为湖州府城在经济功能上不可或缺的补充。

湖州是太湖流域独特城乡聚落体系演变的主要传承地。湖州地区从唐宋时期享有"鱼米之乡、天下粮仓"和"苏湖熟,天下足"美誉的粮食主产区,到明清时期享有"财赋之区""丝绸之府""文化之邦"美誉,是以桑蚕丝织业为主的商品经济萌芽地区,乃至在近现代历史上所具有的重要地位,都与太湖溇港、圩田、运河水运系统有着密不可分的内在联系。湖州地处长江三角洲,西部属丘陵山区,东部为冲积平原,隋唐时期东部逐步形成了现有的水网框架和均质的水网地貌。地形地貌使城镇在空间布局上显现出西部山区城镇沿交通线点状分布与东部平原城镇沿水网节点均匀分布的显著特征。唐宋时期北方人口的大量南迁,促进了太湖流域塘浦圩田系统的发展。明清时期,湖州从粮食主产区转型为丝绸之府,依托塘浦圩田、桑基圩田和水路运输,桑蚕丝织业兴起,物产日益丰富,商业贸易应运而生。正是在明清时期,大量分工明确又互相依存的市镇节点,如茧行、叶行、丝行、米行、丝市、水市(蚕市)、米市、墟市、夜市等,逐渐在湖州东部密集的平原水网上形成。与其他江南市镇一样,水脉自古以来就是湖州市镇网络体系繁衍、繁荣的根本。湖州的太湖溇港、塘浦圩田及其衍生的桑基圩田、运河水运系统,滋养了湖州的独特城乡聚落体系,孕育了湖州辉煌灿烂的吴越文化。宋代湖州仅有7个镇,到明万历年间增至19镇2市,到清乾隆年间,又增至22镇3市,清末民初上海开埠以后,湖州的市镇网络体系进一步发展。其中主要的市镇有南浔、双林、菱湖、织里、荻港、大钱、善琏、新市、练市等。明清时期江浙地区市镇经济的繁荣仅限于太湖流域,而苏北、浙东还多停留在定期市或不定期市阶段。湖州以桑蚕丝织生产贸易和运河网络交通联系起来的独特城乡聚落体系,是以水道为网络、村庄和圩田为基础、城镇为节点的整体,其中各个城、镇、村各自具有不同的功能地位。这些市镇延续至今仍然具有旺盛的生命力,是太湖流域独特城乡聚落体系演变的主要传承地,对于研究我国太湖流域城乡聚落体系的发展演变具有重要价值。

2.湖州是以丝、瓷、笔、茶为主要载体的吴越文化重要发祥地和传承地

吴越文化是中国传统文化的核心板块之一,湖州是吴越文化的重要发祥地

和传承地。作为吴越城、太湖洲、湖笔都、清丽地的湖州,吴越文化突出体现在丝、瓷、笔、茶等多方面。(图 3-2)

湖州是中国丝绸文化的发祥地和"丝绸之府",自古便称为"鱼米之乡",以湖丝名扬天下。钱山漾遗址出土的丝、麻织品和绢片距今 4000 多年,是我国迄今发现年代最早的家蚕丝织物之一,丝织物平纹结构、密度体现出当时的纺织技术已达到很高的水平,对研究新石器时代晚期环太湖流域的社会经济状况、家蚕饲养与丝织起源具有重要的研究价值。湖州因此成为中国丝绸文化的发祥地之一,丝绸也从此成为湖州工商文化几千年发展演进的主角。湖州因产丝数量和质量,逐步奠定"丝绸之府"的地位,赢得"衣被天下"的美誉。湖州丝绸在六朝时就已出口海外,唐代被朝廷列为贡品,至明清时期,辑里丝更成为宫廷织造和各地丝绸名品的首选原料。湖丝成就了湖州对外商贸重埠南浔、双林等繁华水乡市镇,主要遗存有湖州的绉业会馆、南浔的丝业会馆等。

湖州也是瓷器之源、湖笔之都、茶礼之邦、藏书之乡。2010 年,湖州南郊发掘出迄今我国最早的龙窑遗址,由此探寻到了中国瓷器起源。东苕溪中游 30 多处商周原始瓷窑址与春秋时期的德清火烧山窑址,战国时期的亭子桥窑址等构成一个完整的系列,成为浙江越窑的重要源头。湖州是蜚声海内外的湖笔之都,湖笔的材料就源于太湖溇港的农耕文化组成部分——湖羊所提供的优质羊

双林绫绢制作技艺和新市蚕花庙会

湖笔制作技艺与湖笔

图 3-2 湖笔、湖丝等非遗照片

毫。湖笔,因"毛颖之技甲天下""紫毫之价如金贵",而被誉为"笔中之冠"。湖州善琏出名笔,在古籍中多有记载。撰写于明孝宗弘治年间的《弘治湖州府志》载有:"湖州出笔,工遍海内,制笔者皆湖人,其地名善琏村。村有含山,山巅浮屠,其卓如笔。"《茶经》在苕溪之畔诞生,中国历史上第一座皇家贡茶院设于长兴顾渚山,湖州成为中国茶文化的朝圣地之一。中国历史上著名的藏书家数以千计,但能集中于一个地区,且如接力一般具有显著成就的并不多见。湖州藏书是中国文化史上一道亮丽的人文风景,湖州之地上演的藏书聚散轮回的史剧,最终造就了湖州藏书之乡、文化之邦的历史地位。

3.湖州系列遗址、城址是太湖流域人类聚居发展的完整见证和典型代表

湖州是浙江史前文化的肇始地。2005年发现的湖州长兴七里亭遗址,把浙江的古人类活动史从12万年前上溯至100万年前,湖州成为浙江史前文化的肇始地。从七里亭遗址发掘出来的石核、砍砸器、刮削器、手镐的背后,是百万年前浙江先民在湖州西部的苕溪流域繁衍生息的生命印迹。银锭岗、合溪洞、上马坎等遗址的考古发掘,也进一步佐证了湖州是浙江人类活动史的源头之一。七里亭和云南元谋、河北泥河湾、湖北建始等遗址一起,成为中国屈指可数的超过百万年的旧石器时代文化遗址。根据专家论证,湖州七里亭遗址是目前已知的中国东南沿海地区最早的古人类文化遗存。

湖州三处早期聚落遗址是太湖流域早期人类聚居的完整物证。千金塔地遗址叠压着马家浜、崧泽、良渚三个文化的完整遗存,钱山漾遗址作为良渚文化之后又一个重要的文化遗存被考古界命名为"钱山漾文化类型",毗山遗址是迄今浙江省最重要的商周时期大型聚落遗址,这三处聚落遗址是环太湖流域新石器时代至商周时期,人类定居、生产、生活系列完整的物化见证。

湖州三处古代城址是太湖流域城市发展变迁的典型代表。湖州的邱城、下菰城、子城三座城池遗址,从春秋时期传承至清代,至今尚有迹可循,在江浙地区罕见。这对于研究我国江南地区的城池选址、设计、构筑和形制等方面具有重要的科学价值,是太湖流域城市发展变迁中的典型代表。湖州古城始建于秦末,孕育于两汉,始于六朝,兴于唐宋,盛于明清,极致于近代;湖州自三国时期起,历来是郡、州、路、府的治所,太湖南翼浙北地区的政治、经济、文化中心。湖州子城位于浙江省湖州市中心,相传为项羽所筑,故又名项王城。子城在三国两晋时期已是显赫建筑群落所在,其后一直是湖州郡、府、县治署,唐代时可确知其建筑子城城墙,延续至五代南宋,子城位置、大小均无较大变化。湖州子城一直是古代湖州府、县衙署所在,是古代湖州政治事件的集中发生地,古代湖州

最重要的政治建筑,具有重要的历史研究价值。

4.湖州在我国近现代历史上具有重要地位

湖州是我国南方近现代工商业发展的先兴地区。明代中叶,湖州就是中国诞生资本主义萌芽的典型城市之一。湖州在工商业方面的发展得益于丝、茶、笔等传统产业的集聚和辐射,因此成为中国南方近代工商文化的重要发祥地之一。清末民初,借助上海开埠的机遇,湖州商帮迅速崛起,并以上海作为主阵地,成为在贸易、工业、金融等领域与洋商争衡、挽回利权的中坚力量。同时,湖州丝商、买办群体,对催生和促进中国近代民族企业的发展,推动中国近代工商业的进程做出了积极贡献。

湖州也是近代民主革命主要支持力量的起源地之一。在旧民主主义革命时期,国家彷徨、民族危难的关键时刻,从这座以清丽、恬静、安逸著称的江南古城中,涌现了以陈英士、张静江、庞青城等为代表的湖州同盟会员,以巨资雄才援助孙中山领导的辛亥革命,推动了近代民主革命的进程,湖州因此成为旧民主主义革命的主要支持力量的起源地之一。此外,被周恩来誉为"龙潭三杰"之一的钱壮飞,作为中国共产党隐蔽战线的杰出代表,为保卫上海中共中央机关、共产国际远东局、江苏省委和中央革命根据地做出了卓越贡献。抗战时期,湖州作为新四军主力抗日的根据地,一度成为党领导苏浙皖地区人民抗战的中心。(图3-3)

湖州是科学民主先行地和近现代转型的见证地。随着中国新文化运动的

图3-3　陈英士(左)、钱壮飞(右)老照片

兴起,一批湖州人在科学与民主的道路上先行,推动了中国的近现代转型的进程。吴昌硕、王一亭、费新我等宗师成为海派文化的杰出代表,钱玄同、沈尹默参加了《新青年》杂志的编纂,成为新文化运动中摇旗呐喊的猛将。更多的学者则潜心于科学技术,成为中国科技事业的开路先锋:如胡仁源曾任北京大学校长,对北大发展有承前启后之功;俞同奎为我国近代著名化学家;章鸿钊为中国地质事业的著名创始人,与丁文江一起创办地质研究所;任鸿隽是化学家和教育家,是中国科学社和《科学》月刊的创建人之一。新中国成立后,中国科学院第一届学部委员中有 7 位湖州籍人士,160 位中科院历届学部委员中,湖州籍占了 10 位,800 多位两院院士中,湖州籍占了 18 位。以钱三强、屠守锷、赵九章等为代表的湖州籍学部委员、两院院士为中国的科技事业做出了重大贡献。

五、湖州的名城特色

1.太湖溇港、頔塘运河维系的带状的城市整体空间格局特色

湖州自然环境优越,西部山地丘陵与东部水网沃野平分秋色。在东部的平原水网地区,城镇因水而生,依水而建,在塘浦圩田、桑基圩田和桑基鱼塘的背景中,依托太湖溇港系统、水路交通和丝绸业发展,形成了发达的市镇网络体系。湖州与南浔,依托太湖溇港系统和頔塘运河紧密联系在一起,延续了 1700 多年,并在 2003 年通过行政区划调整融为一体,形成了以太湖溇港系统、頔塘运河维系的带状城市整体空间格局。北部太湖溇港地区的城乡聚落在以人工为主的格状水系上滋生孕育,与南部以自然为主的网状水系地区相比,虽然在形成机理上相似,但在整体空间布局、景观风貌方面具有鲜明的溇港圩田特色。

2.府城规制与尊重自然相结合,历史城区城水相依,山、水、城交融的格局特色

湖州古城依水而建,城周河道环绕,空间布局受到古代府城规制的影响,又不拘泥于规制要求,结合河网水系等自然条件,城市格局与自然水系相互交融,体现了我国古代城市营建的尊重自然、结合地形的思想。湖州选址于依山靠水的平原山地交接地带,东苕溪与西苕溪交汇处。历史城区山、水、城交融,具有"吴兴水为州,诸山若浮萍"的格局特色。城市中心(骆驼桥、江渚汇)位于苕溪、霅溪交汇处,古城内河道交叉网布,建筑依水而建,形成"湖州溪水穿城郭,傍水人家起楼阁"的整体格局和风貌特色。

3.传统江南水乡民居和中西合璧建筑交相辉映的建筑风貌特色

衣裳街和小西街一带人文荟萃,市肆林立,是湖州古城的中心区域,反映了

图 3-4　南浔民居照片（摄影梁伟）

湖州人文、社会、经济发展的变迁。南浔古镇的頔塘故道两岸是集古运河、商铺、民居、名宅、故园旧址于一体的水乡传统街区，尤其是传统水乡民居风貌保存较好，百间楼是江南地区极具代表性的传统民居建筑群。（图 3-4）頔塘故道两岸现存的河道、驳岸、古桥等遗存，真实完整地展现了大运河的历史风貌。南浔古镇的南市河地区是中西合璧的近代建筑典范，东西方文化的交融在建筑上得到充分体现，部分深宅大院在宅院外部呈现出传统江南民居的特征，宅院内部则呈现出典型的西式风格。以南浔为主体的湖州私家园林在南宋时期达到鼎盛，曾有"湖州园林甲天下"之美誉，街区内的小莲庄至今保持完好，是江南私家园林的重要代表。

4. 以湖丝、湖笔为代表的绚丽多彩的地方文化特色

以湖丝闻名天下的湖州，拥有丰富的关于蚕丝生产的民俗和传说，如列入世界非物质文化遗产名录的湖州双林绫绢制作技艺、含山、石淙蚕花和南浔辑里湖丝、养蚕技艺等蚕桑习俗；国家级非物质文化遗产扫蚕花地、含山轧蚕花等。湖笔制作技艺是国家级非物质文化遗产，直至今日仍坚持纯手工制作，大小工序达 120 余道，以"尖、齐、圆、健"四德兼备而著称，代表了绵延传承的大国工匠精神。

第二节　街区的历史沿革

一、衣裳街历史文化街区的历史沿革

衣裳街历史文化街区历史悠久，位于湖州古城的核心地带。街区沿霅溪形

成的人字形河道两侧分布,分为衣裳街和红门馆两个片区。雪溪又名雪川,特指今浙江省北部苕溪自湖州市至太湖段河道,雪溪穿过湖州古城汇入太湖,其历史可追溯至秦末湖州建城之始。《寰宇记》载:雪溪"凡四水合为一溪,自浮玉山曰苕溪,自铜岘山曰前溪,自天目山曰余不溪,自德清县前北流至(湖)州南兴国寺前曰雪溪,东北流四十里合太湖……雪者,四水激射之声也"。《清一统志·湖州府一》载:"四水总聚于江子汇,雪然有声,故谓之雪溪,又谓之雪川。"唐代诗人张籍有《雪溪西亭晚望》诗,详细地描述了雪溪美景。雪溪穿过衣裳街历史街区这段河道又称馆驿河头,人字形河道交汇处位于苕梁桥与甘棠桥之间,是过去东、西苕溪分流入城之水汇合的地方,故得名江之汇,因此地原是一块四面环水的洲渚,故又名江渚汇。湖州是水乡,古时出行以舟为主,馆驿河头是湖城通向外界的起点,因旧时两岸多官方馆驿而得名。这里河埠、码头众多,大摆渡口是其中最大的一处河埠头,因此处水面开阔、河埠宽大而得名。历史上馆驿河头是历代官宦往来湖州泊舟住宿的地方,这里不仅是官宦们乘舟登岸、履职湖州的第一站,也是百姓往来湖州的上岸处,是湖州通往江南乃至全国的起点。刺史太守们在此铺开其仕途生涯最为风雅怡情的时光,巡察信客们于河头闪过其匆匆而圆满的身影。大诗人苏东坡就是在这里优雅地登岸,又冤凄地被解上囚船,一生的转折在此演绎……这儿有版画大师赵延年的故居,在他的后人中,还有著名诗人北岛。官办的馆驿设置始于南朝梁代吴兴太守萧琛在此建设的白蘋馆,唐大历九年(774)湖州刺史颜真卿改白蘋馆为雪溪馆,后任刺史杜牧又加建有碧澜堂,历代官宦均将官方馆驿设置在此。北宋熙宁七年(1074)九月,苏轼由杭州通判升迁密州知州,途经湖州时,曾和时任湖州知州李常、词人张先等六人在碧澜堂聚宴。张先用《六客词》记叙这次雅集,他们在碧澜堂欢聚畅饮,吟诗赋词,这是苏东坡第一次来湖。15年后,苏轼再次来到湖州,又宴于碧澜堂,仍是六客对酒当歌,只是座上六人除苏轼外,上次雅集中的另五人俱已驾鹤西去。苏轼触景生情,悲喜交集,酒酣思故旧,作《定风波·后六客词》,以释怀之。雪溪馆原有五进五开间,第一进为接官厅,在第二进的砖雕门楼上刻有"有容乃大"四字。明嘉靖、万历年间,工部尚书蒋瑶在雪溪馆旧址前建有石牌坊。因为旧时湖州的船只大多停靠在馆驿河头,所以在沿河一带建有许多当铺、馆舍、茶楼,如昌大当铺、老公泰旅馆、吴兴客栈、青莲阁茶楼等,河边不仅是达官贵人迎来送往的地方,也是贩夫走卒休息交流的主要场所。

衣裳街街巷建造始于唐代,据宋嘉泰《吴兴志》记载,衣裳街宋代称其为州治大街或州治前街、市街,明代称其为府前街和小市街,是湖州府衙通向河边驿

图 3-5 衣裳街老照片

馆和舟船进入湖州的必经之路。(图 3-5)早在清中叶就已发展成为湖州的主要商业街坊,因有众多的估衣店而得名衣裳街。因市成通衢,因衣而成街,街两旁估衣店林立,唱卖声此起彼伏,颇为热闹,街虽不宽,但往来人群摩肩接踵更显得喧闹。清末民初衣裳街上有汪记、九如等十多家估衣店,福泰和、万泰和、新泰和等十余家嫁妆店以及小琉璃文具店、陈信源银楼、森益源中药店等。更有钱庄、当铺之类以九曲弄为核心,成为湖州当时重要的金融商业中心。(图 3-6)北伐战争后,社会风气为之一变,估衣店也日趋衰弱,但衣裳街仍是老城主要的商业街,继续售卖日常生活用品。与衣裳街垂直的有钦古巷、馆驿巷、小弄、积善巷(吉安巷)、当弄、竹安巷、包家弄、平安巷等十多条巷弄直通馆驿河头。馆驿巷是馆驿河头至衣裳街的通道之一,巷内旧时有昌大当铺等商号。吉安巷原名积善巷,巷西侧有建于晚清的王安申住宅,共有七进,130 多间,三、四、五进楼厅有厢房连接,称为走马楼,新中国成立后,爱山街道办事处和派出所均设在这里。王安申是湖州房地产开发商鼻祖,民国 6 年(1917),吴兴县公署设官产处,标卖府、县衙门公地,王以两万银币购得府治公地近百亩,自任志成房产公司总经理,建成志成、同岑两条马路及马路两旁的商住楼,使湖州城中面貌焕然一新。钦古巷曾是一条热闹的马路,约在民国 20 年(1931)改石板街路为水泥马路,马路两侧商店林立,老明利旅社和湖州旅馆均为三层,是湖州当时最高的建筑。钦古巷内徽商开设的程源泰麻油店创始于清道光年间,制作麻油采用注水比

图 3-6　湖州衣裳街接官厅照片(摄影侯旸)

重法,使上溢的麻油清亮透明,香浓味美,名闻远近,成为湖州当时有名的特产。

　　与馆驿河头对岸相望的是红门馆片区,这里在南朝时为湖州城中湿地"白蘋洲",自唐宋以来,发展成为历代官员往来歇宿的处所,也汇集了许多家道中兴的大宅门,明清以后,成为湖州学子科举考试的地方。红门馆南起大摆渡口,东起旧归安县河的仓桥,西至右文馆前,因处于原弘文馆前而得名。此地在明宣宗宣德年间(1426—1435)于原泰定仓旧址建弘文馆作为科举试场,后弘文馆毁于战火,清康熙时湖州知府陈永命重建,乾隆元年(1736)为避弘历名讳,改名右文馆。同治初损毁,同治四年(1865)又重建,因馆门为朱色,故俗称红门馆,这样馆驿河头河对岸整个区域也就被称为红门馆前。这里是明清时期湖州郡之七县应试童生的考场,也是士大夫实现人生理想的地方,每到一年一度的童生试(考秀才),馆驿河中舟楫鱼贯、士子来往。各邑考生坐船经馆驿河头的大摆渡口上岸后,先在周家宅院歇脚,据说周家的先祖曾在清同光年间朝中做官,后来在大摆渡口 4 号至 7 号置地建宅。既然考生从各地而来,当然少不了要食宿,于是宽敞的叶宅(团结巷 1—5 号)也就成了应考童生和监考官膳宿之地,叶宅三开间二进深,两面临街的建筑风格,在红门馆建筑中颇有特色。考试当然也少不了考场和主考官,而考官们照例在宗宅(今红门馆前团结巷 7 号)议事,商讨如何出题、评分标准和如何防范作弊之事。位于红门馆前 52—60 号的章宧试馆就是其中的主舞台,章宧是湖州获港人,曾为湖州试官(监考官)。章氏试馆为清同治年间所建,前临红门馆前路,背靠雪溪,门前有"仁济善堂墙界"

碑,后有"章宓试馆墙界"碑。(图 3-7)教育科考传统一直延续至民国初年,民国湖州教育会会址亦设置于红门馆。此外红门馆还有建于 20 世纪 20 年代的褚氏宅院,褚宅主人长期在外经商,眼界比一般人要开阔,建筑地面部分用水泥印花,已趋向西洋风格。红门馆 82 号是建于清同治年间的沈希曾宅,光绪十八年(1892)为宅地一事,沈希曾与岳父潘遵岳发生冲突,经归安县派员勘察后作出判决,地产为沈氏所有,并提出要求:"沈希曾不得另生枝节,潘遵岳亦宜安分守己,慎毋以健讼为能也,其各禀此判。"红门馆还有一处城内最大的清代道观——三仙观,始建于明晚期,清同治初被毁,现存建筑为清末重建,为全真教龙门派道场。1911 年 11 月 6 日,在叶宅成立了辛亥革命湖州临时军政府,辛亥革命时理想主义者沈谱琴、钱恂等人起义前也曾在此议事,叶宅也成为湖州军政府要员聚会和休息的地方。民国 9 年(1920),美籍马神父在湖州红门馆前扩建天主堂(即红门馆教堂,图 3-8),1932 年建成,建有礼拜堂、钟楼、神父楼等建筑,是当时天主教在湖州的活动中心。1945 年,湖州天主教会在湖州红门馆前创办景行小学,新中国成立以后景行小学收为国有,称五爱小学。1996 年五爱小学扩建,拆除了红门馆教堂和钟楼等,现仅存修女楼和神父楼两幢建筑。

　　新中国成立以后的衣裳街成为城内主要的居民区之一,在那个商品经济还不发达的年代,衣裳街的人们吃的都是苕溪水,每家一个大缸,只要放点明矾即可饮用。祖祖辈辈生活在这里的原住民们,守着自己的独门独院,在河边洗衣、

图 3-7　章宓试馆老照片

图 3-8　天主堂老照片

散步，扯着家长里短，他们对河流有着一种特殊的感情，从不向河里倾倒污水垃圾。20 世纪 80 年代初，改革开放的春风吹遍全国，衣裳街被压抑了许久的营商热情再次被点燃，似乎一夜之间又找回了商业的传统，街上的服装店和布料店，如雨后春笋般越开越多。之后几十年一直保持着传统商业形态，以售卖各类生活用品和服饰为主，直至 21 世纪初，这里一直是湖州中心商业街之一。

二、小西街历史文化街区的历史沿革

由衣裳街江渚汇沿霅溪西去即可到达小西街，再往西即是湖州古城的西门——清源门，这里是湖州城内河道的水源地，西苕溪的活水在这里滚滚流入湖州古城。古时此地有水陆二门，陆门为元末张士诚部将潘源明所开，明嘉靖三十二年(1553)乌程知县张冕为抗击倭寇，筑瓮城门二重。小西街人文脉络丰富悠长，湖州古代的知名度，因南朝诗人柳恽的《江南曲》"汀洲采白，日暮江南春"而盛，而当年柳恽在湖州当太守，供自己公务之余游憩筑的那座西亭，就建在小西街。据颜真卿《梁吴兴太守柳恽西亭记》引陆羽图记，"西亭，城西南二里，乌程县南六十步，跨苕溪为之"。《大明一统记》里亦记载："下瞰苕溪，梁天监中郡守柳恽建"。北宋名臣丁葆光的西园也建在小西街，周密在《癸辛杂识》里记载："在清源门之内，前临苕水，筑山凿池，号寒岩。一时名士洪庆善、王元渤、俞居易、芮国器、刘行简、曾天隐诸名士皆有诗。临苕有茅亭，或称为丁家茅庵。"据明崇祯《乌程县志》载："仪风桥南堍直西过旱渎桥为小西街，有油车巷、高巷、石鸢巷、北齐巷、朝阳巷。"这是对古代文献小西街街巷最完整的记述，可见明代时这里已是街巷众多的密集街区了。小西街毗邻南街,水陆交通便利,历来是名门望族、富商官宦聚居之地,湖州大姓如温氏、钮氏、许氏、莫氏都聚居于此。西苕溪之水入清源门水门,一路向东,过木桥头(永安桥),穿过小西街、眺谷桥、仪凤桥、苕梁桥,一路到达衣裳街馆驿河头。晚清民国时期,由于丝织业的蓬勃发展,方圆数百里内的蚕茧涌向江南丝绸基地湖州,苕溪作为交通要道,货船日夜不息,小西街这一段河道成为漕运进出湖州的必经之路,因此小西街这一段又叫"漕渎"。清源门引水入城的同时,也使财富通过西苕溪源源不断地涌向小西街。湖商致富的秘诀全写在了小西街上,当我们今天静静地漫步在小西街上时,正如翻动一部厚实的湖商之书,令人不胜感慨。(图3-9)

湖州历史上总共出过1468名文进士和17名状元,其中第一位状元贾安宅和最后一位状元钮福保的故居都位于小西街。贾安宅是北宋大观年间的状元,也是湖州科举史上的第一名状元,贾安宅的故居苕阴坊位于小西街东端,据《吴兴备志》记载:"在仪凤桥西,后名状元坊,以贾安宅故名。"可惜苕阴坊今已无迹可循。有意思的是七百余年后的晚清道光年间,湖州出了最后一位状元叫钮福保,恰恰也是住在小西街上。这两位相隔七百余年的状元都多次担任考官,都以公平选拔荐选良才而闻名朝野。钮福保的故居状元厅,是小西街上现存体量最大、规格最高的古代民居。(图3-10)吴兴钮氏先祖世居湖州练市花林,魏晋时已有"吴兴望族"之称。清乾隆三十三年(1768)钮际泰中"戊子科"武进士后,先后买下了小西街永安桥北堍东侧的一座豪宅,更名"理德堂";在永安桥南堍西侧买下另一座宅院,更名"本仁堂",两座宅院一处安置嫡生子孙,一处安置庶出子孙。钮福保在朝为官,以主持试事为主,多次出任典试官,以公平选拔、认真取士著称于世,死后被朝廷追赠为正二品资政大夫。钮福保除了是一位持身清正、做事勤勉的官员,还通览经史,也是一位深谙医术、擅长诗文和丹青的多面手,其画作在当时名气颇大。历史上的钮家人,不仅在科举上成果累累,在医学、地理学、星象学、易学、算术、书法、绘画、篆刻、花卉、园艺、文学艺术等领域,有成就者也代不乏人。如民国著名实业家钮介臣,当年就在小西街办达昌绸厂起家,曾率领中国丝绸代表团访问法国,由书香门第之后蜕变为工商巨子,至今巴黎博物馆仍珍藏有他厂里生产的丝绸。钮有恒也可谓不让须眉,早年受女校教育,与寄寓湖州潜园养病的戴季陶成婚,后加入同盟会,为孙中山联络革命工作和处理政事。钮氏后人还有当代美籍华裔著名的航天航空专家钮因迈,世界卫生组织专家顾问委员会委员、曾获国家级科技成果奖的医学专家钮因珏等。

小西街118号是一座临街依水的五进深大宅,主人为民国时期曾连任三届

图 3-9　小西街 74 号杨宅照片(摄影梁伟)

图 3-10　纽氏状元厅老照片

上海总商会副会长的沈联芳。(图 3-11)沈先生年轻时在晚清藏书家陆心源恒有典当行做学徒,后进上海瑞纶缫丝厂任高级职员,经营丝茧买卖,获利颇丰。几年后他见市场丝价跌宕,转向经营房地产,先后在恒丰里、恒通里、恒洋里、恒康里、恒乐里等处兴建住房以及恒丰大楼,出租牟利,遂成巨富。民国元年曾任闸北市政厅厅长,民国 4 年(1915)复归丝业,任苏浙皖丝厂茧业公所总理,成为丝茧业巨头。"一·二八"事变后,沈在闸北所建房产、丝厂等均遭日机炸毁殆尽,但他最终还是拒绝了日方赐予的"上海特别副市长"一职,保持了一个爱国者的立场。木桥河头 6 号的主人也姓沈,为民国初年著名丝绸商沈田莘家的宗祠,名为"晓荫山庄"。沈田莘早年毕业于日本明治大学,1922 年在上海创办征和丝织厂,1924 年在上海参与发起成立"湖社"。先后在上海商业联合会、江浙丝经总商会、吴兴电器公司、芜湖裕繁铁矿、上海市商会暨全国商联会等单位任要职。此人同时也是位风雅文人,亦做过官,曾任外交部苏州交涉员、苏州关监督等职。小西街 190 号是本地莫氏家族的私宅,五进深的大院规模宏大。莫氏自北宋起即为湖州大姓,历代人才济济,小西街莫氏先祖是南宋有名的大藏书家兼富翁,系"月河莫氏"莫汲之后。清末民初,莫氏家族中的莫觞清成为海内著名的缫丝企业家,他的久成集团是民国时期中国最大的丝业集团,有"丝业大王"之称。莫宅的最大特点是在独家的河埠上大做文章,后檐有柱延伸至河埠石级,把住宅和水面融为一体,因此被收入《浙江民居》一书,作为水乡建筑的典范。小西街 74 号也是一幢气派非凡的晚清建筑,屋脊要比周边的楼房高出许多,独家使用独板的"八"字河埠,已非寻常人家的河埠可比,该宅沿河的建筑立面还隐现出一丝西洋的风格和情调。据现住在内的老先生回忆,该宅原来的主人姓杨,约建于同治年间,但房子造好后即由中介经手卖给一个姓姚的大户,颇具神秘色彩。与沈联芳宅相隔一小弄的"宝树堂"是湖州士绅许夒林的祖居,许先生生平以雅士知名,与同时代著名画家费晓楼等相交甚密。在许家的收藏品中,有一幅费氏的《随月寻诗图》颇为珍贵,"诗堂"上有叶廷琯、兰慈等人的题款。在太平天国湖州围城战役中,许家的书画收藏品流失惨重,所幸《随月寻诗图》还是侥幸逃过了劫难。吴昌硕先生后来在上面加题了一首诗:"负手行吟去,春晓殊可怜,图能超浩劫,人已作飞仙。花月依然好,吟魂何处边,清声闻小凤,端不愧前贤。"说的就是这件事情。许夒林的儿子许玉农曾任金坛县县令,与吴昌硕是生平知交,与光绪探花、书法家冯文蔚也交谊颇深。昌硕先生每次来湖,都住在许家,许家收藏昌硕先生的作品并不限其书画,还有信札和诗稿等多种。许玉农曾主持维修世遗大运河的重要组成部分顿塘,并捐赠福音医院

(现湖州九八医院前身)地基,1922年支持美国医生创办福音医院,是湖州第一所设施完备的现代医院。20世纪20年代末期在小西街一座大院内创办了城西小学,许氏在小西街产业还有宝恒堂和宝魏堂两处。温宅位于朝阳巷26号,该建筑是为湖州名士温蔗青于清光绪二十年(1894)左右开始建造,至民国初年建成现在五进规模群体院落,温蔗青原系盐商,后在湖州馆驿巷开设昌大典当行。其子温选臣曾任杭州储丰银行湖州分行行长,在湖州电灯公司、苏嘉湖公路公司等处均持有股份。1914年、1932年两次担任吴兴县商会会长。温选臣热心社会慈善公益事业,1924年资助福音医院建设,曾任董事和董事长。1937年湖州沦陷,日军胁迫其出任伪维持会长。1945年抗战胜利后,湖州中学复员回城,温选臣带头捐赠土地,士绅商户随后响应,解决该校建设大片用地问题。1947年温选臣出任湖州红十字会中华总会湖州分会会长,1962年当选为湖州政协常委。总之,小西街历史文化街区是许多名流先贤、富商巨贾家族繁衍之地,从古宅里走出来的后代,如今已遍布世界各地,秉承着先人的儒雅家风和勤奋诚信的经商之道,以健康而坚定的步伐融进新时代。

图3-11　沈宅老照片(摄影林星儿)

第 四 章

湖州历史文化街区的

分析研究

漫步在小西街和衣裳街，那楼阁、河埠、绿树、黛瓦、粉墙的四合院……间或悠闲的水禽栖在船头，仍然能让我们领略到湖城宁静、温厚的水乡本色。

小西街（摄影肖二）

第一节　街区特色分析

衣裳街和小西街历史街区一衣带水,沿霅溪分别位于南街东西两侧,街区总体特色比较相近。其总体特征可以归纳为,历史悠久深远,文化内涵丰富;风貌宁静温厚,水乡气息浓郁;空间结构严整,街巷肌理完整;建筑类型多样,优秀建筑集中连片。明代诗人孙蕡的诗中曾写道:"湖州溪水穿城郭,傍水人家起楼阁。春风垂柳绿轩窗,细雨飞花湿帘幕。"正是湖州古城日常城市风貌的真实写照。漫步在小西街和衣裳街,那临溪的楼阁、傍水的河埠、临风的绿树、黛瓦粉墙的四合院马头墙……间或悠闲的水禽栖在船头或河埠口,仍然能让我们领略到湖州宁静、温厚的江南水乡本色。

一、街区总体格局和肌理特征

街区整体以河道为主要空间功能主轴,形成水面开敞空间与街、巷、弄线性空间和院落私密空间结合的空间体系。主要街巷和河道呈东西向分布,次要街巷与河道垂直,形成"河—街—巷—弄—院落"的空间组合结构。空间拓扑关系为四级,空间变换层次非常丰富,公共空间形态以放射状线性空间为主,沿街、沿河呈鱼骨状分布。总体布局形式体现了典型的江南水乡水、路两套交通系统并重的城市格局,街区采用一街一河并行、两侧布置街坊或建筑的形式。河道北侧布置沿河主街,设置公共码头和驳岸,南侧建筑临河而建,临河配置私用码头。建筑院落组合形式层层递进纵深,一般形成至少四至五进院落,再设主街,由院落山墙直接自然界定形成纵向的巷、弄,呈现整齐有序的城市肌理,形成

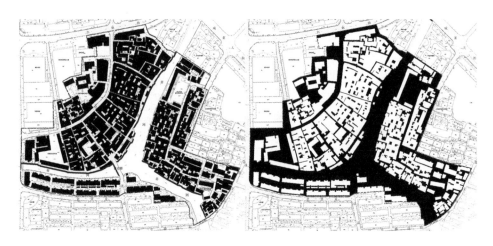

图 4-1　衣裳街空间拓扑关系

"公共空间—半公共空间—半私密空间—私密空间"的丰富空间层次。(图 4-1)
特别是巷弄的设计极有特色,巷弄空间尺度均较小,高宽比 D/H 一般都小于 1,
使街巷有一种亲切的封闭围合感,具有比较内敛的气质。例如九曲弄,街巷宽
不过一米左右,仅容两人并肩而过,虽因城市建设已拆除部分,但仍留有五个曲
折,街巷空间极有趣味。而小弄之间的夹弄,在层层的院落庭院之间,穿过建筑
留出了从衣裳街到馆驿河头的巷道,仅容一人通过,使公共城市空间和居住空
间之间存在多层次的过渡。这些巷道虽然比较狭窄,却能避免过境交通,可保
持宅区内部的安宁,同时使空间富有变化,给人一种到达家院(园)的亲切感,也
能保证步行体系的四通八达。两个街区的现存历史文化遗迹以明清时期民居
为主,整体呈现了完整的明清时期江南水乡城市风貌,同时也存在部分城市各
个时期发展留下的痕迹,街区中还穿插五六十年代建设的筒子楼、80 年代后建
的三层或多层住宅,显示了湖州完整的城市发展脉络。

二、街区建筑遗产特色

总体来看,街区内建筑类型多样,既有规模宏大的传统厅堂,也有小型民居
和各种店铺、作坊等公共建筑。衣裳街曾是湖州城内的主要商业街和金融街,
拥有金融、商贸、通信、码头、餐饮、客栈等众多见证其金融商业中心地位的建筑
遗产。街区内江南水乡传统民居和中西合璧式建筑交相辉映,体现了内敛包
容、兼收并蓄、多元发展的城市文化特征。小西街是湖州明清时期传统居住街
区的典型代表,江南水乡民居特色的集中体现,为研究具有湖州特色的传统民
居提供了多元的样本。其中的莫宅和红门馆宗宅等多个建筑因极具水乡特色,

图 4-2 蛰庵照片(摄影梁伟)

被辑入《浙江民居》。蛰庵(图 4-2)、王安申宅、神父楼等晚清民国时期的建筑,
吸收西方建筑装饰风格元素,采用清水砖墙和局部混凝土的结构形式,用红砖
砌出优美的线脚和叠涩装饰,或者采用水泥制作山花、柱头等装饰,形成了一批
中西合璧的优秀建筑遗产,体现了当时湖州包容开明、对西方文化兼收并蓄的
文化传统。

　　街区内民居建筑组合以院落为主,面宽较窄,进深狭长,四进较为常见,体
现出当时城市建设用地的紧张。建筑平面形态多样,群体组合以三合院或四合
院为主,以"进"为单位。建筑结构一般采用穿斗式或穿斗、台梁混合结构。宅
基地面宽最窄的只有 7 米,一般多在 15 米左右。进深则在 30 米到 55 米之间,
占满街与街之间或者街与河之间的用地,其宅院统一为南北朝向,每隔两宅有
一条巷道,格局相当严整。建筑以二层为多,木构为主。由于宅基地面宽普遍
较窄,建筑的平面布局也就相当紧凑。有些建筑明间开间仅 3.5 米,为了使得
内院看上去宽敞,两边厢房的进深仅有 1.8 米。有的宅院厢房进深与此间同,
就使得内院仅有明间的宽度,非常狭小。建筑内的布局为了适应小面宽大进深
的用地条件,也与其他地区的格局略有不同。一是堂板后的空间较大,除了安
排楼梯,还留有通道,有的宅院就在次间安排双跑楼梯。二是由于中堂进深大,
次间的门多从中堂进入,而不是前廊。三是最后一进下房往往与主房的间距非
常狭小,甚至紧紧搭牢。民居在临水的一面多开后门,厨房总是布置在这一面,
有时还做外廊,并用条石砌筑踏步通向水面,把住宅与水面联系起来,形成私家
河埠头或码头。居民在这里洗濯、上下船只、买菜、买柴及运出粪便、垃圾等,它
是临水住宅的重要组成部分。多数私用码头顺岸而建,有些还部分退为凹廊,
以减少对河面交通线的阻碍,也便于雨天使用。河埠考究的做法如小西街莫
宅,其后檐有柱延伸至河埠石级,形成一个过渡的灰空间,把住宅和水面融为一
体,外侧饰以斜方格纹花窗装饰,显得极有特色。河埠的形式和大小是民居主

人身份地位的体现,豪门大宅的河埠头规模大,多呈"八"字形,用料考究,以整块巨大武康石板砌筑,如小西街杨宅。普通民居一般设单侧河埠,即使很小的住宅没条件设河埠头时也要向河开个门,门口做一石板挑台,这样便于汲水及从往来船只上买东西。

街区建筑以居住为主,民居建筑外立面呈现出居住建筑鲜明的封闭、坚实的特点。考虑到安全防卫,沿街立面较为封闭,通高的围墙高7米左右。但沿街建筑的立面会在二层开窗争取阳光,于是建筑立面形成下实上虚的特点。底层外墙采用厚实的砖墙砌筑,直至二层窗下墙,其上部分则改为木质板壁,并于每个开间的正中开窗,立面明显退后。考究的大宅做法,会在砖墙的顶面做出挑的线脚,避免窗台的雨水侵蚀墙体,并以传统图案砖雕或灰塑装饰。由于院落后期被更多的住户分割居住,这样的改造一般会在底层开窗开门,以适合居住。正立面的另一种做法是砖墙一直砌至檐口,开小窗,但这种朴素的立面似乎不足以体现主人的身份,于是在檐口刷上黑色线脚和装饰。建筑的侧立面以硬山为主,除了高出屋面的硬山,还出现有观音兜、马头墙。建筑马头墙的出挑非常硬朗,少有柔和的线脚和妩媚的起翘,而硬山的顶部会出现一小块砖出挑的水平线脚,往往施以不同的颜色,或展露青砖本色或刷成黑灰色,这种做法推测是民国时期受了西方建筑的影响而出现。传统建筑虽然规模都较大,拥有很多进院落,但等级普遍不高,做法较为朴素,雕饰仅出现在部分建筑中。讲究的建筑会在廊间做卷棚吊顶,精美的雕刻也就集中在这个门面部位。而大部分民居没有任何雕饰,就连一般的装饰重点——悬挑二层的牛腿其外形也非常方正,至多也就在不太受力的部分做几个掐瓣。挑檐檩则以丁头拱承托,几乎所有的人家都一样,并不讲究标新立异。一般民居房屋梁架较少雕花,但是构件整体讲究形态和曲线的柔和舒顺,本身即富有装饰性。现有的门窗花格也较为朴素,从部分建筑存有的门窗雕花看,传统的万字纹、席纹,是普遍采用的图案。晚期建筑也出现了专为配合玻璃窗的雕花木窗,雕花风格细腻,以支摘窗的形式出现,但更多见到的是梅花和菱形的大窗花,既美观大方,又可以透过很多光线,很适合玻璃窗。还有很多长窗就干脆没有任何花格,也落落大方。栏杆、牛腿、雀替等形式多样,多施以雕刻装饰,建筑风格整体朴素、淡雅,显示了内敛文雅的文人气质。(图4-3)

街区内临街商业建筑一般为两层,采用前店后寝或下店上寝的形式,建筑一层通常采用敞开式,采用木排门或隔扇门,较少采用骑楼或外廊。商业建筑,特别是茶楼酒馆,是群众经常集聚的地方,它们多设在干道路口、河道转角、桥

图 4-3　建筑细部照片（摄影梁伟）

头、水陆交通汇集处等繁华地带,这些地点有较好的观景面和良好的通风。这类建筑造型也比较轻巧、活泼,并且常与地形结合得很好,二层常做悬挑,采用通长的隔扇窗以利于视线和通风,外形比较通透,对丰富街景来说起了不小的作用。典型代表如青莲阁茶楼,位于桥头巷口,位置优越,采用了切角攒尖造型,形成多边形外立面,底层全部采用开敞排门,二层用牛腿向外挑出,采用通长格扇窗,建筑整体活泼轻盈。吴兴红门馆宗宅这幢建筑是清末为适应科举考生需要而兴建的,当时楼下部分是卖文具的店面,楼上部分出租给考生居住。科举制度废除后,就成了一般的出租住房。它是在很小的一块基地上建造起来的,沿街建筑却显得宽大整齐,附属房间设在内院,围绕天井,每个房间都有自然通风和采光。一层天井小,房间高度较低,二层天井空间扩大,便于采光、通风,且可免除闭塞之感。这幢建筑立面处理非常成功,体形活泼,转角处屋面上摆出一个小山尖,屋角微微地起翘,形成一个小歇山顶。立面采用横向分割,在墙面上部三分之一处是退入窗槛墙的红色木装修,以下三分之二是白粉墙,窗槛墙的突出则更加强了比例上的效果,并使墙面有凹凸变化。其与邻宅连接处封火墙的升起结束了横线条,并使整个建筑组成一完整的构图。在色彩的使用上,采用红、白的强烈对比,红色木装修与白墙的不同质感更强调了这个对比。邻居高大的实墙面,具有极厚的感觉,与本宅的轻巧、活泼也形成了对比。(图 4-4)

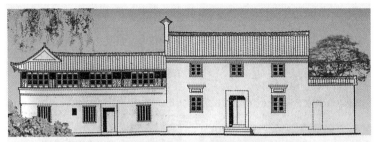

宗宅、叶宅南立面图1：100

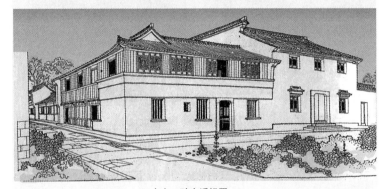

宗宅、叶宅透视图

图4-4　宗宅照片(立面图、透视图引自《浙江民居》)

三、街区文化内涵特色

1.科举文化和儒学内涵厚重

湖州历代文风繁盛,儒学文化积淀极为深厚,小西街走出了两位状元。科举文化曾在我国国家体系中占据极其重要的地位,对中国古代的政治经济制度、教育体系、社会及文化生活产生了巨大的影响。狭义的科举文化专指与科举选士相关的观念形态的文化,街区内的红门馆就是典型代表。作为江南古代为数不多的科举考场遗迹,从中走出来的历史名人和才子文人为数众多。

2.传统工艺与商贸文化突出

街区内名店老号众多,有馆驿、当铺、茶馆、商铺、药店等十余种。衣裳街历来店铺林立,九曲弄曾经当铺、钱庄比肩,是当时湖州城内的主要商业街和金融街,有据可查的名店老号有数十家,见证了湖州商业、金融的发展历史。衣裳街北段街口小琉璃文具店创于清代,开湖州经营文化体育用品的先河,五四运动以后衣裳街又有上海商务印书馆、五洲书局、开明书店等的特约发行所,出售名家名作。衣裳街中部的基督教监理会(现为新建基督教堂)是湖州最早公开放映电影的地点,还创建了湖州第一个公共健身房和桌球室,以雪溪馆为始的众多旅馆遗迹旧址更是历史悠久一脉传承,这些均是湖州公共服务建筑的雏形,也是早期商业、金融业、手工业、文化娱乐、旅游服务业的代表。传统商业和手工业与传统居住功能融合,广泛采用"前店后寝"和"下店上寝"的居住模式,构筑了一幅市肆和居住结合、喧闹中透出水乡的宁静与闲适的风情画卷。

3.宗族文化和宗教文化

宗教是人类精神生活的重要组成部分,在衣裳街历史文化街区中天主教和道教都出现过,道教自明代起在湖州盛行,三仙观是当时湖州城内最大的道教道场。近代天主教在湖州传播的同时,也带来了现代的科学技术和教育方式,是东、西方文化的交流途径之一。中国自古以来就是以家族血缘为单位维系基层社会关系和进行社会治理,宗族文化是中国最为根深蒂固的文化传统之一,小西街各大家族的聚居,家族宗法制度是最为可靠的纽带,借助于宗族实力的拓殖发展,才保证了湖州富商巨贾们的家族繁衍昌盛。

4.多样民俗文化传承,水乡生活气息浓郁

衣裳街和小西街具有特别浓郁的江南传统水乡人文氛围,民风民俗丰富多彩,凸显出深厚的文化底蕴。湖州人把喝茶称为"吃茶",因为在茶水里经常加上各种佐料,颇有点唐宋遗韵。如加玫瑰花的叫"玫瑰茶",放烘青豆的叫"薰豆

茶",掺青果的叫"橄榄茶",橘子、橙子、芝麻、笋干,皆可入茶。"吃茶去——百坦!"这"百坦"二字透露出了湖州人安详从容中的潇洒与自得,吃茶听戏是许多老一辈湖州人的日常休闲。湖州旧时的茶馆除了城门内外,大多集中在骆驼桥、仪凤桥、华楼桥一带,如衣裳街口的日日升茶馆、馆驿河头的茶楼、牛棚头的观凤茶馆等。湖州背靠太湖,又地处水乡泽国,最能反映水乡民俗娱乐的活动便是"赛龙舟"和"吴歌"。宋元学者胡仔曾说:湖州"舟人樵子往往能歌,俗谓之山歌,即吴歌也"。湖州吴歌内容非常丰富,有山歌、田歌、茶歌、棹歌、渔歌、菱歌、织歌等,祭祀、采茶、养蚕、捕鱼、划船都要哼上一曲。在湖州读书实在是一件美事,文房四宝之首的湖笔,就产在湖州,不过湖笔还不是一种生活必需品,倘若真正要说到精致,当然少不了对生活的点缀,譬如铜镜和羽毛扇。明清时期湖州铜镜技艺备受世人的称赞,清乾隆时,湖州铜镜曾作为贡品向朝廷进贡,历年所积,以至于宫中存贮湖州铜镜甚多。湖州羽毛扇有史可查的历史至少已有四百多年。据说三国时湖州已出羽毛扇,清张燕昌《羽扇谱》载:"诸葛亮捉白羽扇指挥三军,始为今羽扇所仿,其产以湖州为盛。每岁采羽洗刷,或白或染,汇合成扇,复用利刀破羽管,用鹤颧等尾下毛缀之,以为美观。"这些众多的传统技艺和特色民风、民俗,无一不洋溢着浓郁的地方人文特色。

5. 名人名贤众多

与湖州历史文化街区相关的名人名贤,除了苏轼、杜牧、颜真卿等大家耳熟能详的以外,还有以下这些重要的历史人物。

萧琛(480—531),字彦瑜,南兰陵郡(今江苏省常州市武进区)人。南朝时期大臣、学者、藏书家,"竟陵八友"之一,刘宋廷尉萧僧珍孙,太中大夫萧惠训之子。初仕南齐,起家太学博士,迁为丹阳(王俭)主簿、司徒记室。永明九年,迁通直散骑侍郎,奉命出使北魏,历任司徒右长史、南徐州长史,迁少府卿、尚书左丞。东昏侯即位,制定礼仪,迁给事黄门侍郎。梁武帝即位,历任宣城太守、卫尉卿、员外散骑常侍,出任江夏、南郡、东阳、吴兴四郡太守。颇有政绩,不治产业。普通年间,历任宗正卿、左民尚书、太子右卫率、度支尚书、领军将军、秘书监,迁侍中、金紫光禄大夫,加位特进。中大通三年(531)去世,加赠云麾将军,谥号为平。萧琛雅爱音乐、诗书及醇酒,能文且富辩才。受梁武帝所重用,晚年任金紫光禄大夫。因范缜著作《神灭论》,否定因果轮回,故引起论争,萧琛亦作《难神灭论》批判之,并阐扬其所持之佛陀观。其著作有《汉书文府》《齐梁拾遗》。

张先(990—1078),字子野,乌程(今浙江湖州)人。北宋词人。婉约派代表人物。天圣八年(1030)进士。历任宿州掾、吴江知县、嘉禾(今浙江嘉兴)判官。皇祐二年(1050),晏殊知永兴军(今陕西西安),辟为通判。后以屯田员外郎知渝州,又知虢州。以尝知安陆,故人称"张安陆"。治平元年(1064)以尚书都官郎中致仕,元丰元年(1078)病逝,年88岁。张先"能诗及乐府,至老不衰"(《石林诗话》卷下)。其词内容大多反映士大夫的诗酒生活和男女之情,对都市社会生活也有所反映,语言工巧。著有《张子野词》(又名《安陆词》),存世诗词180多首。

李常(1027—1090),字公择,南康建昌(今江西永修)人。生于宋仁宗天圣五年,卒于哲宗元祐五年,年64岁。按林语堂《苏东坡传》里面描述,李常为苏轼至交、诗友,形象矮胖,少读书于庐山白石僧舍。既擢第,留所抄书九千卷,名舍曰李氏山房。登皇祐进士,调江州判官。熙宁中,(1072)为右正言,知谏院。神宗熙宁七年(1074),调湖州太守。筑六客堂,六客集会,集《六客诗》《六客堂词》。王安石与之善,时安石立新法,常极言其不便,安石遣亲密喻意,常不为止。哲宗时,拜御史中丞,出知邓州。徙成都,卒于行次。李常著有文集、奏议60卷,诗传10卷,及元祐会计录30卷,均收于《宋史本传》并传于世。

贾安宅(1088—?),乌程(今浙江湖州书市南浔区菱湖镇射中村)人,字居仁,宋徽宗大观三年(1109)己丑科状元。贾安宅少年聪颖,学习勤奋,18岁考入太学,22岁大魁天下后,任秘书省正字,官至户部侍郎兼太皇赞读。建炎中(1127—1130),贾安宅为给事中,对驳无所回避,以正直闻名朝野。贾安宅历仕三朝,恪尽职守,多次担任考官,其所选荐士子后来大多成名,宋徽宗曾手书诏令嘉奖。贾安宅工于诗文,《宋侍纪事》辑有其《苕溪》诗:"广莒山下有深源,发此清流去不浑。直抵太湖三百里,滔滔分入海天门。"其子贾选,官至刑部侍郎。

蒋瑶(1469—1557),字粹卿,号石庵,浙江承宣布政使司湖州府归安县(今浙江省湖州市吴兴区)人,明弘治十二年(1499)进士。明正德时,历两京御史。不久,出为荆州知府,筑黄潭堤。调扬州知府。武宗南巡至扬州,仅以常礼相迎。佞幸江彬欲夺富家民居为威武副将军府,蒋瑶不允。江彬以武宗所赐铜瓜相胁迫,仍不为所慑。诏取琼花,言自宋徽宗北狩以来,此花已绝,今无以献。后被权幸用铁绳缚系至宝应,押至临清才被放归,后调陕西任参政,扬州人建祠祀之。嘉靖初,历湖广、江西左右布政使,累迁工部尚书,加太子少保。致仕归,僻居陋巷,与尚书刘麟、顾应祥等结文酒社。死后赠太子太保,谥恭靖。

沈家本(1840—1913),字子惇,别号寄簃,浙江吴兴(今浙江湖州)人,清末官吏、法学家。清同治元年(1862)举人,光绪九年(1883)进士,曾任直隶、陕西司主稿,受刑部尚书潘祖荫赏识。任奉天(今沈阳市)司正主编,兼秋审处坐办、律例馆帮办,后又升为协理、管理等。出任天津知府,在任期间宽严结合,恩威并施。调任保定知府后,在教案中依法据理力争,处理妥善。后升任通永道,山西按察使。未及行,外国教士为报争地索款未成之恨,诬沈私通义和团,遭搜查,终因查无实据而未获罪。晚年历任刑部右侍郎、修订法律大臣,并兼大理院正卿、法部右侍郎、资政院副总裁等职。沈家本精于经学和文字学,继承了中国学术传统中的考据方法和求实精神,重视刑轻仁政的理想。他曾参与晚清改革,主持制定了《大清民律》《大清商律草案》《刑事诉讼律草案》《民事诉讼律草案》等一系列法典,重视研究法理学,建议废止凌迟、枭首、戮尸、刺字等酷刑,提出了一系列法律改革主张,是中国法制现代化之先驱。现红门馆前设有沈家本纪念堂。

钮福保(1805—1854),字右申,号松泉。自幼天资聪颖,于道光甲午科(1834)本省乡试中举人、道光戊戌(1838)会试中进士,殿试以一甲一名的成绩夺得魁首,授翰林院修撰,旋升转左右春坊中允,出任国子监司业。己亥(1839)以副主考官典试江南,庚子(1840)又以副主考官典江西省乡试,旋即升为司经局洗马。道光辛丑(1841)出任广西提督学政。钮福保在广西任学政三年,实施了他在与道光皇帝《对策》中"司化导于未发,严惩创于已萌"的教育主张。此后咸丰继位,又被诰封通议大夫、少詹事,日讲起居注官、候补庶子留值上书房等职,负责咸丰第八子——钟郡王奕詥的日常课读。咸丰三年(1853)六月因身体原因乞养,以通议大夫致仕,翌年(1854)病逝故里。后被朝廷追赠为资政大夫,正二品。钮福保在朝为官,以主持试事为主,多次出任典试官,以公平选拔、认真选士著称于世,在督学广西三年,其业绩也可圈可点。除了是一位持身清正、做事勤勉的官员,钮福保还通览经史,又是一位深谙医术、擅长诗文和丹青的多面手,其书画作品在当时也较有名气。

王安申(1881—1955),族名延礼,又名士源,号安申,别号筱舟,晚清秀才,有经商之才。先后在志城、至诚等房产公司、华孚商业银行、恒孚钱庄任经理或董事长。曾任吴兴县商会委员、建设局委员,1940—1944年任湖州商会会长。对地方公益和慈善事业如教育、医疗、收养弃婴、救济贫病、施药、施粥、助葬、修建塘坝等均有贡献。

赵景贤(1822—1863),字竹生,湖州归安人。"自幼倜傥,虽翩翩公子,而有侠丈夫风,呼卢纵饮,意气浩然。"(俞樾语)父亲赵炳言,嘉庆二十二年(1817)进士,官至刑部右侍郎及湖南巡抚。赵景贤早年由父亲延师德清俞鸿渐就学,俞鸿渐是清代大儒俞樾的父亲,嘉庆举人,工诗文,重信义,学问为人在乡里颇负盛名。赵景贤受其影响很深,胸有谋略,作风豪迈。道光二十四年(1844)秋,赵景贤乡试考中举人,与俞樾为同榜。由于乡试注册填表时,赵景贤把归安籍误写为乌程籍,即被取消了举人的资格。后来捐钱恢复了举人的身份,并得到了内阁中书这样一个虚衔。后来又捐巨款,被清廷委任为知府。此时,太平军兴,赵景贤在湖州组织民团保城卫民,取得辉煌战果,自办团练坚守湖州两年之久。

赵延年(1924—2014),著名版画大师,浙江湖州人。1938年进上海美专,学习木刻。毕业于广东省立战时艺术馆(后改为广东省艺术专科学校)美术系。1941年参加"中华全国木刻界抗敌协会"。历任编辑、创作员、浙江美术学院教授。任浙江版画家协会名誉会长、浙江漫画研究会顾问、浙江省文史馆名誉馆员。作品有《负木者》《鲁迅先生》《起来饥寒交迫的奴隶》等,出版《赵延年版画选》。1991年获中国美术家协会、中国版画家协会联合颁发的"中国新兴版画杰出贡献奖"。连环画代表作《阿Q正传》《梦幻》。2014年10月因病逝世。

第二节　街区的保护价值和意义

一、衣裳街历史文化街区的价值

1.历史悠久——湖州城市发展的地标式街区

衣裳街和红门馆一带历代均是湖州古城的中心区域,是城市商业和公共设施的集中区,人文荟萃,市肆林立,是湖州城市建设和发展变化的地标式区域,也是湖州人文、社会、经济发展变化的标尺,是湖州古城最重要的区域之一。红门馆前是南朝时湖州城的湿地"白蘋州",唐、宋时先后建起了仓储、道观、民居等建筑。街区内最早遗迹可追溯至东晋,今馆驿河头22—32号,为东晋谢安故居旧址,南梁有吴兴太守萧琛建白蘋馆。唐大历九年(774)颜真卿改为雪溪馆,后杜牧建碧澜堂,是历代官宦、文人来湖州游览、寄寓、泊舟住宿之必经之地,也是湖城通向全国各地的起点。明清遗址有明嘉靖工部尚书蒋瑶建牌坊,湖州府属七县儒生考秀才的考场——右文馆,及来往府治的官吏文人住宿的驿馆——接官厅。清末民国遗迹众多,有革命党人活动地、湖州军政分府驻地、仁济善堂、天主教堂、全真教龙门派道场三仙观及吴兴电话公司旧址等公建、民居多处。历经数百年沧桑,历史悠远。

2. 内涵丰富——湖州水乡民居和城市商肆发展的标志

衣裳街和红门馆前分布有大量的文化遗迹,已公布为市级文保单位的有 3 处,即吴兴电话公司旧址、周宅、王宅;另有历史建筑 35 处,其类型包括民宅、馆驿、当铺、茶馆、商铺、道观、教堂、药店、考场、政府驻地等十余种,另有河埠头、码头 18 处,传统街巷弄 13 条。衣裳街历来店铺林立,九曲弄曾经当铺、钱庄比比皆是,是当时湖州城内的主要商业街和金融街,有据可查的名店老号有数十家,见证湖州商业、金融的发展历史。吴兴电话公司旧址是湖州乃至浙江电信企业的早期代表,标志湖州城市基础设施发展的现代化进程。

3. 文化交融——湖州传统城市文化的代表

明清以前,衣裳街店铺众多,粉墙黛瓦、河道纵横,是清丽、闲适的江南水乡,具有标准的中国水乡气质。自清代起,特别是五四运动以后,维新思潮和新文化运动广泛发展,随着新文化的传播,西方的建筑形式、思想文化、生活方式的传入,出现了相当一批中西合璧的建筑。其中的代表为原天主教堂旧址和大量私宅、别墅的建设,出现了一批青砖为主、红砖装饰、水泥粉饰以西方古典建筑的拱券柱头、卷草纹为细部的、具有典型殖民建筑风格的建筑物。西方的文化、先进设备(比如电话)和时髦的休闲娱乐方式(比如电影、健身房)的传入与传统的中国儒家文化、道家文化(三仙观)和传统生活方式不断渗透、不断融合,呈现出生机勃勃的多元城市文化。衣裳街区域始终站在湖州社会、文化发展的风口浪尖,体现了湖州包容、宽泛、兼收并蓄而又含蓄、内敛、多元发展的城市文化特征和深厚底蕴。

二、小西街历史文化街区的价值

1. 江南水乡民居聚落的杰作

小西街历史文化街区是湖州人安居乐业的杰作,体现了因地制宜和与时俱进的人文精神。街区的格局、街道、民居完整地保存着晚清及民国时期的风貌,展现了江南水乡"河—路—房"和"河—房—路"的传统肌理,渗透着浓郁的市井生活气息。沿市河的民居具有典型的水乡风貌,错落的私家码头别具一格。街区内的永安桥俗称"木头桥",在湖州现存的古桥中,像永安桥这样以木料为基本框架,又巧妙地用石材将框架包裹起来的平桥是绝无仅有的,在江南古桥中亦是孤例。

2. 城区内存量不多的高品质传统民居建筑群

小西街有着深厚的历史文化积淀,街区较完整地保留了一批清末民初的建筑群体,院落多为四进,展现了湖州城内以院落为单元的民居宅院的风貌特征。街区内深宅大院相互毗邻,大量优秀传统民居聚集,在现代化都市背景下特色鲜明,价值凸显。其中的小西街莫宅因极具水乡特色,被辑入《浙江民居》。

3.湖州名门望族深宅大院的标本

传统建筑是历史文化的重要载体,是历史文化街区的重要组成部分。小西街的大宅院除了全面展现面街的石库门、临河的阁楼、傍水的河埠、粉墙黛瓦的建筑等湖式四合院特征以外,不同的院落又各具特色,为研究湖州古代民居提供了多元的样本。状元厅是小西街体量最大、规格最高的古代民居,体现了宗族文化的内涵。莫宅的临水建筑后檐有柱延伸至河埠石阶,将住宅和水面融为一体,是水乡建筑的典范。沈宅是典型的清末民初建筑风格,与其他宅院相比,少了一些书卷气,标志着小西街的文化内涵从文学艺术转向商业经济。小西街74号隐现出一丝西洋的风格和情调,却又与周边的中式建筑和谐共存,是老城区一道独特的风景线。宝树堂是坚守传统文脉的典范,吴昌硕先生曾多次在此下榻。

三、历史街区的社会价值——湖州现代城市特色的名片

保护和整治历史文化街区是体现政府形象的民心工程,对于提高旧城区居民生活质量、改善基础设施条件、缩小新旧居住区差异、体现以人为本和社会均衡精神有着重要意义。对于改善城市面貌、美化城市环境、彰显城市特色和文化品位、体现湖州江南古城的文化气质、避免"千城一面"的城市景观有着重要作用。历史文化遗产的保护可以培养公众的高尚情操和文化修养,对于促进社会主义精神文明建设、提高市民思想文化素养有着重要功效。衣裳街和小西街作为湖州古城最重要的文化资源之一,是湖州发展旅游产业的核心资源。文化是一种新兴的社会生产力,文化资源的有效保护和合理利用,可以为旅游文化事业做出重要贡献,对于拉动地方社会和经济增长具有极其重大和深远的现实意义。

四、历史街区的文化价值——湖州传统城市精神的源泉

历史街区承载着明清乃至民国各历史时期的历史痕迹和历史信息,历史文化资源分布密集,是湖州历史文化的精华之处,记载了湖州的城市历史和湖州人的生活记忆,孕育了现代湖州的生活精神,体现和延续了湖州人的生活态度。历史街区是城市特色的凝聚,是最能体现湖州城市特色的载体之一,历史街区

是科学与艺术的精美结合,是湖州城市在特定历史环境下的特有产物,街区的整体规划布局及风格形成同样具有独特的性格,形成了一种不可复制的艺术美感。至今历史街区仍发挥着重要的使用价值,它们既是市民休闲娱乐、购物的主要场所,又是湖州重要的文化旅游景点。历史街区也是湖州对外文化交流与合作的动力支撑,随着文化交流的进程不断加快,积极发掘文化遗产的普适性意义,有利于区域及城市文化品牌的塑造,有利于文化软实力的增强,对提升城市影响力和知名度具有重要意义和价值。

第三节 街区保护与更新的保障基础

湖州历届党委政府和有关部门高度重视名城保护管理工作,建立了由市委、市政府主要领导挂帅,县(区)、部门主要领导组成的市文化遗产保护委员会和市历史文化名城保护委员会,统一领导全市的文化遗产和名城保护工作。陆续出台了一批涉及名城保护、街区保护、文物古迹保护等方面的规范性文件。基本形成了由名城、名镇名村、历史街区和重点文物古迹等保护规划组成的规划体系,科学指导了湖州名城保护的各项工作。近年来,市政府加大资金投入,完成子城遗址保护展示等名城保护重点项目;抢救维修了飞英塔、胡瑗墓、陈英士故居等一批文物保护单位;建成了一批以反映湖州名城历史、名人、城建、民俗、物产为主要内容的陈列展示馆。这些工作为湖州历史文化名城的整体保护奠定了扎实基础,有力促进了湖州文化的进一步繁荣发展。

一、构建名城保护体系

1.保护原则:以科学发展观为指导,遵循保护遗产本体及环境的真实性、完整性和保护利用的可持续性原则,保护历史文化遗产,改善人居环境,促进经济社会协调发展。坚持保护历史真实载体的原则,坚持保护历史环境的原则,坚持合理利用、永续利用的原则。

2.以市域为背景,以市区为重点,建立历史文化名城、历史文化街区与文物保护单位(历史建筑、工业遗产)三个层次的保护框架,保护物质文化遗产和非物质文化遗产、优秀传统文化以及太湖溇港等特有的文化景观资源。

3.加强历史文化名城整体格局与风貌的保护,注重古城内部肌理保存、建筑高度与体量控制、历史文化的展示利用等。

4.加强历史文化街区空间尺度、历史风貌、历史街巷及建筑原真性的保护。历史文化街区严格保护、控制沿河沿路江南水乡风貌,保护街巷肌理,延续提升生活居住功能;深化街区功能延续与历史文化展示。古镇在继续加强保护的基础上,完善市政工程管线入地工程,强化重要节点区域的景观建设。

5.加强文物保护单位(历史建筑、工业遗产)建筑本体与环境的保护。在注重对文物本体保护的基础上,将其周边与之协调的河流古道、河岸河埠、古树名木等环境要素也一并纳入保护的范畴,充分体现湖州特色。

6.构建非物质文化遗产多元展示格局。重点塑造"百叶龙""湖笔""湖剧"等非遗文化品牌,加快非物质文化遗产展示场馆建设,创建富有地方特色的传统文化旅游景区,积极培育传承基地与人才,构建非物质文化遗产产业运作体系。

7.实施一系列保护工程。在历史文化遗产保护工作方面,一是开展文化遗产普查。先后开展过三次不可移动文物普查、一次可移动文物普查和一次非物质文化遗产普查。掌握了解全市范围内文化遗产的分布、类型、特点和现状,登记在册,并做好档案整理。依据价值不同推荐、公布各级文保单位、名镇名村、非物质文化名录等,提升文化遗产的保护规模和档次。二是开展城市建设文物前置许可。发改、文物、计划、建设、国土等五部门联合制定《关于加强湖州市区建设工程文物保护工作意见的通知》,并由市府办转发,规定凡涉及文物保护的建设工程应根据不同情况先报文物部门审批或征得文物部门同意,变文物部门被动应对为主动出击。2005年湖嘉申航道工程中,为保护国保单位双林三桥,航道改道,新增加8千万元建设经费。2006年中心城区爱山广场建设中新发现子城城墙遗迹,立即对原方案进行调整,并新增投资7千万元,用于保护和展示子城城墙遗址。三是开展不可移动文物维修。通过每年市财政预算安排专项资金,和向上积极争取经费,先后对胡瑗墓、千甓亭、钱业会馆、陈英士故居、南浔小莲庄、张氏旧宅建筑群等30余处不可移动文物进行维修,维修面积逾3万平方米。针对古桥众多的实际,建立古桥保护长效机制,编制古桥保护计划,逐年开展古桥维修,现已累计维修26座。对以溇港、桑基鱼塘和工业遗产等新发现文化遗产开展调查,逐项进行登记建档,开展针对性研究,发掘其文化内涵和价值,对重点文化遗产编制保护规划。对市河驳岸进行调查,推荐公布文保单位,落实整体保护。

8.在文物保护单位"四有工作"方面。实施市博物馆与市文保所分设,切实加强文保单位的保护工作。不断健全并完善日常巡查制度,坚持日常巡查和专项检查相结合,通过各级文物执法监察机构、文保所、文保员各自巡查和联合检查的方式,做好全市范围内的各级文保单位的巡查工作,并做好巡查记录及时存档,对巡查中发现的各类问题及时上报并依法作出处理,确保各级各类文物的安全,切实加强不可移动文物保护工作。完成了全部国保、省保单位及大多数市级文保单位保护范围及建控地带的划定,实现了文保单位的"四有"(有保护范围、有保护标志、有记录档案、有管理机构)。对野外遗址类文物采取设置保护界桩的措施,起到公告和警示作用。

9.在历史文化挖掘研究方面。以史前、古城、运河、名人、建筑、园林和非物质文化遗产等为重点,组织挖掘和研究工作,形成一批具有重要价值的研究成果。陆续出版了《毗山》《湖州文化丛书》《南浔文化丛书》《湖州名人志》《孙中山与湖州人》《陈英士全传》《潘季驯》《湖州古代史稿》《古城文脉》《记忆湖州》《湖州民俗文化研究》《湖州与近代中国》《近代湖商研究》《湖笔文化研究》《湖州丝绸文化研究》《湖州稻作文化研究》等50余种。

10.在历史文化展示利用方面。已经投入5000多万元,在湖州历代1000多位名人贤士中,遴选并建设了一批名人纪念馆。湖州历史文化名人园、赵孟頫故居旧址纪念馆、沈家本纪念馆、陈英士故居纪念馆、叔蘋奖学金成就展览馆、张静江旧居展馆等已经建成开放或正紧锣密鼓加紧筹备中。这些入选的乡贤在哲学、科学、艺术、教育、革命等领域,对中华的文明进程作出过积极贡献。投入3000多万元,建成了一批以反映湖州名城历史、名人、城建、民俗、物产为主要内容的综合或专题陈列展示馆,并将毗山考古遗址公园建设纳入湖州市新一轮总体规划。建成的展示项目有:湖州市博物馆《吴兴赋——湖州历史与人文陈列》、湖州历史文化名人园、湖州子城城墙遗址、湖州湖笔博物馆、湖州辑里湖丝馆。其中市博物馆基本陈列《吴兴赋——湖州历史与人文陈列》荣获第七届全国十大陈列展览精品奖。

二、组织编制保护规划

1995年,结合《湖州市城市总体规划(1995—2020)》编制了第一版《湖州历史文化名城保护规划》。2003年6月,展开新一轮城市总体规划的修编,根据法律法规的要求,同步修编了《湖州历史文化名城保护规划》,并于2004年8月获浙江省政府批准并实施。该版名城保护规划对湖州历史文化名城保护工作起到了重要的指导作用。近十年来,湖州市严格执行名城保护规划,取得了良好的保护效果。为适应行政区划的变更、名城保护条例内容拓展等新情况、新形势、新要求,结合湖州市国家历史文化名城的申报,于 2012 年启动了新一轮名城保护规划的修编工作。2013 年 8 月,《湖州历史文化名城保护规划(2013—2020)》基本完成。2015 年再次修编《湖州历史文化名城保护规划》,成果稿通过省级专家论证,已批复实施。

《湖州市历史文化名城保护规划》确定的名城保护范围为:东至环城东路、西至龙溪南路、西南至环城西路、南至环城南路、北至龙溪港北岸,面积约 3.76 平方千米,包括湖州古城城墙遗址范围及外围需要保护控制的潘家廊、龙溪港沿岸等地区。其中,湖州古城城墙遗址范围内的面积约 2.99 平方千米。规划通过现状调查和分析,划定衣裳街历史文化街区、小西街历史文化街区的保护范围,并将南浔古镇确定为湖州历史文化名城内涵的重要支撑,划定其保护面积 173 公顷,其中重点保护区面积 88 公顷。

2007 年浙江省政府批准了《南浔历史文化保护区保护规划》。2008 年,《南浔历史文化保护区控制性详细规划》批准实施。2006 年起,湖州陆续编制完成了《衣裳街历史文化街区保护规划》《湖州市小西街片区城市设计》《湖州市小西街协调区概念规划与建设方案设计》《湖州历史文化与地方特色展示利用规划》等一系列规划。同时,加强了对重点文物古迹的保护,已经编制完成《毗山遗址保护规划》《浙江湖州南浔桑基鱼塘系统保护与发展规划》等成果稿。

三、组织保护规划有效实施

湖州作为国家级历史文化名城,自 20 世纪 90 年代初至今先后两轮修编《湖州历史文化名城保护规划》,且纳入城市总体规划。在城市建设中,严格执行《湖州历史文化名城保护规划》的相关规定,树立"保护为主、规划先导"的理念,坚持"保护原貌、有机更新、科学利用、融入时代",实现对历史文化遗产及其环境的全面、有效保护与合理、永续利用。《湖州历史文化名城保护规划》科学指导了湖州历史文化名城保护的各项工作。主要包括:《衣裳街历史文化街区修建性详细规划》等下一层面的详细规划设计;子城遗址保护展示工程、衣裳街历史文化街区保护性整饬工程等古城格局保护、历史文化街区保护整治和拆违工程;飞英塔、胡瑗墓、陈英士故居等文物保护单位抢救维修工程。这些具体工作为湖州历史文化名城的整体保护奠定了扎实的基础,有力促进了湖州文化的进一步繁荣发展。

四、完善保护机构建设

建立了由市委、市政府主要领导挂帅,县区、部门主要领导组成的湖州市文化遗产保护委员会和湖州市历史文化名城保护委员会,统一领导全市的文化遗产和名城保护工作。同时,建立健全了名城保护、文化遗产保护各类机构。历史文化名城保护管理办公室设在湖州市规划局,行使名城日常保护管理职责;设立湖州市文物保护管理所,完善不可移动文物保护的长效机制;设立湖州市文物监察支队,加大对文物违法行为的打击力度;在各县区建立文物保护管理所,并落实文物保护巡查队伍,建立了涵盖市、区、乡镇、村四级的文物保护管理网络;建立了湖州市非物质文化遗产保护中心,有效指导、管理非物质文化遗产保护及展示工作。在城市建设中,严格执行《湖州历史文化名城保护规划》的相关规定,树立"保护为主、规划先导"的理念,坚持"保护原貌、有机更新、科学利用、融入时代",实现对历史文化遗产及其环境的全面、有效保护与合理、永续利用。

五、加强历史建筑保护

2007年开始,湖州市以第三次全国文物普查为契机,摸清了全市历史建筑的家底,形成了一批历史建筑保护对象名单,并将具有丰富历史建筑资源的衣裳街、小西街历史文化街区和南浔古镇等列为保护重点,使得街区内的历史建筑得到有效保护。2012年,市政府依据三普成果公布了《湖州市不可移动文物名录》,相关历史建筑获得了法定保护地位。此后,湖州市规划、文物等部门遴选出具有较高价值的历史建筑50处(第一批),由湖州市城市规划设计研究院编制完成《湖州市第一批历史建筑保护规划图则》。2013年5月,湖州市政府发文公布了第一批历史建筑名录。目前,已经完成了第一批历史建筑的挂牌和建档工作。同时,湖州市政府发文颁布了《湖州市市区历史文化街区与历史建筑保护管理办法》,于2013年5月1日起正式施行。2015年至2018年第二、三、四批历史建筑的遴选认定工作启动实施,共公布三批次历史建筑148处。

六、加强溇港圩田、桑基鱼塘系统保护

湖州市委、市政府对溇港圩田系统的保护已经开展了三方面的工作。一是将溇港圩田系统的保护工作纳入法治化程序。已经制定完成并启动实施《湖州溇港圩田系统保护办法》,并已启动《太湖溇港圩田系统保护规划》的编制工作。二是做好溇港圩田系统的恢复工作。在专家充分论证的基础上,已形成初步的恢复方案,对于现已阻断但形制仍在的10条小溇港,考虑用顶管的方式与太湖沟通。建立溇港文化重点保护区,对文化积淀深厚的陈溇、伍浦溇,将按原溇闸

古制样式重建,并在闸口恢复原有"汛地"设施,形成东起胡溇,西至许溇,共 16 条溇港组成的水工建筑群。三是做好溇港各类文化遗产的保护工作。《义皋村古村落保护规划》已完成成果稿。四是做好溇港圩田系统的展示利用工作。初步遴选了以义皋溇、陈溇、濮溇与大钱港为主的溇港系统,开展沿线古村落的保护展示研究。桑基鱼塘系统是湖州重要的农业文化遗产,作为我国唯一保留完整的传统生态农业模式,为联合国教科文组织和联合国粮食及农业组织所肯定。近年来,湖州市委、市政府采取切实有效的措施,稳步推进桑基鱼塘系统的保护与申报工作:一是编制完成《浙江湖州南浔桑基鱼塘系统保护与发展规划》,制定了《湖州桑基鱼塘系统保护管理办法》,使桑基鱼塘系统的保护管理工作走上法治轨道。二是深入挖掘桑基鱼塘系统低耗、高效的农业生态种养模式,编制申报材料,积极申报我国重要农业文化遗产。三是积极发展现代观光农业,在对和孚凤凰洲、射中村等重点区域加强保护的同时,加大桑基鱼塘系统历史文化资源和景观资源的开发力度,实现桑基鱼塘系统的可持续保护与发展。

七、制定完善保护政策

自历史文化名城公布以来,湖州市政府根据国家和浙江省相关法律法规,陆续出台了一批涉及名城保护、街区保护、文物古迹保护等方面的规范性文件,名城保护、文化遗产保护逐步纳入法治化轨道。名城保护方面,出台了《湖州市历史文化名城保护办法》,在《湖州市城市规划管理办法》中明确了历史文化名城保护的专项要求。历史文化街区方面,出台了《湖州市市区历史文化街区与历史建筑保护管理办法》。文化遗产保护方面,出台了《湖州市人民政府关于进一步加强历史文化遗产保护的意见》《湖州市促进民办博物馆发展的意见》《湖州市古桥保护管理办法》《湖州市古树名木保护管理办法》《湖州市桑基鱼塘保护区管理办法》《湖州市溇港圩田系统保护办法》《湖州市非物质文化遗产代表作申报评定暂行办法》《湖州市非物质文化遗产代表性传承人政府津贴(补贴)暂行实施办法》《湖州市非物质文化遗产项目代表性传承人认定与考核管理暂行实施办法》。为与上述指导性政策相配套,各部门还发布了多项行政审批、许可要求,例如《关于加强湖州市区建设工程文物保护工作的意见》《历史文化名城和古镇的重点保护区、传统风貌协调区范围的建设项目的选址及设计方案许可》《基本建设和生产建设涉及考古调查和勘探发掘审批》等。

八、加大资金投入,探索绿色金融协同发展

近年来,湖州市政府加大了名城保护财政资金投入力度,逐步建立健全了名城保护和文化遗产保护专项经费制度,为湖州市名城保护工作提供强有力的保障。在名城保护规划体系建设方面,已经投入资金6000万元,基本形成由名城、名镇名村、历史街区和重点文物古迹等保护规划组成的湖州名城保护规划体系。在历史文化街区保护整治方面,已累计投入近20亿元,在文物古迹抢救维修方面,已投入维修资金近2亿元,一大批文物古迹得到及时有效的抢救维修。在历史文化展示方面,已经投入8000多万元,建成了一批以反映湖州名城历史、名人、城建、民俗、物产为主要内容的综合或专题陈列展示馆。湖州市级财政每年用于名城保护项目的专项资金为:名城保护管理专项资金100万元,文物保护专项资金200万元,古桥维修专项资金100万元,非遗保护专项资金50万元。另外,每年投入200万元专项资金扶持湖笔产业,投入资金近500万元,用于举办《归去来兮——赵孟頫书画珍品回家展》《海上双璧:吴昌硕·王一亭书画精品展》等精品展览30余场次,弘扬优秀历史传统文化和普及文物保护知识,极大地丰富了市民群众的精神文化生活。毗山遗址考古公园建设已纳入湖州名城保护的重大项目,并专门落实150万元,用于编制毗山遗址保护规划。

湖州市作为全国首个绿色建筑试点城市,目前正在积极探索绿色建筑与绿色金融协同发展的服务模式。湖州银行是全国最早一批开展绿色金融和环境信息披露的商业银行,从2016年开始,就提出了打造"绿色特色银行"的战略目标,经过近几年的深耕探索,逐步实现了绿色金融的差异化和可持续发展。在旧城改造过程中,湖州银行助力小西街等项目实现全域低碳化改造模式,较好地发挥出金融的引导作用,帮助绿色建筑企业,尤其小微企业解决融资难的资金困局。打通了从投资者、设计者、建设者到运营管理者再到建筑使用者的全产业链资金通道,实现传统建筑产业向现代建筑"绿色智造"产业转型。探索构建了全新的绿色建筑供应链模式,通过引进低成本转贷资金和构建供应链服务平台帮助建筑企业快速获得融资投入城市建设工程,实现企业产业、技术转型升级和历史文化保护、城市建设合作共赢。

九、广泛开展社会监督与群众参与

湖州市的名城保护工作,一直备受社会各界的关注。2007年以来,湖州市人大代表、政协委员提交涉及历史文化名城保护与历史文化遗产保护的建议、

提案达60多件。2011年至今,湖州市人大多次组织监督活动:2011年11月,湖州市人大常委会主任会议专题听取了名城保护工作进展情况的汇报;2011年12月,组织了部分人大代表实地视察、督查名城保护工作项目进度;2013年5—6月,湖州市人大常委会主任会议专题听取了名城保护与申报工作进展情况的汇报,并再次组织人大代表实地视察名城工作。早在2007年,湖州市政协便组织力量进行名城保护与申报工作专题调研,并形成了《关于创建国家历史文化名城的对策研究》等相关成果。湖州市政协六届第七次常委会通过并提交了《关于创建国家历史文化名城的建议案》,此后,在政协文史委的协调下,众多政协委员发挥专长,在资源挖掘、材料整理、文本制作、规划修编等方面给予指导和帮助。

加强宣传。普及文化遗产知识,增强文化遗产保护意识,提高全社会各界对名城保护工作重要性、必要性的认识。充分利用每年的国家"文化遗产日""国际博物馆日"等纪念活动,开展全市范围的丰富多彩的文化遗产知识普及、宣传和教育活动,组织开展"名城保护"百场电影进社区活动,成功举办2012年浙江省"文化遗产日"的主会场活动。积极利用省市报纸、网络、电视等传媒加大宣传力度,先后推出了《湖州离历史文化名城有多远》《名城湖州》等系列专题、专栏,刊发《湖州申名在行动》《申名有梦待圆时》等与名城保护相关的报道近20篇,在各官方网站上发布信息或成果80多篇次,有效提高了市民的知晓率。组织开展"博物馆在行动"活动,以国有博物馆为龙头,加强与民办博物馆的联动、互动,通过成品引进、主题合作、自主策划、馆际交流等多种形式,为市民群众带来文化大餐。

群众参与。积极与市级媒体合作,先后推出了"名城定位请你来参与""老照片征集"等互动活动,得到群众的热烈响应。在浙江省率先建立了业余文保员制度,制定了业余文保员管理办法,组建了一支由1000多名市民群众参加的文物保护志愿队伍。同时,组建了一支文博志愿者队伍,吸纳社会上关心文博事业的人士,参与博物馆讲解、文物知识普及、保护工作宣传等活动,极大地激发了市民群众参与名城保护和文物保护的热情。

第 五 章

衣裳街历史文化街区的

保护与更新

衣裳街以动态保护、有机更新、构筑平台、复兴古城为主要理念，在整体的视野中研究局部问题，在历史的背景中解决现实问题

衣裳街馆驿河头（摄影梁伟）

第一节 衣裳街修复更新前的状况

一、总体情况

衣裳街历史文化街区位于湖州市古城中心南街东侧,地处市区繁华商业区。街区范围东起红门馆前、乌盆巷,西至南街、衣裳街北 30 米,北至红旗路、妇保院南,南至金婆弄、甘棠桥,面积 10.31 公顷,由衣裳街区域和红门馆区域两部分组成。衣裳街长约 350 米,连接古城两条主要商业街南街和红旗路,区内街巷纵横交错,有钦古巷、馆驿巷、小弄、积善巷(吉安巷)、当弄、竹安巷、包家弄、平安巷等十多条巷弄直通馆驿河头。历史街区内常住人口 3200 人,总建筑面积共 10.60 万平方米。规划确定的保护建筑面积 1.64 万平方米,改善建筑面积 3.79 万平方米,整饬建筑面积 3.65 万平方米,拆除建筑主要为混杂于民居片区内的多层建筑,拆除面积 1.52 万平方米。

衣裳街所处区域是城市 CBD 地段,街区周围有大型商场、饭店、医院和主要商业街,其周边用地已经完全转换为适应现代城市生活的商业和公共服务设施。目前衣裳街历史街区以两类功能为主,沿衣裳街两侧为商业店面,主要出售服装、小商品,街区内部以居住用地为主,其间夹杂着一些工业用地和行政办公用地。衣裳街区商业主要分为两类,一类是购物,一类是餐饮,其中又以购物为主。从现场统计的情况看,服装类商户在所有商户当中占据了绝对的主导地位,达到 69%,衣裳街以经营低档服装的店铺为主,其他业态作为服装街的配套设施点缀其中,规模较小,多为散户经营。衣裳街延续传统商业功能,尚能与现

图 5-1 衣裳街老照片

代城市功能的发展要求相协调,街区内部的居住功能由于居住环境、基础设施不完善,已经与现代城市生活的要求越来越远,街区现状与城市现代功能的要求极不一致。衣裳街周边已经完全被高大的现代建筑所包围,周围街道宽阔,建筑基本都是十层以上,已完全是现代城市的景观风貌。现代城市景观缺乏当地特色,与历史街区传统景观毫无协调性,街区的街巷对景、借景无法实现。历史街区内部虽然也有多处现代建筑,特别是衣裳街中段北侧,沿街建筑已全部改为现代建筑,但总体风貌尚保存完整,特别是沿河景观相对完整、协调。传统城市肌理基本保持,街道尺度宜人,巷弄两侧传统建筑占主导地位,传统院落格局完整,构成传统风貌的大量景观元素保存较好。幽深的院落、马头墙、河埠头、青石驳岸等构成了一幅完整的江南景观图。(图 5-1)

二、存在的主要问题

1.传统风貌亟待保护

街区内插建多层砖混楼房和厂房,破坏了区域环境的和谐,市政工程设施落后,给居民生活带来诸多不便,影响历史街区传统风貌及环境保护。新建和改建住宅选址混乱,形象丑陋,高度超标,严重影响保护区传统风貌的协调统一。街区地处繁华商业中心,周边均是高大现代建筑,缺乏必要的风貌协调带和视线缓冲区。

2. 居住条件亟待改善

居住条件拥挤,大宅院居民住户少则十几户,多则几十户混杂居住。住宅院内电线分布如蛛网,线路设施陈旧,存在较大安全隐患。环境卫生状况不佳,缺乏必要的环卫设施,垃圾遍地,污水横流。基础设施缺乏,历史建筑内的居民生活质量较差,核心区域内基础设施陈旧,无排污管道,污水直排河道,造成水质高度富营养化,发绿发臭。

3. 传统商业亟待复兴

用地结构不合理,造成资源严重浪费。街区保护范围内,文物古迹被挤压,历史资源多被不合理地占用,商业服务设施无序发展且分布不合理。近年沿街巷单位、住户破墙开店,或露天设摊,建立露天市场,商业设施杂乱无章,公共服务设施严重不足。环境卫生条件差,严重割裂了街区与周边现代化的城市主流商业设施的关系。造成城市稀缺土地资源、高品位历史文化资源和优良景观资源的严重浪费和不恰当使用。

4. 保护意识亟待倡导

城市建设控制不利,街区内和周边环境缺乏必要的控制措施和手段,新的建设仍在进行,新的破坏仍在发生,亟待进行严格控制。居民缺乏保护的知识,或有保护的意识但是急需保护的专业指导和必要政策宣传。需要将自发保护的状态上升为系统的、专业的、经过统一规划安排的有序保护状态。保护的观念、意识、技术水平急需宣传和提高。

第二节 衣裳街的保护规划与设计

衣裳街的保护以动态保护、有机更新、构筑平台、复兴古城为主要理念,在整体的视野中研究局部问题,在历史的背景中解决现实问题。衣裳街的保护与整治在湖州城市文化名城体系的整体视野中进行,综合确定其在现代城市中和名城保护体系中的定位,历史文化价值和相关的限制条件,重点研究历史街区与城市中心区在文化活动、商业活动等方面的联系性,确定其功能定位和发展方式。衣裳街的保护和整治成为湖州城市传统文化保护、继承和发扬的重要平台,其重要意义在于通过该工程的实施,将建立一个彰显城市文化内涵、提高城市品位、展现城市特色的窗口。

一、街区定位与发展

衣裳街历史街区是名城保护规划中确定的两处历史街区之一,在名城保护规划中已经针对衣裳街历史街区编制了专项的保护规划,但是该规划属于名城规划中的一个专项内容,其深度和内容均有欠缺。衣裳街修建的详细规划在原有保护规划的基础上进一步深入,因近年城市建设发展现状情况有一定变化,通过详尽的现场调查和分析,对其保护价值、特色进行了更为详细的分析和评价,就范围、建筑评价等做出相应的调整,使之更为合理。

衣裳街历史街区作为湖州市最先启动的历史街区保护整治项目具有重要的意义,历史文化名城的保护是一个完整的体系,因此衣裳街的保护工作应该与城市建设和其他历史文化遗产的保护相结合,形成一个完整的、科学的体系,有利于城市规划统筹安排,避免重复、浪费。衣裳街历史街区周围历史文化遗迹众多,北有代表南方丝绸之路起点的纪念地骆驼桥,南有赵孟頫故居,东有千甓亭,西隔仪凤桥与小西街历史街区相望,因此在规划过程中应统一考虑,加强与周边历史文化遗迹的统筹安排,特别是应加强与小西街的联系,拆除南街两侧阻挡视线的现代建筑,两街区连为一体、统一调配,为功能布局和经费平衡争取更大空间。因此,衣裳街的总体定位为以商贸、文化休闲和居住功能为主,集多种功能为一体的,集中反映湖州清末民初传统城市商业文化、传统水乡居住文化和传统江南城市风貌的,最能体现湖州城市特色的历史街区。力求还给街区应有的历史文化遗产尊严,使其成为一个具有健康活力的、"活着"的历史街区。

二、保护内容

保护内容分为存在环境、历史载体、文化内涵三部分。存在环境包括自然环境和历史环境,自然环境指有特征的地貌和自然环境,包括地理条件和气候、物候条件,蜿蜒的江河溪流、秀丽的山脉共同构成自然山水风景。人文历史环境,指人们生产和生活活动产生的物质环境,水乡风水环境,传统水乡格局,水乡传统空间肌理关系、传统街巷空间组织特色和建筑与环境的相互关系及空间关系。历史载体指历代的先民繁衍生息,创造的建筑、桥梁、河道、池塘、街道、古井等众多的种类丰富的历史建筑物和构筑物。文化内涵,指人们生活状态发展的体现和历史发展变化的过程,它包括社会生产生活习俗、生活情趣、文化艺术、礼仪风俗、重大史实、重要人物等各方面。

1.存在环境

1.1 自然环境:霅溪、苕溪

1.2 历史环境

1.2.1 城市格局

水乡传统空间肌理关系、传统街巷空间组织特色、传统水乡城市建筑与河流、绿地等自然环境的关系、传统水乡建筑与水井、树木、河道、空地之间的格局关系及其本身相互关系。

1.2.2 历史街区和空间格局

保护街区与霅溪、苕溪的空间形态关系。保护霅溪、苕溪与街区周边河道、空地的自然与人造环境的相互关系。保护规划区域内历史道路和地块划分形成和城市街坊,保护街区内原有建筑、空地和绿化之间的关系。保护河道水系关系,不得随意拓宽改造。保护街区内的街道空间,传统城市肌理和建筑组合形式。保护街、巷、弄传统空间特色,保护道路—巷道—里弄—私人院落的传统居住空间结构体系,保护建筑群体的空间组合关系。

2.历史建筑和历史遗迹

保护历史建筑、庭院环境、道路铺地,保护历史建筑的结构、体积、风格、尺度、材料、色彩、装饰等构成建筑物内部形式与外貌的要素。保护历史人工构筑物,反映其生产、生活形态的设施、设备、生产生活工具等因素。保护沿河码头、驳岸、河埠、缆桩等水工设施,保护桥梁、古井和古树名木。

3.历史文化内涵和生活的延续

保护该地段从晚清到新中国成立初期近代湖州百余年的商业市肆发展历史,城市劳动人民的生活、生产史,保护商业老店铺、手工作坊的工艺和店号,保护反映传统生产和生活形态的民风、民俗。保护历史建筑长期形成的各种功能使命,力求保持传统生活延续性。包括历史人物、民俗文化、民间艺术、风俗节庆、民间传说、故事、历史文献、记载、历史沿革和重大事件等。

4.文物保护单位的保护

4.1 文物保护单位基本情况和保护现状

湖州市级文物保护单位有吴兴电话公司旧址、王安申宅、周宅三处,湖州市文保点有章宅、宗宅、叶宅、褚宅、钮宅、沈宅、陆宅、接官厅八处。各文物保护单位四有工作尚待完成,由于全部文保点均为居民或单位占用,文保单位和文保点均年久失修,私搭乱建现象严重,保存情况不佳。

4.3 文物保护单位的保护内容

各级文保单位、文物保护点保护范围内的主体建筑或主体内容,各级文保单位、文物保护点的历史环境,拟推荐文保单位保护范围内的主体建筑或主体内容,拟推荐文保单位历史环境。

4.4 文物保护单位保护整治措施

4.4.1 根据文保单位的文物价值、保存现状,提出保护措施、展示规划,详见文保单位保护规划表及拟推荐文保单位表。

4.4.2 继续完善已公布的各级文保单位"四有"工作,特别加强基础研究与现场管理,根据研究成果,抢救、修复、展示历史文化遗产。

4.4.3 继续做好拟推荐文保单位的价值评定工作,尽快完成申报核定手续,纳入依法保护范围。逐步设立现场保护监管设施与体系,加强技术监护,由目前的定性分析向定性定量、准确分析及时有效干预转变,提高保护水平。

4.4.4 加强遗址保护与展示,对已毁文物古迹原则上不得重建。

4.4.5 继续做好文物建筑维修保护方案设计,文物保护工程必须按国家规定由具有相应级别的文物保护勘察设计资质的单位进行设计,重要的设计方案应组织专家论证,按程序审批后方可实施。

4.5 推荐文物保护单位

接官厅现状建筑规模较大,结构精美,其建筑具有鲜明的晚清建筑特色,保存精美的砖雕门楼一座,东晋时为谢安宅旧址、南北朝时为白蘋馆、唐宋为雪溪馆和碧澜堂旧址,历史悠远,故推荐接官厅(雪溪馆旧址)为市级文物保护单位。

三、划定保护分区,分级保护,逐步控制

1. 针对湖州古城的实际情况,以真实地反映历史遗存并能传递湖州历史、传统特色信息;有较完整的历史风貌,能反映某历史时期、某一民族及某个地方的鲜明特色,在视线所及的范围内风貌基本一致为原则,兼顾街区格局的完整性和可操作性,划定核心保护范围和建设控制地带。文保单位、文保点划定保护范围、建设控制地带。划定高度控制区,分级控制建筑高度,制订不同控制措施和要求。

2. **核心保护范围:**包括王宅、吴兴电话公司旧址、仁济善堂、周宅、钮宅、褚宅、叶宅、宗宅、陆宅、沈宅等文保单位、文保点的保护范围、建设控制地带和衣裳街市河西侧以及红门馆前一带的集中连片的典型民居,总面积5.56公顷。

3. **核心保护范围要求:**严格执行规划相关章节之规定,调整用地性质,严格

保护，严格按照规划要求进行整治。有计划有步骤地迁出工业单位，拆除违章建筑，增加公共设施用地和绿化用地。适当迁出居民降低人口密度，改造提高基础设施水平，改善居住条件、提高环境质量、提高防火防灾能力。严格保护本规划提出的各项保护内容，按照整治模式要求保护和整治历史街区、建筑物、构筑物、历史文化环境、自然环境和遗址、遗迹。加强无形文化遗产（即传统文化）的继承和发扬，强调传统生活延续性的保护。根据建筑评价与整治模式要求保护建筑，逐步拆除违章建筑，适当恢复若干建筑完善街区建筑肌理。保护历史建筑，高度维持原高。目前影响风貌的建筑在整治后高度应小于5.4米（至檐口），风貌符合要求。建筑设备室外机部分不得朝向主要历史街巷外立面。严格限制广告张贴的范围，不得在文物保护单位的保护范围和建设控制地带内张贴、悬挂现代形式的广告和标志。区内的保护建筑和构筑物如确有必要，可以采用传统形式和传统字号的做法制作和悬挂广告。

4.建设控制地带：东起保健巷、乌盆巷，西至南街、衣裳街北30米，北至红旗路、妇保院南，南至金婆弄、甘棠桥，面积4.75公顷。

5.建设控制地带要求：不得安排工业、仓储和对外交通用地，道路符合要求，优先安排居住用地和绿地。建筑高度（至檐口）小于8.5米，建筑高度由内向外渐高。建筑群体组合形式应借鉴传统空间手法，保护传统空间关系特色和水乡建筑构成肌理，与自然环境协调统一，充分顺应和利用地形特色，禁止野蛮的破坏性建设。对于严重破坏自然环境和人文环境的建筑应予以拆除。建筑屋顶形式必须为坡屋顶，体量应轻盈、秀丽，形态应与保护建筑形式尽量协调。建筑外立面应充分吸取传统建筑的体量、造型、门窗形式，外墙装饰构件之间的组合关系和形态特征。外立面不得开通长窗，更不能采用大面积的玻璃幕墙，必须采用接近正方形或矩形的竖向窗。商业建筑底层可以设置橱窗，但形式必须是矩形，并且需通过结构元素加以划分。建筑色彩必须淡雅和谐，以黑、白、灰为主，建筑外立面禁止使用大面积鲜艳夺目的颜色。建筑材料应尽量选用毛石、青砖、小青瓦等材料。尽可能地挖掘地方材料和地方做法，防止盲目照搬城市住宅的形式和材料，不得使用有色玻璃和发亮发光的外装饰材料。尽量少设或不设现代材料的雨篷、卷帘门窗、商业广告和标语，必要时可在新建建筑设计中统一考虑。

四、建筑分类评价整治

1.建筑分类评价
区内建筑按风貌保存的完整程度，结合历史文化价值和建筑特色分为四类,分别对应不同的整治措施。

一类建筑——保存完好的、价值重大、具有突出代表性和特色的古建筑以及按照风貌要求已经重新修整过的、建筑质量较好的建筑。

二类建筑——基本保留原有风貌的传统建筑,但门窗等外立面有破坏的建筑。

三类建筑——基本保持原有建筑结构形式,但是建筑形象有较大改动;或者是建筑质量较好但风貌一般,与传统风貌尚可协调的建筑。

四类建筑——建筑质量较好,一般为 20 世纪 90 年代后所建的建筑,建筑体量大、高度较高,建筑形象对历史风貌造成影响的建筑。或者违章搭建的棚屋、简易房。

2. 建筑保护与整治模式

保护——保持现状,如实反映历史原状,如实反映历史信息。原有建筑结构与形象严格保护。严格按照不改变原状的原则进行维修,可适当调整建筑内部功能。

改善——对建筑风貌和主体结构保存情况较好,但不适应现代生活需要的,被评定为二类的历史建筑,保护原有格局、外观、风貌、特色等,并按原有特征进行修缮,适度增加或改善内部设施,提高生活质量。对主体结构保存,局部改动或破坏较多的历史建筑,进行修复、改善,还原历史风貌。

整饬——对于建筑质量较好,但风貌较差的现代建筑,通过降层、调整外观色彩、材料等整饬手段,达到与环境的协调,历史建筑外观改动较大的,通过整饬改动部分,根据实物、史料依据或同时期历史风貌建筑,进行修复。

拆除——对风貌影响大的建筑及违章搭建、后期加建的危棚简屋和破坏原建筑格局、风貌、空间形态的建筑必须拆除,恢复原空间格局。

更新或迁建——对传统风貌影响较大的建筑,采取原地拆除的措施,为维持原有整体风貌格局可以重新设计更新。新建建筑必须符合风貌要求,严格控制高度、体量,根据原肌理及风貌协调原则重建。历史街区外时代相近、建筑风格相似、体量高度适宜的建筑可迁入区内进行集中保护,以填补拆违留下的空白。要求必须严格保持其外立面原貌,内部可以进行适度的改建和更新。

五、历史遗迹的保护与整治

1. 古树名木的保护

1.1 古树是指树龄在百年以上的树木,名木是指珍贵、稀有或具有历史、科学、文化价值以及有重要纪念意义的树木,也指历史或现代名人种植的树木,或具有历史事件、传说及神话故事的树木。古树名木是一个国家或地区悠久文化历史的重要标志物之一,具有重要的人文和科学价值。它不但对研究本地区的历史文化、环境变迁、植物分布等具有重要作用,而且是一种独特的、不可替代的风景资源,是历史的活的见证。古树名木的保护是历史街区保护的重要组成部分,保护好它们对历史街区和重要旅游点建设来说意义重大。

1.2 保护范围:成林地带为外缘树冠垂直投影以外 5 米围合范围,单株树为同时满足外缘树冠垂直投影以外 5 米围合范围和距离树干基部外缘水平距离为胸径 20 倍以内。

1.3 建立健全古树名木档案,全面调查,实行"一树、一牌(碑)、一卡"制度。制定古树名木保护的地方性法规,依法保护,严禁砍伐或迁移。

1.4 拆除古树名木周边的违章建筑,扩大绿化面积,并应采取调整土地物理结构、改善地下环境等方式改善其生长环境。

1.5 加强维护和保护,设置保护围栏。对年老根衰的增加支撑或拉索等辅助设施,及时做好排水、填土、修剪枯枝等工作。

1.6 定期对其进行情况调查,及时防治病虫害。对目前生长状况不良的古树名木,应组织相关专业的专家进行综合诊断,及时采取急救措施,防止死亡。同时,应考虑从生理生态、营养管理、病虫害防治等方面对其他古树名木提出综合复壮措施。

2. 人工构筑物的保护与整治

2.1 主要内容:河道、码头、河埠、驳岸、桥梁、道路、围墙。

2.2 沿河栏杆:现状南侧新设沿河栏杆类型杂乱,均与传统风貌不协调,规划沿河栏杆改为粗毛石质地,形式采用地方传统形式,统一规划整治。

2.3 桥梁:保护区内横跨河道的桥梁成为主要的景观构成要素。现状桥梁形象存在很大的差异,近年新建的桥梁形象不佳,工艺水平良莠不齐,应进行统一设计和整治维修。要求桥梁应采用传统的拱桥形式并结合当地传统做法,外观装饰材料应以石材为主。按照规划要求统一设计整治,新建桥梁两座,均采用传统拱桥形式,具体做法参考湖州地方做法设计。

2.4 河道、驳岸、河埠、码头:现状河埠保留有约 18 处,其形式多样,尺度小巧适宜,构件雕刻精美,规划按原材料、原工艺进行维修。清除杂草,加固松动的石块,剔除碎裂、风化部分,用同材质补齐,在维修加固过程中不得随意拓宽河道,不得采用现代手法重新设计砌筑。南侧河道驳岸已全部重新砌,规划进行整治,局部恢复若干河埠,以保持风貌一致。

2.5 道路、铺地:保护传统街巷道路,保持原有铺装形式的适当进行维修整治。清除残破石板按原材料补齐,清除路面杂草、杂物。核心保护区内已改道路恢复为石板铺地。

六、传统风貌的保护与延续

1.核心保护区内确定的违章搭建建筑予以拆除,拆违后留下的空地采取按照原城市肌理补齐建筑和适当补种绿化,形成公共空间两种手段处理,强调原有格局的保护和修整,保持历史街区的完整性。

2.建设控制地带内的建筑大多数形象不佳,影响传统风貌的保护和协调,对其有计划有步骤地进行改造。对于老城内实在无法原地保留的单个历史建筑,予以迁建入街区内,用于完善传统肌理。建筑改造和新建建筑遵循以下原则:

2.1 建筑格局:建筑群体组合形式借鉴传统空间手法,保护传统空间关系特色和水乡建筑构成肌理,与自然环境协调统一,充分顺应和利用地形特色,禁止野蛮的破坏性建设。对于严重破坏自然环境和人文环境的建筑应予拆除。

2.2 建筑形态:建筑屋顶形式为坡屋顶,体量应轻盈秀丽,不宜过大,形态应与保护建筑形式尽量协调。新建筑的设计应从传统民居形态中进行提炼和概括,借鉴传统民居的建筑符号。

2.3 建筑外立面:充分吸取传统建筑的体量、造型、门窗形式,外墙装饰构件之间的组合关系和形态特征。外立面不得开通长窗,更不能采用大面积的玻璃幕墙,提倡接近正方形或矩形的竖向窗。商业建筑底层可以设置橱窗,但形式必须是矩形,并且需通过结构元素加以划分。

2.4 建筑高度:按照中低边高的原则,确定整体空间轮廓,核心保护范围内建筑控制为 2 层,高度(至檐口)宜控制在 5.4 米以下,建设控制地带内的建筑高度控制在 3 层,高度(至檐口)小于 8.5 米。

2.5 建筑材料和色彩:建筑色彩应淡雅和谐,以黑、白、灰为主,建筑外立面禁止使用大面积鲜艳夺目的颜色。建筑材料应尽量选用毛石、青砖、小青瓦等材料。尽可能地发掘地方材料和地方做法,防止盲目照搬现代住宅的形式和材料,不得使用有色玻璃和发亮发光的外装饰材料。

2.6 建筑其他附加物:尽量少设或不设现代材料的雨篷、卷帘门窗、商业广告和标语,必要时可在新建建筑设计中统一考虑。严格限制广告张贴的范围,不得在文物保护单位的保护范围和建设控制地带内张贴、悬挂现代形式的广告和标志。核心保护区内的保护建筑和构筑物如确有必要,可以采用传统形式和传统字号的做法制作和悬挂广告。

七、传统文化的继承与发扬

1. 继承古人优秀精神,发挥社会教化作用。在继承和发扬传统文化的过程中应充分发挥传统文化的科学研究价值,为人文科学及自然科学研究提供实证材料,在不断的研究和探索过程中提出新的人文科学及自然科学的研究课题,为社会主义科学技术发展做出贡献。应通过合理的保护展示使历史街区成为历史知识的教育场所和以传统生活文化为主题的观光场所。应通过传统文化的继承和发扬,广泛开展爱国主义教育,有效促进社会主义精神文明事业的发展,以达到培育公众的高尚情操和提高公众文化修养,增强民族自豪感和自信心的目的。

2. 弘扬地方特色传统文化。继承和发扬地方优秀传统文化,让独具特色的地方文化、数量众多的历史名人精神、丰富多彩的传统艺术、健康纯朴的民风习俗、闻名遐迩的传统特产,以其丰富的内涵和独特的魅力向世人展示,显现湖州深厚的文化底蕴,使之相互依存,相互烘托,促进物质文明和精神文明协调发展。

3. 保护和延续良好的民风习俗。以维系吴越文化、保护江南水乡传统生活状态为基础,以发扬优秀历史文化传统为手段,以丰富人民现代生活为目标,保持和继承传统的健康、美好、富有情趣的地方风俗和民俗风物,保持江南水乡传统生活的延续和发展。

4. 整理展示传统艺术,保护发展名店老号。以历史街区构筑地方传统手工艺展示的平台,系统整理制笔、制茶、制扇、制镜等传统手工艺,恢复若干作坊,整理发掘评弹、湖州三跳等传统曲艺,组织演出。整理地方特产,进行综合包装和深加工,系统推广为特色旅游产品,恢复名店老号店名、店招,选择性恢复原业态。

5. 加强遗址纪念地保护,设立解说标记。加强对于已经消失的历史遗迹的遗址保护。应在原址设立指示解说牌,加强向公众的宣传力度,做到一个遗迹一套完善档案、一个准确位置、一块详细标志。

八、人口容量调控与社会生活

1. 首先对原有的建筑外部功能杂乱的空间进行精心的梳理形成多级网状

的外部交往空间,在注重风貌保护的同时注重内部功能的协调。切实改善环境卫生,调整卫生设施用地,形成整洁的外部环境。

2.对建筑室内进行改造,增加内部设施以适应核心家庭增多的趋势,实现食宿分室、卫浴分离,传统建筑内部尽量增加厨房和卫生间。

3.根据国家和湖州市相关规划标准,同时考虑街区用地情况的特殊性,街区内规划居住 370 户,常住人口为 1110 人,迁出约 690 户,约 2090 人。

九、总体功能结构

根据历史区组成结构空间关系和利用功能要求,确定总体功能结构为"二溪、三街、四桥、五区"。(图 5-2)

1.二溪:现历史街区"人"字形河道统称市河,实际上两河纵者为霅溪余脉,横者为苕溪一支,两河交汇处古称"江渚汇",湖州历史上有关霅溪、苕溪的吟咏众多,此二溪是古城水乡的骨骼和灵魂。湖州古城内的其他溪段多已改造,衣裳街范围内的这一段极为重要,非常珍贵。规划恢复霅溪、苕溪原名,作为街区最重要的骨架和景观轴。

2.三街:衣裳街、馆驿河头、红门馆前为历史街区内最主要的三条道路,共

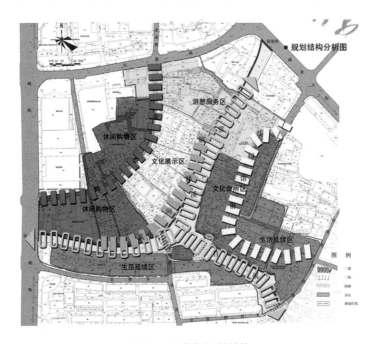

图 5-2　衣裳街规划结构

同构成了历史街区的路上骨架,是三条主要的交通道路和景观轴线,同时又各具特色。衣裳街两侧商铺林立,代表市井商业街的繁华与喧闹,馆驿河头沿溪曲折延伸,体现江南水乡清雅与闲适,红门馆前两侧居民深宅鳞次栉比,彰显着豪门巨贾往日的深邃与奢华。

3.四桥:历史街区内原有苕溪桥和四新桥两座,为沟通衣裳街和红门馆东西步行路线,形成街区内部完善的步行系统,在苕溪和雪溪上分别增设步行桥两座,形成步行环线。同时也可以在河道上形成两个视线对景点,以有效遮挡不协调城市景观。另外两桥进行改造整治,改为传统形式,改善形象,提高景观效果。以四桥为基础组织景点。

4.五区:考虑保护和利用的关系,结合城市周边环境和发展要求,将衣裳街历史街区划分为"休闲购物区、文化展览区、文化会所区、游憩服务区、生活延续区"五个功能区块。

4.1休闲购物区:东起竹安巷,西至南街区域。该区域主要设计思路是强调街区与周边大型商业设施相联系,加强建筑间闲置空间的利用,将该区域连同城市大型商业设施一起,组合成一个完整的步行购物区,集购物、美食、休闲等功能为一体,成为主要以服务市民为主的休闲购物中心。衣裳街以北地块,以高品位的酒吧、咖啡厅、沙龙、艺术餐厅为主,南侧以面向大众的美食、餐馆、茶楼等为主。原衣裳街服装市场建设入口广场,增设景观小品和标志,保持原业态,提高档次和品位,重新设计建筑,建成面向高端市场的服饰精品区。设置地下停车场一处,调整原地下车库入口位置。以传统与现代手法相结合立意,运用现代设计理念,局部运用现代材料,体现简洁、协调的现代感和时尚性。

4.2文化展示区:以展示传统文化、反映传统商住特色为主,范围东至馆驿巷,西至竹安巷区域。接官厅前恢复明代石牌坊,接官厅建筑开辟为历史街区展览馆,布展开放,展示街区历史文化内涵。恢复传统商铺、名店店号。恢复"下店上寝"或"前店后寝"的传统商业模式。开设土特产专卖店、传统工艺品店,开设制笔、制羽扇、铜镜等手工作坊,供顾客参观、参与。沿河可开设茶楼,演唱评弹、湖州三跳等地方戏曲的传统剧目。以赵延年故居为核心,开设个人画廊、书画沙龙和艺术沙龙。该区以展示文化、怀旧传统为立意,室内外环境营造原汁原味的江南水乡怀旧氛围,传递真实的传统文化特征,提供古城文化展示平台。

4.3文化会所区:范围为红门馆前保健巷以西区域。功能以居住、商务休闲为主,可作为商务人士的会员制休闲俱乐部、办公场地、小型会议中心、私人会所和个人收藏博物馆,适当配合小型服务设施,以社会各界高品位成功人士为租赁对象。完善基础配套设施,改善环境质量,成为具有浓郁文化氛围的城市商务区和"文化别墅"区。以"以人为本"为立意,创造朴素、舒适而又有相当品位的社区形象,既力图营造传统家居气氛,又体现商务谈判中主人的格调和品位。

4.4 游憩服务区:范围为雪溪两岸馆驿巷以北和红门馆原天主教堂区域。该区域增设地面停车场一处,红门馆天主教堂区域布置综合餐饮设施,设立旅游服务区,使之成为湖州市区旅游集散中心。馆驿巷以北区块以周大福和湖州饭店为引领,设置传统风味小吃店、商店,开设家居式度假旅馆及青年旅馆,以亲切、独特的历史氛围及良好的私密性吸引旅客,综合体现独院独户的居住感,为旅馆业做有益补充。该区以面向外地旅游服务者为主,为综合旅游服务区。

4.5 生活延续区:范围为红门馆南,大摆渡口以东区域,该区历史功能以居住、宗教服务为主,为保持其生活的延续性,特保留为居住区,改善基础设施水平,增加厨卫设施,提高居住生活质量,保持近现代生活延续性。

十、专项工程规划

1. 用地性质的调整

根据保护历史街区的需要,对现状土地使用作合理的调整,以便更好地保护历史街区的环境和风貌,又有利于改善居民生活和发展第三产业。规划对区内现有垃圾转运站、电影发行公司等进行调整,腾出土地用于增加居住用地和合理发展旅游。青少年暑期活动中心规划搬迁,现状土地用于传统商贸、旅游、居住用地、停车场和绿化等。结合文物古迹的保护,增加公共空间和公共绿地的面积,改善古迹与整个街区的空间环境。规划新增绿地,主要是强化和完善沿河、街头绿地等公共绿地。

2. 道路交通

2.1 对外交通在保证不打破历史街区原有道路格局的前提下,充分保证其应有的交通可达性,成为充分提高居民生活质量的保障。

2.2 传统街巷严格保持原有尺度、比例和步行方式,严格限制机动车辆穿行。改善街区内通行状况,进一步改善道路基础设施和绿化环境。在市河接官厅前和大摆渡口东侧分别新建传统形式桥梁一座,沟通红门馆两岸,形成步行环线。

2.3 以红旗路、东街、南街、金婆弄和红门馆前路作为街区对外的机动车道系统。在街区外围道路设置公交站点。历史街区核心保护区范围内所有道路均为步行道路。

2.4 结合搬迁改造设置地下停车场四处，分别位于衣裳街四个入口处，规划四处地下停车场面积 6000 平方米，规划停车位总计 400 个。非机动车停车位结合街道、广场统一设计安排，要求不得深入街区内部，在周边外围解决。

2.5 无障碍设计：本地区内凡属公共性活动场所，用地和新建建筑均应设置为残疾人通行的无障碍通道及相关措施。历史建筑改造的公共场所有条件的可设置，对保护有较大影响的，不宜设置。

2.6 路面材料：核心保护区内传统街、巷、里弄恢复历史上原有路面铺装，仍保留有原地面形式的应进行保护性维修，改善路面功能。原做法不明的，用毛面青石铺墁。

3. 绿化水系

保持原有点状分布，沿河集中带状分布的特点，对于古木予以保留，加强保护。利用拆违及步行街边沿、庭院等小块空地，选择湖州传统植物品种，分布点状绿化。河道两侧现状绿化杂乱无章，树种混乱，形态不佳，且多为近年新种植。规划重点完善沿河绿化，调整树种，恢复传统绿化形式和树种。对现有矮小灌木和杂乱小树予以清除。鼓励居民种植庭院绿化，应结合墙面、驳岸等种植爬藤植物，形成点、线、面结合，"见缝插绿"的绿化格局。净化水体，清除淤泥，清除水面垃圾，疏通河道，清除淤塞，水质达到二级观赏水体要求。

第三节　衣裳街的保护与更新

衣裳街保护更新工程于 2008 年开始实施，由湖州市政府主导，湖州市建设局所属国有企业湖州市房地产开发实业总公司负责具体项目实施工作。实施方式采取了居民全部搬迁，自愿异地安置或回迁安置的方式。主要工程内容包括基础设施改造完善、建筑修缮、景观环境提升、风貌不协调建筑拆除按原肌理更新等。

一、实施导则的编制

导则以庭院深深、街巷悠悠、市肆繁华、清雅江南为整治主题。历史街区在经过了非常长时间的发展变化之后，其内部功能、空间结构关系、景观和环境状况已经远远落后于城市的发展,而大量的有价值的保护元素和历史信息往往就被淹没在成堆的垃圾、杂乱无章的搭建和密如蛛网的电线中。保护与更新是一个三维的空间环境综合实施过程,着力于对建筑和空间环境做出整体的构思与安排,是体现历史文化内涵和城市特色的最重要手段。运用保护性城市设计的手段去保护和整治历史环境,重新整合和塑造富有历史文化特色的城市空间格局,体现湖州传统水乡气质。"庭院深深、街巷悠悠、市肆繁华、清雅江南"是衣裳街历史街区历史悠久、人文深厚的意境表达,也是体现湖州未来城市品质塑造的意境表达,即:浓郁的江南水乡历史人文风情,充满活力的城市公共休闲中心,历史、传统与现代生活共生,尺度亲切、空间宜人,充分满足现代社会生活需求的历史街区。

1. 空间视廊控制导则

1.1 原则和目标:在对现状研究的基础上,挖掘其特有的空间环境特色,强化景观主题,构建街区空间环境景观框架。整治环境,强化空间景观要素,形成清晰的传统特色结构景观体系。对街区内特有的空间景观进行重点保护,对历史上曾经具备的鲜明特色而目前已失去的空间景观酌情恢复。在尊重历史与现实的前提下对有价值的地段空间进一步整理和塑造,使之成为区内完整的空间结构体系的一部分。

1.2 保护街(河)—巷—弄—院落(天井)—室内的江南水乡典型空间结构。规划传统的历史街区空间层次在街区内部完整保留,加强与周边现代城市公共设施的联系,适应现代城市生活的功能需要,加强城市公共空间的塑造,加强周围城市"闲散"空间的利用率。使消极空间转化为活跃空间和主要公共交往空间。整体空间层次增加一个层次,成为城市广场—街(河)—巷—弄—院落(天井)—室内的空间结构。使小广场、衣裳街、河边成为主要的公共交往空间,也是商业和公共休闲娱乐设施的集中分布区域,在街区内部利用拆违产生的空地增加小型开敞空间,提高环境质量。

1.3 保持沿河两岸视线走廊畅通,保持四座石桥上向河两侧观赏的视线走廊畅通,保护和设置对景点,保护河道建筑高度(h)与邻近建筑的间距(D)D/h=1或D/h略小于1的空间尺度感,河道两岸10米内建筑应以1层为主、2层为辅。强调对景的整治和重塑,规划通过新建桥梁、整治建筑、新建景观建筑等手段,完善各个主要视廊的对景,保持该范围内的景观协调一致。

2. 城市界面控制导则

2.1 沿街立面总则:严格保护街区内的特色街道空间,整治街道两侧的传统商业店铺与传统居住建筑,整修各文物保护单位和公共建筑,使之形成统一的传统风貌。整修街道立面,修葺道路铺地,统一传统老字号的招牌的形式与色彩。对保存较好的立面严格保护、整修为主;已破坏的立面,应对其空间界面进行重新定义,酌情恢复,重塑风貌统一的传统界面。根据不同的街巷尺度和功能特征,营造相应的界面氛围,衣裳街营造繁华、热闹的商业气氛,积善巷、当弄、竹安巷、包家弄等小弄则应保持江南民居的幽静、深邃的意境。

2.2 衣裳街沿街界面控制

衣裳街现状沿街立面改动较大,店面杂乱无章,门窗改动较大,色彩杂乱。按照地方传统形式恢复店面门窗,禁止使用金属卷帘门,改变目前直接开敞式的店面形式,店面以可装卸的木排门板为主。沿街的店楼通排开窗,窗下用木裙板或花栏杆。招牌、广告、灯具等必须采用传统形式,按照设计要求位置统一。室外空调机等建筑设备应尽量避免朝向街面,如朝向街面必须采取美化遮挡措施。建筑管线入地埋设,禁止裸露在外。统一设置夜景灯光照明。衣裳街北侧中段长约 100 米区段已全部为新建建筑,街道尺度加宽。该段原为天主教会三余学社旧址,现新建教堂一所,但建筑形象较差。近期该段暂时保留整治,设计在现建筑前增设玻璃廊,配置城市家具、景观小品,形成一个公共休息空间。远期拆除现代建筑,以教堂为地标恢复中西结合的民国传统建筑风貌。衣裳街总体整治方向为创造风貌统一、和谐、具有浓郁传统商业气息和湖州特色的晚清、民国传统商业街形象。

2.3 红旗路沿街界面控制

红旗路沿街建筑现为湖州饭店的两幢多层建筑,周围已经全部为现代城市景观,其对面为志成路步行商业街,是重要的联系节点。沿街建筑立面将建筑的高度、色彩、立面风格、细部特征均统一到周边固有的传统建筑风格中,以体现延续性。考虑到现状建筑体量、高度和结构特征,以志成路民国建筑为参照,按民国时期中西结合的风格进行整治,引用周边建筑的细部装饰和构图特征,形成具有民国传统商业风情的界面。

2.4 南街沿街界面控制

南街街口现为数幢多层或高层建筑,全部为近年新建的现代建筑,体量庞大,将衣裳街与南对面小西街隔断。近期规划保留南街口多层建筑,加建玻璃体过街楼联系两侧建筑,强调入口概念,形成欣赏历史建筑的"相框"。远期拆除南街街口建筑,与小西街连成一体,重新设计与传统风貌协调的建筑,形成新的协调统一的传统商业气息界面。

2.5 红门馆前沿街界面控制

对街区内在近几十年内建造的一些六层以及二、三层的混凝土的建筑予以拆除更新。部分建筑可以进行整饬,除屋顶、墙面、色彩应与传统建筑接近外,尤其需注重对建筑低视点的局部进行处理。对现状单调的条形街巷空间进行整合,按照中国传统空间的形态并结合现代生活的需要,部分结合拆除更新建筑配合绿化设计成广场空间,丰富空间层次。结合大户人家宅院的小型码头空间,同时引入绿化、小品、雕饰等景观元素,充分发挥景观效应。沿街建筑以粉墙黛瓦为主,多为一、二层建筑,沿街店面以"下店上寝"模式为主,并根据真实的历史遗存保留和恢复原有的富裕人家高墙深宅、街巷幽深的气氛。

2.6 狭窄巷弄沿街界面控制

以整治为主,拆除影响风貌的建筑,强调原有空间尺度关系的保护和延续,按照原街巷格局和城市肌理运用砌筑围墙和补充建筑的方法予以延续。局部恢复若干过街骑楼,形成视线对景,丰富空间关系。整改电力线路,要求尽量地埋,以高耸而有韵律的斑驳的墙面和石板地面为主要元素,体现江南水乡静谧、闲适、亲切、宜人的市井小巷生活气氛。

2.7 沿河立面总则:整治增补沿河绿化,适当配置环境小品,整治南侧已改驳岸和居民楼,强化江南水乡的格局形式。重点做好两溪交汇处景观控制,点缀小型景观建筑。沿河建筑外立面不设商业广告,店面招牌全部采用传统形式,公益广告的设置尽量安排在远离河岸的较为隐蔽的位置,尺寸不超过 80 厘米×50 厘米。核心保护范围内及视线控制范围内居民不得随意搭建,空调室外部分位置不得直接朝向河道及保护街、巷、弄。

2.8 馆驿河头及西侧沿河界面控制

界面以住宅和商铺混合组成的传统建筑界面为主,对馆驿河头两侧民居建筑进行保护和整治,以形成连续的、能反映水乡江南民居风情的传统街区界面。保持河—路—房的面河式格局,保持"前店后寝"的建筑模式,保持原有的民居界面。对景观不符合的建筑进行整治,恢复和保持原有风貌。使整条街房舍连排,侧墙相接,顺河岸蜿蜒曲折,房舍间山墙高耸,高低错落、白墙青瓦。保护和修缮沿岸的条石驳岸、河埠和码头,于接官厅前恢复石牌坊,补充部分滨河地段及庭院内绿化。对沿河民居群外侧、视线范围内的景观不协调的现代楼房,根据历史街区的六种整治模式进行整饬、拆除或更新。形成清雅的典型江南水乡传统风貌特征。(图 5-3)

整治前沿河立面

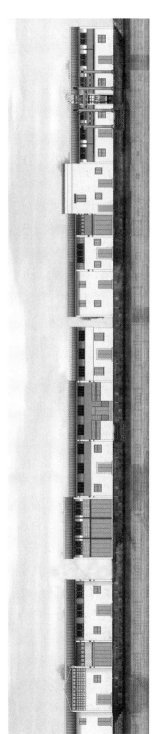

整治后沿河立面

吉安巷

图5-3　馆驿河头沿河立面

2.9 大摆渡口及东侧沿河界面

控制拆除紧靠河岸的后期搭建建筑，露出传统建筑优美的立面，大摆渡口种植高大乔木两株，重塑码头空间。北段拆除三层的混凝土的建筑予以整饬，风格与天主堂现存修女楼和神父楼协调，保护和修缮沿岸的条石驳岸、河埠和码头，已改部分予以整治恢复原外观形态，适当恢复若干河埠。整体上为河—街—建筑的以临河形式为主的格局。建筑界面以一、二层为主，沿河建筑立面将建筑的高度、色彩、立面风格、细部特征均统一到周边固有的传统建筑风格中，体现延续性。

2.10 南侧沿河界面控制

南侧沿河建筑已经全部改造成现代建筑，多数为五、六层新建住宅楼，驳岸已全部加高重砌，沿河为绿化带，设置栏杆。规划新建住宅实施平改坡，外墙色彩以黑、白、灰色调为主，改造门窗，外立面增加传统建筑的装饰符号元素。整治栏杆、驳岸，局部恢复若干小型河埠，营造亲水空间。

3. 景观空间节点控制导则

3.1 入口广场节点

拆除南街街口现代建筑，拆除服装市场，新建地下车库，与观凤商城地下车库连通，入口改到南街街口，避免机动车深入街区。将银泰商场和新华书店之间空间统一考虑，配置水景小品，补种绿化，配备城市家具。形成城市公共交往空间。

3.2 苕梁桥节点

整改苕梁桥为传统水乡桥梁形式，桥面增设青石踏步，改为步行桥。整治桥头建筑，拆除违章搭建，配置景观雕塑，形成富有情趣的桥头公共空间。拆除两溪交汇处的垃圾站，保护维修河埠头，恢复原有建筑——白蘋馆，建筑形式借鉴湖州传统建筑做法，力求形态活泼、美观，成为江渚汇的点睛之笔。

3.3 青莲阁茶楼及雪溪馆节点

维修青莲阁茶楼，恢复原有功能，维修接官厅建筑，其前恢复明代石牌坊，开辟为历史街区展览馆，布展开放，展示街区历史文化内涵。结合新建桥梁，维修恢复码头，体现迎来送往、人声鼎沸的传统公共空间场面。

3.4 吴寓节点

维修建筑，拆除违章建筑，该区域以吴寓为代表，多数建筑为青砖墙面红砖装饰的中西结合的建筑，规划此区域以高品位的酒吧、咖啡厅、沙龙、艺术餐厅为主，做好环境小品和庭院设计，适当添加一些可逆的现代元素，形成一个高品位的时尚休闲区域。

3.5 天主堂节点

以天主堂现存建筑为地标,拆除现有三层建筑,新建地面停车场一处,沿河恢复若干公共建筑和小型河埠,保持沿河立面景观的完整和延续。新建桥头,设计两处公共服务建筑,与原有神父楼风格一致,注重空间气氛的营造,对沿河步行空间进行重塑,配置景观小品,形成亲切、有趣的空间氛围。

3.6 大摆渡口节点

拆除沿河违章建筑,露出住宅优美的立面,新建公共建筑一幢,维修渡口码头、驳坎、铺地。补种高大香樟两株,形成简洁、灵活、幽静的水乡码头风貌。

4. 建筑外观控制导则

包括构成建筑外部形象和外部景观的门、窗、墙体、屋顶和雕刻装饰构件,按照不同的现状特点对应相应的保护整治措施。

4.1 门

M1:风貌很好,具有地方传统特色、传统构件及典型细部装饰,采用地方传统材料(如传统木板门、格扇门、腰门等),符合风貌保护要求的,且质量均很好或较好。

措施:完全保存或仅略加修缮,并经常进行日常维护及定时修理。

M2:风貌尚好,具有传统尺度、比例、材料和色彩,保留有一些传统构件和细部痕迹,符合风貌保护要求;或其风貌很好但质量一般或较差,如结构松动、表面破损、色彩脱落、局部被破坏等。

措施:按风貌保护要求,保留框架,加固结构,补刷油漆、修补破旧部分。

M3:风貌尚好或一般但质量较差,如门扇残缺、构件损坏很严重,几乎不能再使用的。

措施:考虑整体风貌协调要求,根据现存框架、构件痕迹,尽量进行原样修复;也可根据实际情况,按风貌要求,重新制作。

M4:风貌一般,即其形式、材料、色彩等做了较大的改变(如钢卷帘门、铁门、玻璃门等),已不具有地方传统特征,不能体现地方传统特色,但由于其质量比较好,位于非重点地段、部位,对建筑立面及周围环境风貌影响较小的。

措施:近期保留暂不拆除,或进行局部整饬,使之与传统风貌协调;远期可考虑改造或更新。

M5:风貌较差,即其形式、材料、色彩已被任意改动,不具有地方传统特征,完全不符合风貌要求,且位于重点保护地段,严重影响建筑立面形式和周围环境风貌。

措施:拆除,按照风貌保护协调要求,重新进行设计。

4.2 窗

C1:采用地方传统的材料(如木材、石材等),具有地方传统特色的构件、细部与装饰,其窗线、窗楣、窗台等部位线脚、花饰保存较好,符合风貌保护要求,能很好地体现地方传统建筑特征,且窗体质量完好或大部分完好。

措施:完全保存或仅略加修缮,并进行日常维护及定时修理。

C2:风貌尚好,即具有地方传统窗户的比例、尺度及材料,符合风貌保护要求,但质量稍差,如结构有些松动;表面、装饰细部、构件等局部破损;色彩脱落等。

措施:按照风貌保护要求,框架保留,进行结构加固,修缮破损部分,补刷油漆。

C3:风貌尚好或一般,但窗体质量破坏严重,结构破坏,大部分构件破损,几乎不能再利用。

措施:考虑整体风貌协调要求,根据现存框架、构件痕迹,尽量进行原样修复;也可根据实际情况,按风貌要求,重新设计制作。

C4:窗体形式、材料、尺度比例及开启方式已作较大改动,不能反映地方传统特色,整体不符合风貌要求,但其质量较好且位于非重点地段,对建筑整体立面和周围环境风貌影响不大。

措施:近期保留暂不拆除,或进行局部整饬,使之与传统风貌协调;远期可考虑改造或更新。

C5:风貌较差,即其形式、材料、色彩等均不具有地方传统特征(如铝合金、大玻璃窗等),完全不符合风貌要求,且位于重点保护地段,严重破坏建筑整体立面和周围环境风貌。

措施:拆除,按照风貌保护协调要求,对窗体全面进行更新设计。

4.3 墙体

Q1:具有地方传统特色、传统构件及典型细部,立面线条、线脚、花饰等装饰细部丰富,能很好地体现建筑原有风貌和反映地方传统特色,且质量保存较好,符合风貌保护要求的。

措施:完全保存或仅略加修缮,并进行日常维护及定时修理。

Q2:风貌尚好,即具有一定的地方传统特色、构件及细部,符合风貌保护要求的,但质量稍差,墙体部分破损,或局部已被改动,表面粉刷层、色彩脱落,结构松动等。

措施：框架不动，结构进行加固；按照风貌保护要求，尽量按原样修缮破损部分，补刷油漆、涂料。

Q3：风貌尚好或一般但墙体质量很差，破坏十分严重，如墙体倾斜、出现裂缝，部分被拆除、更改等。

措施：考虑整体风貌协调要求，保留结构框架，并根据现存构件痕迹，尽量进行原样修复；也可根据实际情况，按风貌要求，重新设计。

Q4：风貌一般，墙体形式、材料、色彩等已被重修改动，不具有地方传统特征，不能体现地方传统特色，但由于其建造时间较近，质量比较好，且位于非重点地段，对周围环境风貌影响较小。

措施：近期保留暂不拆除，或进行局部整饬，增加立面装饰，使之协调；远期可考虑改造或更新。

Q5：风貌较差，即其形式、材料、色彩等不具有地方传统特征，完全不符合风貌要求，且位于重点保护地段，严重破坏建筑整体立面和周围环境风貌。

措施：拆除，按照风貌保护协调要求，对墙体全面进行更新设计。

4.4 屋顶

W1：保存较好，具有传统及地方特色的坡屋顶及檐口、女儿墙及其他类型的符合风貌保护要求的屋顶。

措施：完全保存或仅略加修缮，并进行日常维护及定时修理。

W2：具有传统或地方特色的屋顶，但已有部分破损，如少量瓦片松散、檐口局部破损，部分构件损坏等。

措施：框架不动，结构进行加固；按照风貌保护要求，尽量按原样修缮破损部分。

W3：破坏严重，几乎不能利用，如檐口、屋脊大部分破损，屋面陷漏，结构松散。

措施：考虑整体风貌协调要求，保留结构框架并根据现存构件痕迹，尽量进行原样修复；也可根据实际情况，按风貌要求，重新设计。

W4：风貌一般的现代结构屋顶（如平屋顶），不具有地方传统特征，不能体现地方传统特色，但由于其建造时间较近，质量比较好，且位于非重点地段，对周围环境风貌影响较小。

措施：近期保留暂不拆除，或进行局部整饬，增加立面装饰，使之协调；远期可考虑改造或更新。

W5:风貌一般、质量较差、损坏严重难以使用的屋顶,或严重影响风貌的现代结构屋顶结构。

措施:拆除,按照风貌保护协调要求,对屋顶全面进行更新设计。

4.5 其他(立面装饰、内装修及特色构件等)

T1:风貌与质量均很好或较好,具有传统尺度、传统构件及典型细部,符合风貌保护要求的。

措施:完全保存或仅略加修缮。

T2:风貌尚好,保留有一定传统尺度、传统构件及典型细部,符合风貌保护要求,但已有部分破损,质量稍差。

措施:修缮破损部分,按照风貌保护要求加以油漆或补涂涂料。

T3:风貌尚较好,结构框架已有较大松动;或被任意改动的,原有风貌形式、空间尺度被破坏。

措施:考虑整体风貌协调要求,保留结构框架并根据现存构件细部痕迹,尽量进行原样修复;也可根据实际情况,按风貌要求,重新设计。

T4:风貌一般,不能体现地方传统特色,但由于其建造时间较近,质量比较好,较难拆除,且位于非重点地段,对周围环境风貌影响较小。

措施:近期保留,或进行局部整饬协调;远期可考虑改造或更新。

T5:完全不符合风貌要求,破坏了传统的空间和尺度。

措施:拆除,按照风貌保护协调要求,更新材料、形式或重新进行设计。

5.环境景观小品和城市家具控制导则

5.1 布局要求:结合树盆、花盆、花台、雕塑设置休息座椅,在广场凹角空间和步行街道设置室外餐饮、冷饮或茶座,提供休闲交往空间。统一设计设置路牌、门牌、交通简图、购物指南等指示标志,可与休息处结合设置,也可单设。重要历史建筑和历史遗迹设置介绍标志牌和说明牌。按照使用要求设置垃圾桶,人流密集区域增加密度。按规划要求设置街头雕塑或景观小品,主要于广场和景观节点位置放置,小型雕塑小品也可放于店铺门口,营造气氛。总体设置数量应少而精,做到在最合适的地方放最贴切的雕塑。

5.2 设计要求:小品设施的设计应该从地方风物中吸取灵感,体现文化内涵和品位。形象应简洁大方、体现地方特色,应做工考究,色彩要求朴素、淡雅。雕塑小品设计尺度应该接近真实,表现主题应该就地取材,表现水乡生活和历史内涵,同时应贴近现代生活和体现湖州城市特点。

6.夜景灯光控制导则

建立与历史街区总体规划框架和景观特色相适应的夜间亮化系统,将周围现代城市夜景引入,体现现代生活气息。同时考虑河道行船和步行的安全。包括建筑照明、河道照明、道路照明和重要景观元素照明。衣裳街应提供市民和游客夜间(特别是夏季)商业购物和文化娱乐的场所,形成具有吸引力的并且配备有丰富夜景景观的效果。以重要历史建筑及景观建筑、桥梁、重要景观小品、衣裳街沿街和沿河为亮化重点,形成点、线、面结合的夜景系统。

6.1 道路夜景:注重整体的亮化效果,明确按照道路不同的功能制定相应的照明方案。衣裳街体现商业街的亮丽活泼的商业特征,渲染华丽热闹的气氛,可以运用泛光灯、灯带、射灯和霓虹灯等多种形式,色彩华丽多样,以南街和红旗路两端为最亮区域设置。小巷的照明应力求体现其幽静、安宁的气氛,采用点状灯具,以满足步行基本照明要求即可,色彩采用单一的黄色或白色。

6.2 沿河夜景:沿河重点景观建筑和主要历史建筑、桥梁、河埠为亮化重点,一般民居建筑不做外观亮化,以隐约透出居民室内灯光为佳。分清主次,桥梁、驳岸以灯带勾勒,河埠、码头安装泛光射灯,形成桨声清扬、波光倒影轻起涟漪的江南水乡意境。

6.3 建筑夜景:建筑照明应突出建筑特色和建筑性质,选择重要历史建筑和景观建筑配备外观照明,形态简单的建筑以稳重、简明的泛光照明为主,沿建筑外轮廓勾勒形态,加强建筑檐口和屋面曲线的表现,以整体光带为主,适当选择悬挂传统式样灯饰。重点景观节点建筑,增加泛光照明和射灯,提高亮度。

二、建筑修缮与更新

1.建筑的维修与整治

按照规划制定的建筑整治模式进行设计,文物保护单位严格按照文物修缮要求进行,历史建筑严格保护原有格局、外观、风貌、构建特色,并按原有特征进行修缮,适度增加或改善内部设施,提高生活质量。对主体结构保存、局部改动或破坏较多的历史建筑,进行修复、改善,还原历史风貌。

2.更新建筑的设计

衣裳街的现有文物建筑和历史建筑大致有传统水乡民居和中西合璧近代民居两种类型。湖州江南水乡传统形式的、吴越文化一脉相承的典型水乡民居,体量小巧,建筑形式活泼清雅,沿街多为店面,采用上店下寝或前店后寝的形式。规模较大的建筑采用合院式结构,以高耸的围墙内向围合,纵深方向层层递进。众多的中西合璧式的建筑是红门馆区块建筑的一大特色,其中的代表为原天主教堂旧址和大量私宅、别墅,它们以青砖为主、红砖装饰、水泥粉饰以西方古典建筑的拱券柱头、卷草纹为细部,青瓦坡顶结合,具有西方建筑立面构图特征,是中西合璧的建筑物。本次更新建筑的设计中充分借鉴了这些传统的建筑文化特征。建筑群体组合形式采用传统空间手法,延续街区传统空间关系特色和水乡建筑构成肌理。建筑形式既有标准的江南水乡民居式样又有中西合璧的建筑,体现对街区传统建筑文化的理解与诠释。体量轻盈秀丽,做到灵活轻盈而不琐碎,建筑形式尽量协调。建筑外立面充分吸取传统建筑的体量、造型、门窗形式,外墙装饰构件之间的组合关系和形态特征。建筑色彩淡雅和谐,以天主堂现存建筑和历史照片为依据,恢复原有建筑格局,恢复原天主教堂标志性建筑钟楼。建筑设计充分考虑风貌的统一协调和历史文脉的延续,力求体现现代感。挖掘地方材料和地方做法,不盲目照搬城市住宅的形式和材料。地下建筑为双层机械式地下机动车停车库,合理组织车流、人流,解决动态交通与静态交通的关系,将车流、人流入口与建筑结合设计,兼顾城市景观美观。新建建筑全部按照现代建筑设计规范进行设计。设计建筑使用年限为 50 年,地面建筑防火等级为 2 级,地下车库防火等级为 1 级,屋面防水等级为 2 级,抗震设防烈度为 6 度。由于传统建筑形式和风貌要求,在新建筑设计中尽量考虑无障碍设计,对于无法设坡道的位置采用活动木坡道解决。新建建筑采用钢筋混凝土与木材混合结构,主体承重结构采用钢筋混凝土结构,非承重结构及装饰构建采用木结构,材料应选用木材、毛石、青砖、小青瓦等传统材料。修缮建筑的维修采用原有材料及传统工艺,保持原有构造特征,因使用性质的改变而产生的建筑荷载变化,均经过结构核算,不满足安全要求的,按照规范进行加固设计。新建建筑墙体采用多孔砖,维修建筑尽量采用原有老砖砌筑,数量不足的按照原尺寸定烧,以保持传统风貌的一致性。

3.技术创新

新技术的采用立足于保持原建筑的传统风貌特征,消除安全隐患,改善人居环境,适应现代使用需要。为解决青砖地面泛潮问题,地面基层中加设聚氨酯防水涂膜层,保留的木结构住宅地面基层均采用现代方法处理,有效解决了防潮问题。对传统屋面做法进行适当调整,在望板上加设 SBS 防水卷材,提高屋面防水能力。在不影响风貌的条件下,将木构外墙改为双层木板壁,板壁间填充保温材料;二层楼板改为双层木地板,地板间填充保温隔音棉;要求在屋面下吊顶层加设保温板,外墙及屋顶均增设了保温板,有效地改善了保温、隔音条件,使传统木结构建筑也能满足舒适居住要求。

三、基础设施的改造与完善

工程管线实现全部入地敷设,探索了狭窄街巷基础设施管线的技术应对措施。根据历史街区实际情况,进行了消防专项设计,创造性地根据建筑面积将建筑群分为多个防火分区,开辟横向纵贯街区的消防逃生通道。以建筑组团为单位实现防火间距和分隔,充分利用传统建筑特征设置防火墙,厨房等相对独立,采用砖混结构。按规范设置室外消火栓、室内消火栓,配置移动式灭火器,设置火灾报警、消防喷淋系统。

街区内改善景观环境、设置公共景观,运用传统园林和现代景观塑造手段,重塑街区空间景观环境。见缝插绿配置绿化,提高环境质量。改造水电配套,院内设置小天井,改善建筑采光、通风等条件。室内增设厨卫等配套设施,完善建筑功能。

四、活化利用探索

针对衣裳街历史文化街区的街巷功能特征,在尊重用地布局基础上,通过延展街区,深入确定每条街巷的主导功能,以此作为具体确定建筑物使用功能的依据。最后在街巷功能的主导下,从历史挖掘、现实需求、租金负荷三个角度综合研判建筑物使用功能。在具体确定各个建筑物使用功能时,首先考虑恢复历史上位于该街区的老字号,有条件的保持其原址、原品、原貌,无条件的保留字号名称,转换经营内容,无字号名称的引进现代湖州特色名品。

保持现有的传统风貌和基本的街巷格局,保护和整治竹安巷以北、红门馆前街与市河之间的、以老式宅院为代表的传统建筑群,修复重要的文物景点,整治各街巷和沿河建筑立面,使地段的历史风貌得到全面保护和恢复。充分利用地段优势和级差地租,逐步调整用地结构,适当完善一些商业服务、文化娱乐和旅游观光设施,既平衡一部分用于保护与整治的资金,又可提高地段的吸引力和活力。在核心保护区内保留一定比例的原有居民和老住宅,借以延续原有的传统生活方式和传统文化,完善基础设施和补充生活配套设施,提高当地居民的生活水平。拆除违章搭建的破旧房屋,清理河道,整治环境设施,梳理出更多有特色的公共活动空间。衣裳街主街以商贸服务业为主,体现市井商业的繁华与喧闹;馆驿河头则以文化休闲为主,体现江南水乡的清雅闲适;红门馆前则以居住和文化展示为主,体现传统居住的从容闲适。衣裳街的街巷是构成街区的骨架,至今保持着原有的尺度和功能,充分体现了街区的风貌特色,也是衣裳街区的重要交通空间和居民的交往空间。根据现有街巷的等级、尺度和区位条件等因素对街巷功能进行功能的划分和组织。设置商业业态引导模式，对衣裳街传统业态进一步挖掘，对街区建筑物的业态类别进行策划。共分成5个大类，22个种类，小类将店名和类别交叉配置，大类有传统服饰、文化休闲、文化展示、传统工艺、饮食文化。街区的保留居住功能建筑主要集中布置在红门馆前东侧和团结巷周边地区，在市河西侧，居住建筑主要坐落于包安弄、小弄两侧。传统服饰类主要分布在沿衣裳街两侧，沿袭原有业态，以服装类销售为主，兼有饰品、酒店、绸缎、地方小吃等业态组合，形成功能复合化的历史老街。文化休闲类主要放在沿馆驿河头两侧，包括了茶楼、湖剧馆、古籍书店及印刷馆、青年旅馆、各类工艺馆等，充分体现安逸、闲适的氛围。文化展示类主要结合名人故居和历史事件发生地集中布置。传统工艺类主要放置于街巷弄堂内，饮食文化类主要集中在衣裳街两头和中段。

五、运营模式探索

采用了租售并举的方针，兼顾街区保护和近远期利益，租售比控制在3：7左右，为商业经营模式创新提供了硬件上的保障。在运营模式上采取管理者与经营者分离，该模式可保证和提高管理水平，并以一个统 的社会形象面对消费者，同时由于各零售商分别经营自己的产品，可以充分展示自己独特的品牌形象和经营风格。在具体项目经营上，遵循主体突出、多项经营的原则，每一个具体的建设项目，都可以采取以一种为主、多种销售产品共存的业态模式。既保证经济上的合理性，又充分地展示了街区生活的多元化，这是策划中的一种弹性控制，是实现经济、社会、政府多赢的探索方式。

六、项目总结

衣裳街历史文化街区项目设计中注重对传统城市文化的传承，在保护与发展之间寻求最佳契合点，通过街区的有机更新，使之重新成为城市中充满活力的组成部分。衣裳街历史街区保护与更新工程是对城市中心区历史街区保护模式的有效探索，我们将历史街区的保护融入城市化进程、融入现代城市功能、融入地方人文之根基，力求以保护为目的，以利用为手段，实现生态效益、社会效益和经济效益的最佳组合。衣裳街历史街区是体现政府形象的民心工程，对于提高旧城区居民生活质量，体现以人为本和社会均衡精神有着重要意义。对于改善城市面貌，美化城市环境，彰显城市特色和文化品位，体现湖州江南古城的文化气质,避免"千城一面"的城市景观有着重要作用。衣裳街区逐步恢复碧澜堂、同丰酒楼、青莲茶室等传统老字号,基本形成了以传统老字号为代表的地方特色商业街区,与现代化的步行街区交相呼应,既增强广大市民的文化认同感和归属感,又激活了中心区的商业氛围,放大了社会效益和经济效益,成为湖州城市的文化地标。

　　当然,衣裳街的实施过程中也存在许多问题。首先,采用房地产开发式的居民集中全部迁出的模式,被证明对街区的完整性和传统生活延续非常不利。虽然当时政策是希望居民自愿回迁,但是当街区内居民迁出后,多数根据拆迁安置获取了安置房或货币补偿,最后能够回归街区的居民很少。再加上,大量的商铺采用了租、售并行的方式,对街区内部建筑的产权进行了大批量的转换,街区内建筑的商业价值大幅提升,原有产权人也更倾向于出租或出售房屋,这直接造成了街区原有社会网络的崩塌。另外,街区实施工程中,过分强调历史风貌的一致性,并没有认识到街区不同历史发展时期历史信息的价值和重要性,对街区的历史文化内涵和历史风貌保护比较僵化,没有动态的认识。街区保护过程中采用的风貌评价标准单一,在实施过程中,将新中国成立以后的建筑全部拆除,而在建筑修缮过程中不注意生活痕迹和历史信息的留存,对"不改变原状"的标准理解生硬,导致大量有价值的历史信息消失。

第 六 章

小西街历史文化街区的

保护与更新

坚持正确的保前理念，坚持市效校、渐进式的动态更新理念，小西街将传统
生活、传统文化与现代文包相合合，使街区再次成为城市生机勃勃的一部分。

雨中小西街（摄影梁伟）

第一节　小西街保护更新前的状况

一、总体情况

　　小西街历史文化街区是湖州市中心城区规模最大的砖木结构老居住区,也是湖州市区最有代表性的两处历史文化街区之一。街区总体保护的范围 17.68 公顷,其中核心保护范围 3.81 公顷,建设控制地带 13.87 公顷。小西街依西苕溪入古城西门形成的市河而建,平面总体呈不规则长方形,较完整地保留了一大批清末、民初时期的建筑群体。街区内有十多条街、巷、弄,整体格局至今未变,肌理保存完好,有着浓郁的江南水乡市井生活气息。街区有 4 处文保单位,5 处文保点,总建筑面积 66320 平方米。其中文物保护单位总面积 8100 平方米,历史建筑总面积 32200 平方米,传统风貌建筑总面积 19620 平方米,近现代砖砼建筑总面积 6400 平方米。(图 6-1)

　　从小西街片区的用地情况来看,现状使用功能比较混乱,以居住用地为主,兼有少量商业、办公和工业等。街区内建筑密度较高,达到 40% 以上,建筑容量大,改造的难度较大。周边道路沿线地价较高,基本上为 5000 元/平方米以上,内部道路沿线较低,为 3000—4000 元/平方米,也给保护与更新带来难度。街区周边公共服务设施配套较为完善,但存在街区内部公共设施用地不足、所处区位不便等问题。街区内排水设施滞后,电线、电线杆杂乱无章,环境卫生质量较差,公共空间混乱。消防栓配备不足,消防通道缺乏,火灾隐患较大。小西街传统街巷格局保存较为完整,仍留存着"一河一路"的交通关系,内部以非机动

图 6-1   小西街总体照片(摄影侯旸)

交通和步行交通为主,车行交通不畅,尤其是历史街区缺乏消防通道,消防车难以完全到达。广场与停车空间严重缺乏,根据小西街周边城市道路交通量分析,红旗路、观风路、红旗路观风路交叉口、车站路、南街的机动车交通流量较大,红旗路观风路交叉口非机动车交通流量较大,尤其是红旗路、南街交通负荷过大,勤劳街西侧路段不通畅、劳动路尚未往南延伸,已形成交通瓶颈。因此急需通过勤劳街、劳动路的延伸拓宽,环城西路与所前街的调整优化,分流南街与红旗路交通流量,缓解老城中心交通压力。

　　小西街内存在大量功能不同的建筑,建筑的形式和风格比较丰富,整体风貌参差不齐,建筑质量优劣不等,建筑体量比较混乱,建筑高度总体呈中间低、外围高的格局。小西街内建筑产权以公有住房为主,部分为私有住房,外围的住宅建筑产权以私有为主,现状产权较为混乱。在强调对历史街区内传统建筑保护的基础上,结合各方面的建筑评价因子,对建筑的综合价值进行评定,将街区范围内的建筑划分为保护(修缮)建筑、维修(改善)建筑、保留建筑、整修(改造)建筑、迁建建筑、在建建筑、拆迁建筑、已拆建筑等八类。在小西街保护更新过程中,通过问卷调查与重点单位访谈,我们发现老年人认为生活很方便,设施配套齐全,希望留在原地,不想拆迁,中年人希望改造拆迁,以住房补贴的形式就地或就近安置,年轻人对小西街的建设持无所谓的态度;同时,重点单位普遍存在性质功能不符合发展需求、用地面积不足、活动场地缺乏、景观风貌不协调、早晚交通压力大等诸多问题。

二、存在的问题

1. 传统建筑使用维护不善,亟待保护修缮。街区内显赫一时的名门大宅大多沦为大杂院,建筑的保存状况较差,缺乏日常维护,与历史上深宅大院的形象相去甚远,文化价值未能得到有效发挥。部分建筑年久失修,白蚁侵蚀严重,楼房岌岌可危;物业管理不到位,住户任意拆改或违章搭建现象较普遍,严重影响建筑物外观和安全。

2. 街区外围高层建筑对街区传统风貌有影响。小西街历史文化街区位于城市中心地带,周边城市开发压力较大。街区外围不断出现的大体量高层现代建筑对街区的传统风貌有较大影响。

3. 街区环境质量差,居民生活品质低。街区内人口密度较高,大宅院居民住户少则十几户,多则几十户,无消防通道;院内电线分布如蛛网,线路设施陈旧,存在火灾隐患。环境卫生状况较差,缺乏必要的环卫设施,垃圾遍地污水横流。基础设施缺乏,传统风貌建筑内的居民生活质量较差,核心区域内基础设施陈旧,无排污管道,污水直排河道,造成水质高度富营养化,发绿变臭。

第二节　小西街的保护规划与设计

一、功能定位与规划目标

1. 功能定位:以传统居住为主的,融合休闲、文创、艺术展示等多种功能为一体的历史文化街区。

2. 规划目标:保护和展示湖州居住区风貌、传统生活方式和城市滨水风貌特色的历史文化街区。

二、保护与控制要求

1. 核心保护范围的保护要求

按照文物保护要求保护好文物建筑和历史建筑及其周边环境。对历史建筑按照保护外观、改造内部的方式进行整治;对其他建筑根据情况选择保留、整修或拆除的整治方式。严格保护、控制和整治临街、临河建筑立面、建筑风貌特色(包括观音兜、马头墙等山墙形式),保护江南水乡典型的街景风貌和错落、多变轮廓线特征。保护和控制建筑屋顶形式、材质，确保第五立面风貌的协调。严格控制建筑高度，按照原貌控制，新建建筑层数不得高于二层，并不得超过周边保护建筑高度，以保护传统空间尺度和轮廓。严格保护道路宽度、开口大小和传统铺装形式，逐步恢复已经遭到破坏的道路和街巷铺装。保护历史文化街区的传统功能特性，调整和完善功能构成。保护传统文化相关物质空间载体。

2. 建设控制地带的控制要求

保护好该区域内散落文物建筑和历史建筑及其周边环境。严格控制该范围内建筑性质、高度、体量、形式和色彩，避免对保护范围的环境及视觉景观产生不利影响。严格控制该范围内的容积率、绿地率，确保保护范围外围空间环境质量。控制该区道路尺度和街巷肌理，保证与保护区内道路的良好对接。

三、建筑的分类保护、整治与更新

规划对历史文化街区内的每一幢建筑，通过综合评价其建筑建造年代、保存质量、风貌状况等条件，制定出相应的保护、整治的措施。分为保护类、修缮类、改善类、整治和改造类拆除类5种。

1. 保护类建筑

主要包括钮氏状元厅、沈宅、宝树堂等各级文物保护单位和登记不可移动文物，应依法严格保护。

2. 修缮类建筑

对象是保存状况较好、价值较高的历史建筑，这类建筑没有经过大的改造，保存状况从大的构架到细部构件都很完好，只作一般维护并注意在使用中不对其造成破坏即可。其保护应按照历史建筑的保护要求进行。

3. 改善类建筑

对象是建筑局部构件如门窗缺失或原来的木制隔墙经过改造，但建筑整体构架仍完好的一般传统建筑。应对其缺失的部分用传统材料按照该历史建筑的风格进行修复。在不改变其外观以及内部天井四周传统建筑形式和整体屋架结构的情况下，允许在房屋内部根据居民生活的需要增设厨卫设施并引进必要的基础设施管线。

4. 保留类建筑

对象是与传统风貌相协调且建筑质量较好的其他建筑，可予以保留。

5. 整治和改造类建筑

对经过局部外观整治可达到协调的现代建筑进行整治。整治的内容包括色彩、外观形式、装饰材料等方面。对于体量较大、外观形式与传统风貌极不协调的现代建筑和临时搭建建筑,可采取改造建筑立面、降低层数以及拆除重建等措施进行改造。在小西街历史文化街区保护详细规划中,根据其外观形式、体量、色彩以及所处位置的不同,对其整治改造方式进行细分,并逐一确认。对于严重破坏传统风貌的现代建筑进行拆除,拆除后的用地尽量作为公共绿地、小型广场或停车场使用。更新建筑应按照保护要求严格控制。

四、建筑高度控制

1. 建筑原高控制区:即历史文化街区核心保护范围。该范围内需要修缮、改善的建筑应保持其原有的建筑高度。新建建筑不得超过周边保护建筑高度,以保护传统空间尺度和轮廓。

2. 低层建筑控制区(二层以下,建筑檐口距地面高度小于 8 米):包括历史文化街区核心保护范围周边及市河两侧用地,该区域内需要修缮、改善的建筑应尽可能保持其原有的建筑高度,新建建筑应为低层建筑,以满足文物保护单位及重要历史建筑周边传统风貌的保护要求。这一范围内建筑大部分已拆迁,重建时应严格控制建筑高度,逐步拆除不协调的现代建筑,保持传统街路空间尺度和风貌特征。

3. 多层建筑控制区(四层以下,建筑檐口距地面高度小于 12 米):即低层建筑控制区外围的街区建设控制地带范围。这一范围内以现代建筑为主,高度较高、尺度较大。在未来城市建设、更新过程中,应逐步进行整治、改造,采用降低建筑层数等方式,对这一区域内的建筑高度应进行严格控制。

五、市政配套设施完善

规划对现状街区内杂乱无序的市政管线进行整改,逐步实施市政管线入地工程。对街区传统风貌建筑密集区域,设置污水收集设施,居民生活污水经收集后统一送至污水处理厂。历史建筑、传统风貌建筑进行修缮时,增设必要的卫生设施。在街区重要的道路沿线、绿化节点内设置垃圾收集设施和公共厕所,环卫设施的建筑形式、材料、外观、色彩等需要与街区环境相协调。

六、景观环境整治

街道内各类市政管线纵横,严重影响街道景观,规划在街区内分步实施市政管线入地工程,先期重点实施小西街。街道内悬挂的空调、天线等生活性设施对街道景观产生一定影响,规划拆除和转移影响景观视线的相关设施。现状街道内缺乏必要的指示标识、垃圾桶、路灯等公共服务设施,规划设计和配置能展示地域特色的街道家具,协调街区风貌。街区内现状街巷路面主要为水泥、沥青材质,影响了街区的传统风貌,规划逐步恢复为石板路路面。

第三节　小西街的保护与更新工程实施

小西街保护更新工程采用了注重"整体肌理保护,微更新,渐进式,共同缔造"的方式。工程于 2014 年开始逐步推进,由市政府主导,采取企业与居民共同参与实施的推进方式。工程主要对街区内违章建筑进行拆除,对街区内建筑进行修缮,基本解决其存在的安全问题。改善居住条件,适当疏减住户,同时优化建筑内部布局,尽最大可能增加房间、卫生间、厨房间分设的户型,提高住户居住舒适性,对与历史风貌不协调的现代建筑进行整治。项目建设内容主要包括建筑修缮工程、不协调建筑整治工程、违章拆除工程、建筑内部上下水改造、内部居住条件提升工程及庭院环境改善等。

一、实施原则

1.最小干预原则

本次修缮主要目的是对现有建筑进行保养维护,以保证建筑安全、排除现状病害为根本,因此本次维修的措施只针对影响安全,或严重影响使用的部位进行干预,不追求全面、彻底地解决建筑存在的所有残损问题,将人为干预的工程量控制在最少。

2.最多信息原则

贯彻保护第一、修旧如旧的基本思路,尽可能多地保持历史信息。对于后期改动、添加的部分,如不影响安全和严重影响使用,原则上予以承认和保留。将街区看作一个城市中的有机体,承认历史发展过程中建设的各类建筑,对于砖砼建筑不强求一律按照传统模式进行改造,以体现城市发展的信息。

3.渐进修整原则

避免保护工程实施过程中的破坏,采取微循环、渐进整治的模式,不求一步到位解决全部问题。避免大幅度整体改造模式,以防对小西街历史文化街区产生伤筋动骨的损害。

4. 措施可逆原则

修缮所用的加固手段与材料均为非永久性构造,将采用可以轻易拆除的材料和结构形式。与原有的结构体系和构件分开,不损毁原结构与构件,必要时能全部恢复至原来的状况,不影响后续维修保护措施的实施。

二、动态设计的设计工作方式

历史文化街区是城市中千百年来一直活着的一部分,是城市居民与城市长期互动的产物,是城市与人类共同的作品。在许多历史街区保护更新中,理想化技术方案总是自上而下地提出,甚至某些设计师试图把历史街区作为自己的设计作品,不断在其中强调某些原则和理想。但是,中国的古老城市内的街区往往是自下而上发展的,它们是由个人和小群体做出的千千万万个具有巨大多样性和异质性决策的产物。这种决策依赖于各异的地理条件、文化传统和社会经济状况,带有很强的随机发展性和模糊性,因此城市街区是慢慢生长变化的,才在中国广袤的大地上留下了各种风格各异的历史街区。在保护更新过程中,对待历史文化街区的设计干预应该是符合它们这一变化特征的动态设计,我们所应该做的就是把历史街区的良性变化引导好。在历史街区的保护更新中,设计师要做的应该是研究、甄别、沟通和解决具体的技术问题,任何没有依据的肆意设计都将对历史真实性造成损害。从历史文化街区的价值角度看,那些希望街区回到某个特定时间,实现所谓风貌统一完整状态的设计是没有意义的,是开历史的倒车,更不符合历史街区的自然属性。从保护城市遗产、延续城市传统文化的角度来说,在历史文化街区的保护更新过程中,设计师的首要任务不是展示自己的创意来设计遗产,而是运用专业技术手段尽可能多地保护和传承历史信息。历史街区的保护修复不是设计师的设计作品,它属于城市本身,属于居民自己。(表 6-1)

表 6-1　常规设计方法与动态设计方法比较

比较项目	常规设计	动态设计
实施方式	自上而下	自下而上和自上而下相结合
实施程序	工程项目式的集中推进	小规模渐进推进
项目主体	政府和设计师	居民、设计师
设计手段	固定模式的设计图纸为最终工程依据	导则加图纸,配合驻现场设计服务调整

续表

比较项目	常规设计	动态设计
价值评价	基于某个或某些最突出、最有影响力的阶段或对象	基于对象产生以来的整体阶段和所有对象
保护内容	与价值评价对应的部分物质内容	物质和文化、社会、生活全部
历史信息	片段式的经过提炼加工留存	保留发展过程中全部有价值信息
真实性	不佳,片段式	较好,完整
传统生活	进行置换,迁出居民	保持原有社会生活关系和居民
活化方式	腾笼换鸟式的置换,全部新功能	延续传统功能,部分置入新功能
实施效果	固定在某一时代风格的统一风貌	层叠复合的多样、生动风貌
与城市关系	不再发展,固定在城市中	融入现代城市,协同发展

1. 历史信息完整留存的保护方式

在时间的累积下,居民自发地根据生产生活需要,不断完善建筑和周边设施、环境,点点滴滴日积月累营造出街区特有的面貌和氛围。动态设计正是以此入手,尊重和引导历史街区的自发生长性,基于价值第一、有利安全、有利生活和动态认识的标准,统一工程措施评判和历史信息判断依据。坚持最多信息原则,力求尽可能多地保持街区历史信息,历史信息的保留包括以下四个层面:总体层面,强化传统城市肌理完整保护的概念,宏观层面保护和控制街区所在的城市地块边界形态肌理。中观层面,保护和整治街巷、水系、建筑等构成的街区综合肌理。微观层面,保持和改善建筑庭院,建筑组团空间传统居住生活肌理。单个建筑层面,承认历史发展过程中建设的各类建筑,对于建于50年代至70年代的砖砼建筑予以保留,不强求一律按照传统模式进行改造,以体现街区与城市发展的交流信息。建筑细部特别强调了生活痕迹信息的保留,对于后期改动、添加的部分如不影响安全和严重影响使用,原则上予以承认和保留。

2. 极为克制的小规模渐进式干预方式

小西街的保护修复最初设定的目标就是不求一次性完全解决街区存在的问题,工程将主要内容锁定在对街区内违章搭建进行拆除;对街区内建筑进行局部修缮,解决其存在的安全问题;对居住条件进行改善,提高人居舒适性;对基础设施、景观环境优化改善等。以"建筑修旧如旧,街区保持风貌,排除安全隐患,改善居住条件"为总目标。(图6-2)坚持最小干预原则,以保证建筑安全、排除现状病害为根本,将人为干预的工程量控制在最少。采取微循环、渐进整治

图 6-2　信息留存与干预方式导则示例

的模式,不强求干预措施一步到位,以防对历史街区产生伤筋动骨的损害。坚持措施可逆原则,修缮所用的加固手段与材料均为非永久性构造,采用可以轻易拆除的材料和结构形式。附件结构与原有的结构体系和构件分开,不损毁原结构与构件,必要时能全部恢复至原来的状况,不影响后续维修保护措施的实施。

3.创新的设计和实施方式

采用"导则优先,设计驻场,五方协同,边修边调,匠师合作"的设计和实施模式。街区设计导则作为最先制定的设计文件,基于对街区整体情况的详细勘察,按照整体结构、屋顶、墙体、地面、楼面、门窗装修进行分项,分别制定总体小修、中修、大修的具体修缮措施。对于工艺细部设计采用菜单式统一制定通用做法和通用图纸,解决共性问题。市政府还专门聘请专家和主管部门组成技术咨询委员会,与设计方、施工方、监理方和居民代表形成五方共同参与街区修复工程。技术委员会负责每周例会检查和有争议修缮方案、工程措施的最终决定权。设计前,先明确各幢的分户设想,与居民商议户型的确定,优先考虑房间、卫生间、厨房间分设布局,优先考虑必要的公共空间。设计师、施工队与居民齐商议共建,设计团队分别派驻五组现场设计人员,以幢为单位进行设计认定和修缮整治,实施条件成熟一个,修复一个。设计人员全程跟踪,边揭露隐蔽部位边设计,边检查边推进,施工工匠进场后一起进行残损情况详细勘察,及时根据情况制定和调整方案。

4.基础设施零碳化改造方式

整体提升街区人居环境,因地制宜地补齐市政基础设施和公共服务短板。在历史街巷严格保护的前提下,发展慢行交通,对建设年代久远、混乱的市政管线进行整治和完善,加强防灾、环卫设施建设。针对街区内只有自来水与污水管网,但容量严重不足的现状,完善基础设施系统,构建适合街区的防灾应急自救体系,增加小微消防站等设施。共改造供水、雨水、供电、通信、消防管线约5km,新增污水管线约3km。街区的通信设备也紧跟互联网时代潮流,实现光纤、无线网络全覆盖。推进低碳"零排放"建设,通过电能替代明火的模式,推广全电厨房、电气化线路改造等方式,既极大消除了传统砖木街区安全隐患,又实现清洁用能,零碳排放。

5.延续生活的传统文化传承方式

保持小西街代表的江南水乡城市文化,保护和延续主体居住功能,传承传统文化习俗。工程实施后最大限度地保留了原生社区环境,保持历史街区内长期形成的社会网络结构、生活方式的稳定延续。(图6-3)街区原有总户数696

图 6-3　小西街修复后建筑及庭院、街巷照片(摄影顾忠杰)

户,其中私房 114 户,公房 582 户。整修完成后回迁 131 户,搬离的出租户 497户,原地保留 68 户,整修完成后回迁出租居住 164 户,原居民保留比例高达52.2%。对于居民熟悉的老底子生活服务设施,如理发店、小吃店、食品店、老手艺作坊、公共活动空间等都予以保留,其经营者亦不进行置换,基本保持了原有社会邻里网络。在尊重和保持街区内居民生活方式和习惯的基础上,也对原有社会生活网络进行优化,赋予环卫处理、社区管理、党群活动等现代城市服务功能。

　　6.融入城市功能和市民生活的活化利用方式

　　将街区放入城市整体中统一考虑活化利用,在保持街区传统生活活力的前提下,积极与现代城市生活对接。湖州第一家 24 小时向市民免费开放的城市书房落户于小西街内朝阳巷,小西街口的文保点杨宅修复后开辟为社区党群活动中心,街区还引入了湖笔、羽毛扇等传统手工作坊。整体以引入文创艺术产业为主导,艺术人文板块已开设西岸美术馆、小西街街史馆等。秉承"老街当代化、创意产业化、文化艺术化、资源综合化"的原则,城市服务、艺术人文、文创商业、创意研发、休闲生活在这里相得益彰,互相融合。通过网络媒介、潮牌、时尚活动的植入,街区有效地吸引了年轻的市民群体,成为市民休闲和年轻一族的时尚打卡地,老街显示出了生机勃勃的活力。(图 6-4)

图 6-4　城市书房、展示馆、老理发店及创意集市照片(摄影顾忠杰)

三、项目实施总结

湖州小西街的发展演变是江南水乡城市居住文化的一个缩影,在保护修复之前,尚有大量原住民生活其中,这样生活着的历史街区绝不能采用一体化设计整治和大面积拆改的方式。坚持正确的价值评价标准,抽丝剥茧地甄别保留各个时期真实的历史信息,坚持小规模、渐进式的动态设计和工程推进理念,并将其贯彻进景观、道路、公共设施和市政管线改造等方方面面,使之取得了较好的实施效果。复苏的小西街已成为湖州最有文化吸引力的网红打卡点,尤其是大量的迁出户自愿回到老街居住,传统生活、传统文化与现代文创相结合得到了活态延续,使街区再次成为城市生机勃勃的一部分。

湖州小西街历史街区值得总结的经验主要有:一、政府主导、专家把关、设计引领、导则先行的管理实施模式;二、"自下而上"和"自上而下"相结合,设计师与居民共商图纸、共商选材的设计施工方式;三、精准靶向的价值认知,全面真实的历史信息留存,小微渐进式的动态设计理念;四、保护延续街区原有社会生活结构,融入现代城市发展的活化利用方式。湖州小西街的实施过程中,有效规避了当前我国对于城市历史文化街区普遍采用的单向"自上而下"推动,大规模、商业化、标本化的保护模式存在的普遍问题,具有历史文化街区价值信息保存真实完整、街区功能活化延续、政府财政投入可控、切实提高居民生活质量和实施运维可持续发展的优点。这种方式适合动态发展、错综复杂的城市历史文化街区现状,具有较高的示范价值和参考意义。

第 七 章

湖州历史文化街区
建筑修缮典型案例

历史建筑同样也是独特的不可再生文化资源，因此在修缮和利用过程中，应该始终坚持严谨、审慎的工作态度，加强监管和控制。

衣裳街青莲阁茶楼（摄影梁伟）

第一节　文物保护单位的修缮案例

一、本仁堂的勘察研究

本仁堂位于小西街 196—202 号，为浙江省省级文物保护单位，也是街区中保护级别最高的一处文物古迹。项目组先后多次赴湖州小西街本仁堂，对该建筑群进行现场测绘与残损勘察。与此同时，对此建筑群的历史沿革及近代文物普查、修缮情况进行了调查，并开展资料的收集工作。通过多方协调，方案编制人员与钮氏后人取得联系，对其进行了专门座谈及现场指认，并两次进驻现场对原方案进行了核查比对。针对沿河驳坎及文本本体再次对现场进行校核。最终勘察报告即在评审之后多次踏查及访谈的基础上修改而成。

1.建筑总体特征

本仁堂与其周边紧邻的许宅、冯宅、莫宅及杨宅等民居基本保持了清至民国时期湖州民居的历史风貌——沿河（苕溪）的完整立面、粉墙黛瓦、建筑之间的观音兜、马头墙以及建筑内部精美的木构雕饰及砖细门楼等。周边民居建筑与苏州、嘉兴等环太湖地区的风格既相近，又有区别，具有鲜明的江南水乡风貌和典型的湖州地域特色。本仁堂北临市河（即苕溪）。现河道北岸已整治完毕，河内水质正在净化整治中。（图 7-1）

2.钮氏家族文化

湖州（吴兴）钮氏起源于春秋末期的湖州花林，其姓氏始祖是钮宣义，钮氏是起源于吴兴的本土姓氏。2000 多年家族的传承中，家训"人贵自立，民生在

图 7-1　本仁堂和永安桥照片(摄影梁伟)

勤"起到了很大的作用。钮氏家族中"君子自强不息""爱国报国""崇文尚教"的
文化传统是极其可贵的。《吴兴钮氏世德》一文记载:"大成先生之子若孙,皆能
敬承先志,好善乐施,其曾孙之瑜更乐善不倦,寿愈八旬,里中举义无不竭力首
倡,施衣、施棺、施药、施钱米,各善事不胜枚举……"至乾隆三十三年(1768),钮
际泰中"戊子科"武进士后,子孙"芳"字辈、"福"字辈家口已达百人以上,因而钮
际泰先后购买了两座大宅院安置子孙。一是永安桥北塊东侧的"理德堂",一处
是永安桥南塊西侧的"本仁堂"。本仁堂为钮氏旧宅,始建于清乾隆年间,由四
路轴线的建筑院落组成。

3. 历史沿革

清乾隆中期,钮氏西支始祖钮之瑜"由甘棠桥卜宅西城永安桥"。钮氏"本
仁堂"位于市河之南,其始筑年代在钮之瑜之世。约乾隆中后期,钮之瑜之孙钮
际泰从徽商手中购得厅堂建筑一区,作为钮氏宗祠,即现在的钮氏状元厅。道
光十八年(1838),钮福保中戊戌科状元,始对"理德堂"略作修改后辟为"状元
厅"。钮氏自西支始祖以下取得"五贡"功名者 9 人,举人 18 名,进士 4 名,状元
1 名。尚存的"理德堂"匾额有俞曲园所书"凤池翔步"等匾四块。自道光至清
末,钮氏西支中试者不乏其人。随着钮氏家族的财力衰退,在清末、民国时期,
本仁堂建筑群已为钮氏自身居住及出租之用。1937—1938 年,本仁堂东一、二
轴线的第三四进建筑被日军炸弹损毁严重。1954 年,钮氏家族搬离本仁堂建

筑,房屋由湖州市房管会接管,现为湖州市物业管理服务中心负责管理。本仁堂建筑使用功能随之变为公租房。"文革"期间,本仁堂建筑损毁、拆改严重,原悬于本仁堂建筑内的匾额破坏、遗失。1998 年 3 月,湖州市人民政府公布本仁堂为湖州市市级文物保护单位,2005 年 3 月 16 日,浙江省人民政府将其公布为浙江省省级文物保护单位。

4.文保单位保护区划

4.1 保护范围:东至木桥南弄,南至小西街北侧道路红线,西至本仁堂西侧围墙,北至市河南岸(包括整座永安桥)。面积:3038.4m²。

4.2 建设控制地带:东面北半段至钮氏状元厅保护范围东侧红线以东 20 米,东面南半段至本仁堂保护范围东侧红线以东 20 米,南面东半段至市河南岸,南面西半段至本仁堂保护范围南侧红线以南 20 米,西面北半段至木桥北弄,西面南半段至本仁堂保护范围西侧红线以西 20 米,北至勤劳街北侧道路红线。面积:14448.2m²。

5.价值评估

5.1 历史价值:通过对本仁堂建筑群的研究,能为我们研究当地城市发展以及当时社会经济、文化等方面提供重要的实物资料。本仁堂是湖州钮氏居住的典型建筑群落,并与湖州地区仅存的一座与科举文化有关的厅堂建筑——状元厅,有着最为直接的关联,对研究钮氏家族历史以及科举文化具有重要的历史价值。

5.2 艺术价值:本仁堂现存砖细门楼的雕刻工艺精湛,中间两路主体建筑中的梁架、雀替、山雾云的木雕工艺均十分突出,极具艺术感染力,体现了我国古代劳动人民高超的智慧和杰出的创造才能,具有较高的艺术价值。砖、木雕技法娴熟、明快,雕刻题材广泛,极具艺术想象力。这些建筑艺术都是我国民间文化珍宝,体现了我国古代劳动人民高超的智慧和杰出的创造才能,具有较高的艺术价值。

5.3 文化价值:本仁堂的创建,是当时经济发展的产物,通过对该建筑的研究,能有效地帮助我们探寻清代吴兴地区经济高度发展所遗留的烙印,能为我们研究清代时期当地的社会经济、文化等方面提供重要的实物例证。

6.平面布局与建筑构造研究

6.1 总体平面布局:本仁堂坐北朝南,院落整体平面呈方形,面街背河,自西向东共分四条轴线;中间两路为本仁堂的主体部分,主要由本仁堂、楼厅(3 处)及女眷楼等建筑组成,东西各有两路平房院落,应为本仁堂的下房。20 世纪 90

年代末,湖州市文化局(现湖州文广新局)专业人员曾对此建筑进行调查,并对形制做出初步分析,今通过勘察我们对本仁堂建筑群体有了进一步的认识,现分析如下。

中轴线的建筑体量及形制较为高大、考究,该路建筑共有三进院落,一、二进楼厅之间原有花园 1 处,园内原有直径约 3.9m 的园亭(已毁),后接三开间带耳房的二进楼厅,梁架内四界前步接楼下轩(鹤颈轩)后单步接双步,楼上前双单步,楼厅后还有三开间带两厢的楼厅,此后(北侧)还有一后院。东一轴线自南向北依次为新建楼屋、正厅、楼厅和女眷楼,正厅悬"本仁堂"匾(现已不存),五架梁用料硕大,内四界前双步后单步,梁头做成云头,檐柱头出大斗。东二轴线共有五进院落,第一进为两开间门厅,门厅通过备弄与其北侧的四进下房相连通。西轴线原均为平房及柴房之类,前院空地与沿河两进院落,现添建两进平屋使前院空间变更较大,添建部分在后期又不断改、扩建,现存建筑质量较差,并使得建筑的前后院落关系杂乱无序。

6.2 单体平面与构造

6.2.1 中轴线建筑院落(共 3 进院落)

一进楼厅:硬山楼屋建筑,紧邻小西街,五开间三进深北侧加一柱廊,明间梁架为五架抬梁结构,边贴为穿斗,建筑的基本形制尚存。通面阔 19.7 米,通进深 7.76 米。一、二进建筑之间原有围墙隔断,通过门洞(推测)及东西尽间处木构连廊沟通,现仅存东侧廊道,西侧为后期搭建建筑所改动。

二进楼厅:是中路轴线上的主体楼厅,五开间二层加前后单披檐的硬山建筑。该建筑东尽间南接楼屋厢房,北接单层披屋,西尽间处后期被改动较大且未能得以入内勘察(住人)。通面阔为 19.7 米,通进深 12.6 米,明间梁架为抬梁,东西尽间的边贴梁架为抬梁、穿斗的混合结构。南侧第一进深一层为单步轩廊做法,是典型的《营造法原》中记载的鹤颈轩构造做法,其轩梁、鹤颈椽及荷包梁等构造较为讲究,二层为格扇窗,北面为一层后檐隔断,二层格扇窗。二进建筑明间为抬梁式结构,一层用七柱,二层明间为六柱十檩,五架梁之上均为短柱承托上层梁架及檩条;尽间边贴梁架为抬梁、穿斗混合结构,一层用八柱,二层用七柱承十檩。脊檩、金檩、下金檩下均置连机,二层南、北檐柱均为格扇窗下置木裙板,廊柱原装有木隔板并开有门扇,50 毫米厚楼板。

三进楼厅:是中路轴线最后一进楼厅建筑,北临市河,主体建筑北侧设有园林小院,北院墙较为高大,形成了独特的沿河立面。三进主体建筑为五开间加东、西厢房的硬山楼屋建筑,现西厢房主体屋架部分已毁,边贴梁架尚存。该建筑主屋部分通面阔 19.7 米,通进深 9.97 米,明间梁架为抬梁、东西尽间的边贴梁架为抬梁、穿斗的混合结构。南侧第一进深一层为单步副檐轩,二层为格扇窗,北面为一层后檐墙,二层格扇窗。一层地面为方砖墁地,二层明间为五柱九檩,五架梁之上各层梁架均有短柱承托上层梁架及檩条,二层南北檐柱均为格扇窗下置木裙板。一层南侧廊柱明间装有门扇,其他开间未见窗扇、隔断痕迹,应为该建筑的特殊形制。

6.2.2 东一轴线建筑院落(共 4 进院落)

一进楼厅:硬山楼屋建筑,紧邻小西街,三开间四进深,明间梁架为五架抬梁结构,边贴檩件直接搁置于砖墙之上,建筑的基本形制尚存。通面阔 12.2米,通进深 7.8 米。西次间两缝柱网的木柱缺失,檩条均为近年来新换构件,砖墙承重。前后檐墙的门窗洞多为后期添补或改换,东次间现有人居住,二层吊顶、后檐墙后期均有大幅改动。

本仁堂(二进):单层硬山堂屋建筑,建筑用料及形制均为该建筑群的最高等级。三开间四进深,东西尽间北侧各带一间耳房,明间通过两进轩廊(船篷轩)与二三进交界围墙处的雕花砖细门楼相连。明间梁架为五架抬梁结构,边贴为抬梁、穿斗混合结构,建筑形制较为完整。五架梁之上各层梁架均有坐斗承托上层梁架及檩条(扶脊木),月梁做法的梁头处均有卷杀,脊檩两侧置抱梁云封板、金檩、下金檩下均置水浪机。通面阔 12.2 米,通进深 8.4 米,总高 8米。该建筑东次间后期加层,改动较大,且东南角局部梁架被拆除改为砖混平屋顶,对建筑的形制造成严重破坏。

三进楼厅:为三开间带东西厢房的硬山楼屋建筑,现主屋一层明间柱已毁,东西两厢的外檐装修破损严重。该建筑主屋通面阔 12.2 米,通进深 10.4 米,明间梁架为抬梁、东西次间的边贴梁架为抬梁、穿斗的混合结构。南侧第一进深一层为单步副檐轩,现披檐部分已毁,北面为一层后檐墙,披檐后尾架设于附加檩件之上,二层为格扇窗。一层地面为条砖墁地,二层明间为四柱八檩,五架梁之上各层梁架均有短柱承托上层梁架及檩条,二层南北檐柱均为格扇窗下置木裙板。一层南侧廊柱明间门扇不存,其形制与中轴线三进建筑相仿,檐廊有板门与西侧中轴线二进建筑东耳房相贯通。主体建筑北侧原有庭院已被后期硬化处理及搭房占压,三四进建筑之间砖砌隔墙只剩墙基部分,环境保存较差。

女眷楼(四进):为东一轴线最后一进建筑,相传为钮氏女眷居住的楼屋,三开间带通面阔披屋的硬山楼屋建筑,现主屋一层明间柱内外檐装修均已改为砖墙,一层明间后步柱为减柱做法,二层为后加砖柱,柱子总体保存较差。主屋最北进深处,为临河通面阔单层披屋建筑,保存质量亦较差。该建筑通面阔 12.2 米,通进深 6.95 米,明间、边贴的梁架均为抬梁、穿斗混合结构,临河披屋为后双步做法。(图 7-2、图 7-3)

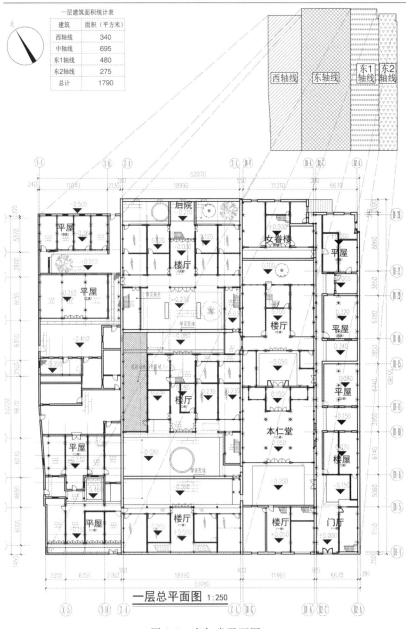

图 7-2　本仁堂平面图

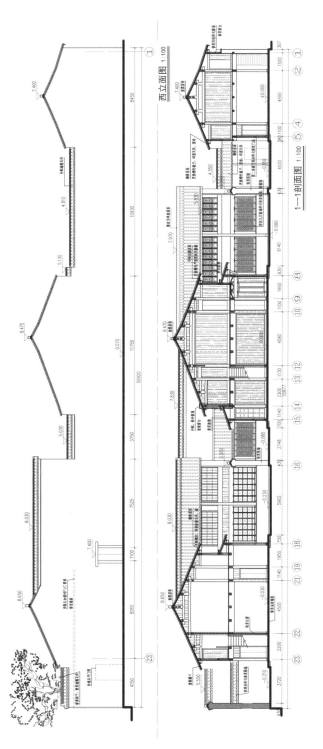

图7-3 本仁堂立面图、剖面图

6.2.3 东二轴线建筑院落(共 5 进院落)

一进门厅:硬山楼屋建筑,紧邻小西街,两开间四进深,一层正间为石库门,是本仁堂建筑群的主要交通通道。梁架为五架抬梁、穿斗混合结构,原有楼梯不存,但楼梯梁位置明确,现有楼梯为后期改动添加。通面阔 7.4 米,通进深 7.1 米。一、二进建筑之间内设天井,并设门洞与西侧东一路轴线相贯通。一二进建筑的二层原有连廊相通,现改为砖砌楼梯。

二进楼屋:为二层硬山楼屋建筑,平面由两开间加内部分隔(通过砖砌隔墙)备弄组成,备弄一直贯通东二轴线的二、三、四、五进建筑,至沿河埠头,是湖州地区典型深宅院落的组合形制。平面中缝采用减柱做法,通面阔 7.4 米,通进深 6.7 米。建筑梁架采用抬梁、穿斗的混合做法。二层屋面的檩条构件均采用与面阔通长的做法,脊檩两端似有升起做法,脊檩底皮处加两道木枋承扶,是该建筑较为特殊之处。

三进平屋:为单层硬山建筑,平面由两开间加内部分隔(通过砖砌隔墙)备弄组成。通面阔 7.4 米,通进深 6.7 米。建筑梁架采用抬梁、穿斗的混合做法。建筑内部后期被改动较大,且保存质量亦较差。三、四进建筑之间的天井院落为后期搭建建筑所占压,改变了院落的形制原状。

四进平屋:为单层硬山建筑,平面由两开间加内部分隔(通过砖砌隔墙)备弄组成。通面阔 7.4 米,通进深 6.7 米。建筑梁架采用抬梁、穿斗的混合做法。建筑内部后期被改动较大,且保存质量亦较差。四、五进建筑之间的天井院落为后期搭建建筑所占压,改变了院落的形制原状。

五进平屋:是东二轴线最北端的临河、单层硬山建筑。平面由两开间加内部分隔(通过砖砌隔墙)备弄组成,平面中缝采用减柱做法。通面阔 7.4 米,通进深 8.8 米。建筑梁架采用抬梁、穿斗的混合做法。建筑内部后期被改动较大,且保存质量亦较差。北侧存有埠头与市河相邻。

6.2.4 西轴线建筑院落(共 4 进院落)

一进平屋:硬山平屋,紧邻小西街,四开间三进深北侧加一柱廊,东西尽间边贴木柱梁架不存,明间梁架为五架抬梁加前后檐廊结构,建筑的基本形制尚存。通面阔 11.9 米,通进深 7.4 米,A 轴南侧应为后加披檐。该建筑通过轩廊与二进建筑相连。

二进平屋:通过轩廊与一进建筑相连,不规则平屋一座,四开间且开间尺寸大小不一。东尽间边贴梁架不存,西尽间墙柱分离且墙体为适应巷道肌理砌筑为倾斜状。明间梁架为五架抬梁加前后檐廊结构,建筑的基本形制尚存,但其工艺较为简易。通面阔 11.4 米(柱网),通进深 6 米。

二三进之间:为后期搭建砖木结构平房一座,无柱,屋面檩架部分均为砖墙承重,且建筑开间、进深均较为混乱。

三进平屋:平面为三开间四进深加东过廊(备弄)形制,三间正屋的柱网结构较为规整,明间梁架为五架抬梁加前后檐廊结构,建筑的基本形制保存较好。通面阔 12.5 米(柱网),通进深 7.3 米。东侧过廊既是前后院落的连接,同时也是与东侧中轴建筑的通道所在。

四进平屋:是西路轴线的最后一进硬山平屋建筑,后檐砖墙临市河。该建筑平面为四开间四进深加东过廊(备弄)形制,但南侧檐柱缝以及过廊的柱体已缺失,现为砖墙承重,主屋主体梁架均为穿斗结构。通面阔 13.6 米,通进深 5.9 米。东侧过廊应为通往北侧沿河埠头,现为封堵状态。南侧保留古银杏一株,径冠高大。

7.现状问题及残损情况

7.1 主要存在的问题

1.大木构架年久失修。本仁堂大小建筑单体 16 处,自新中国成立以来鲜有对其维修内容及过程的记载,从现场勘察情况分析,住户(租客)对其维护不足,加之文保理念薄弱,多数建筑单体的木构架部分亟须进行整体全面的维修,主要集中在中轴线最后一进,东一轴线的第二、三、四进,东二轴线的第二、三、四进以及西轴线的最后两进。

2.建筑被人为破坏。基于房屋内部生活、交通的便利以及使用空间的扩大,本仁堂建筑群被住户随意改建、扩建的现象普遍存在,造成建筑格局、构造等发生严重改变,建筑构件被随意更换,外檐装修基本无存。这类"建设性"破坏,一方面大大削弱了建筑本身的维护作用,一方面也使其传统样式风貌消失殆尽。

3.建筑构件受潮糟朽。建筑屋面局部渗漏,屋面天沟处尤为严重,下部木构件出现朽烂、开裂、断裂、脱落等现象。

4.违章建筑严重影响格局形制。根据现场勘察,本仁堂建筑群内部存在大量添建、改建的违章建筑,这类建筑院落、空间形式、梁步架关系等建筑格局形制均产生了较为直接的影响。

7.2 建筑残损现状要点

7.2.1 中轴线建筑院落:一进楼厅整体结构稳定,局部多有残损。北侧檐口处,南坡屋面 A、C 轴之间的瓦垄扭曲、排水不畅。5 轴北侧檐口处部分椽子糟朽严重，A轴与2、3轴交点处的柱根糟朽严重。二层C轴梁架处隔断局部破损，门窗及二层窗下裙板缺失、松动较多。二进楼厅主屋南侧后搭平房，且多缺门窗。8、15轴处披檐残损严重、瓦垄扭曲，椽子糟朽严重；E、F轴与15轴交点处多处柱根糟朽。6轴处原有院围墙缺失，庭院中原有亭子仅存圆形阶沿部分；二层13、14轴之间局部楼面松软。主屋二层前后外檐处门窗扇缺失较多，15轴北侧庭院为后搭建筑占压较多。三进楼厅西厢楼房坍塌，仅存南侧山墙及边贴梁架；主屋、西厢房屋脊及东厢房泛水残损、松动较多。一层明间为后搭建筑占压，东西次间、尽间的地面铺装均已翻动破坏，主屋前后外檐装修的门窗缺失较多。二、三进建筑之间围墙缺失，主屋北侧庭院铺装被后期房屋占压或改动。东厢房的楼梯缺失。

7.2.2 东一轴线建筑院落：一进楼厅5轴北侧后搭小砖房，占压原有庭院，1、5轴檐墙处门窗洞口后期改动较大。屋面瓦件松动，屋脊残损松动，北侧檐口处瓦面残损严重；木柱多已拆除，梁、檩构件均为后期更换且为砖墙承重，构架稳定。一层地面均为后期硬化，楼地面整体保存一般，局部较差，其中A—D轴后期改动较大，楼梯踏板处局部残破松动，门窗样式均被改为现代简易门窗。二进东次间A与C轴之间柱梁构件被后期拆除，并后加砖混夹层；7轴以南屋面与廊轩交接处天沟举折变形，7轴南侧明次间多处椽子糟朽严重。东次间内6—7轴上的檩条后期拆除，A轴与6、7轴交点处柱子被后期截断，A轴、10轴墙体后期改动较大。13轴处的砖细门楼破损过半，6轴处外檐门窗均被改作砖墙。三进楼厅21轴北侧后搭砖房占压原有的庭院铺装改变院落格局形制，东西厢房屋脊及前后披檐瓦面均出现不同程度残损及松动。一层明间檐柱缺失，一层前后批檐处损毁严重，前后檐处的檩枋构件多处遭受钻木蜂啮食。15—16轴之间楼板松软、破损较为严重；门窗及二层裙板缺失残损较多；一层明间地面局部后期改为水泥硬化，东西厢房的木质地面质量较差，且住户搬迁后多被翻开。女眷楼（四进）整体木构保存较差，且屋架有整体西偏的倾向。屋脊及整个屋面瓦件均出现不同程度残损及松动；西尽间的边贴梁架局部拔榫，且二层楼面质量较差、沉降严重；F轴柱体与墙体联系薄弱。内部隔断多处随意搭建，前后外檐门窗残损严重。

7.2.3 东二轴线建筑院落：一进门厅整体木构保存较差；屋脊及整个屋面瓦件均出现不同程度残损及松动；石库门板门、仪门等缺失；原有楼梯缺失，现状楼梯为后加临时楼梯；后檐二层楼板下额枋拔榫，后作楼梯处多根格栅木被锯断。二进楼屋屋脊及8轴南侧瓦面松动较多；6轴南侧望板、檐椽缺失较多；二层靠近东边贴处楼板松软；楼梯保存较差；6 轴南侧庭院为简陋陈设占压。三进平屋后期扩建平房占压庭院；屋脊、13 轴至 15 轴屋面瓦残破、松动；梁、檩多处添加临时支撑；内部隔断保存较差。四进平屋屋脊及 60% 的屋面瓦残损、松动；南侧檐口及备弄披檐檐口望板松动、有漏；备弄后加檩条及临时支撑；15、16 轴与备弄交接处，角梁缺失；B 轴上内部隔墙保存较差；三四进之间后搭平房占压庭院地面。五进平屋屋脊及 60% 的屋面瓦残损、松动；20、21 轴与备弄交接处，角梁缺失；26 轴北侧后檐墙及 A 轴东山墙表面粉刷脱落；A、B 轴开间吊顶保存较差，B 轴未见木柱。

7.2.4 西轴线建筑院落：一进平屋整体的屋面瓦件保存较差；A 轴南侧为后期扩建望板基本不存；A、E 轴处檩件糟朽严重；5、10、14 轴多处梁架嵌入后砌墙体内，保存质量堪忧；5、E 轴处多处柱子糟朽；东山墙北端、F—G 轴之间围墙局部空鼓；西山墙至 5 轴开间木地板糟朽严重；A、D 轴门窗部分缺失。二进平屋局部的屋面瓦件残损、松动；前后檐处望板基本不存；梁架整体保存较差，2 轴处梁架局部歪闪；M 轴北侧后搭隔墙保存较差。三进平屋木结构部分总体稳定性较好，且建筑用料较大；局部的屋面瓦件残损、松动；Q 轴门窗部分缺失。四进平屋木结构部分总体稳定性较好，且建筑用料较大；7—13 轴局部的屋面瓦件残损、松动；内部隔断局部破损严重，主要集中在 3、7、13 轴梁架处。

8. 勘察结论及保护建议

本仁堂具有较高的文物价值和社会文化价值。根据《古建筑木结构维护与加固技术规范》(GB 50165—92)，本仁堂建筑结构可靠性综合评定为Ⅲ类建筑，亟需修缮。（表 7-1）

表 7-1　勘察结论

序号	建筑名称	可靠性评定
01	中轴线·一进院落	Ⅱ类
02	中轴线·二进院落	Ⅲ类
03	中轴线·三进院落	Ⅲ类（西厢房为Ⅳ类）
04	东一轴线·一进院落	Ⅱ类
05	东一轴线·二进院落	Ⅲ类
06	东一轴线·三进院落	Ⅲ类
07	东一轴线·四进院落	Ⅲ类（西尽间为Ⅳ类）
08	东二轴线·一进院落	Ⅲ类

续表

序号	建筑名称	可靠性评定
09	东二轴线·二进院落	Ⅲ类
10	东二轴线·三进院落	Ⅲ类
11	东二轴线·四进院落	Ⅲ类
12	东二轴线·五进院落	Ⅲ类
13	西轴线·一进院落	Ⅲ类
14	西轴线·二进院落	Ⅲ类
15	西轴线·三进院落	Ⅲ类
16	西轴线·四进院落	Ⅲ类（东尽间为Ⅳ类）

沿河房屋的基础基本稳定。永安桥西侧的条石埠头局部松动，影响其自身结构安全并对相邻建筑基础产生一定的安全隐患，所以本工程将对埠头条石底部进行局部灌浆填实、条石归安处理。建筑院落群体的地上砖木结构部分损毁情况已影响到文物本体的安全和风貌的保存，若不及时采取修缮措施将会造成无法挽回的损失。本仁堂格局、形态和风貌特点受到一定程度破坏，特别是部分木构糟朽、拆改破损严重，对文物造成了重要的影响，有必要对其进行修缮，必须以现存有价值的实物为依据，恢复建筑原形制、原结构、原工艺、原做法，根据病害损伤的类别和程度采取必要的保护措施，保障建筑安全，恢复文物原状，保持建筑的真实性和完整性。

二、修缮设计方案

1. 保护原则

根据"保护为主、抢救第一、合理利用、加强管理"的文物保护方针，工程设计与施工必须严格遵守《中华人民共和国文物保护法》、原文化部颁发的《文物保护工程管理办法》等有关法规、规章、规范，参照执行《中国文物保护准则》，特制定以下原则：

1.1 "不改变文物原状"原则。该建筑是一组布局规整、时代特征明显的清中晚期建筑。建筑群现基本保持了其初建时的规模与形制，虽有坍塌、改建，但现场遗存清晰，且后期改造时间较短，留存的资料尚明确，维修依据充分。通过现场留存痕迹的比对，及对钮氏后人回忆的考证，在充分论证的基础上，对部分后期改建处进行复原，缺损丢失构件补齐，后期添加构件清理。

1.2"正确把握审美观"原则。对文物建筑修复主要表现为它的历史真实性,不为了追求华丽而改变文物原状。

1.3"最少干预"原则。尽可能多地保留文物建筑真实的历史信息和价值。采用的保护措施应以延续、缓解损伤为主要目标。

1.4 坚持"原材料、原形制、原工艺、原做法"的原则。为保持文物建筑独特的建筑风格、特点,除设计中特别规定以外,所有维修部分均应该坚持使用与维修对象相同的原材料、原形制、原工艺、原做法。尽量控制修补范围,在可能的情况下,尽量保留原有构件,新用的木料要尽量做到与原材料材种一致,据调查本仁堂内用的木料以老杉木为主。

1.5"可逆性"原则。所用的加固手段与材料为非永久性构造,是可逆的,不损毁原结构与构件,必要时能全部恢复至原来的状况,不影响后续维修保护措施的实施。

1.6"可识别性"原则。考虑到立面和视觉效果的统一,对修补和新换构件,采用"墨书""模印"等手段进行注记,力图做到在总体上风格统一,在细部上易于识别。同时,根据《中国文物古迹保护准则》要求,在可识别的同时,兼顾色彩等方面的协调美观。

1.7 兼顾功能利用的原则。考虑到本仁堂建筑修复之后,继续作为公租房使用的因素,本次维修将文物保护与功能利用相结合,整体统筹文物建筑的原状保护与住户分户、水电配套建设等因素,尽力做到最少干预和双赢。

2. 维修指导思想

2.1 维修时尽量保存原有构件,对受力构件的薄弱环节或构造刚度不良之处,在不影响外观的情况下,可用镶补、拼接和铁件加固等方法进行处理,如糟朽、开裂严重的柱、梁、枋等的加固。

2.2 在修配旧构件、更换不能使用的原构件和复原原构件时,应采用与原有构件相同的材料质地。

2.3 在修缮时应遵循先阶基后木构、先瓦顶后地面的步骤进行。

2.4 结合维修工程,做好防火、防虫和防腐等技术措施的配套和完善。

2.5 消除现存的主要立面风貌的破坏,对缺失门窗进行有依据恢复。

3. 维修性质

在以上保护原则的指导下,针对各建筑的现状和残损情况,按照《文物保护工程管理办法》,本工程性质确定为修缮工程。

4. 工程范围及规模

工程范围为本仁堂建筑群的四路建筑,分别为中轴线的三进建筑及其院落铺装,重点是二进建筑前后檐及三进建筑损毁厢房及披檐部分;东一轴线的四进建筑及其院落铺装,重点是二进东次间后期改建部分的修复及三进东西厢房、前后披檐以及四进整体构架的矫正;东二轴线的五进建筑及其院落铺装,重点是拆除后期搭建、改建部分恢复原有的院落格局;西轴线的四进建筑及其院落铺装,重点是拆除后期搭建部分恢复院落格局,补强现存木构部分的结构稳定性。建筑群总占地面积约2848平方米,总建筑面积约3265平方米。

5.修缮措施

为了有效保护文物建筑,展示其承载的历史信息和文化内涵,依据相关法律法规和行业准则,指定如下修缮措施。

5.1 地面

拆除室内外破坏原建筑风貌、格局的后期加建物,清除各类堆积物。清理天井地面,去除水泥、泥土、杂草等覆盖,天井铺地缺损处按现存样式补缺。检查疏通排水沟,恢复原排水体系。室外抬高地面降低,铺装结小西街改造室外工程进行。对缺失阶沿石进行恢复,用料选用与保存材质一致的老石板,阶沿石之间搭接平整。室内地面现尚留存的现状保留不做扰动。如被水泥覆盖,须铲除水泥面层后视被覆盖的原地面保存情况处理,若已无存按周边保存的地面样式重制,方砖规格在 400mm×400mm～480mm×480mm 之间;若尚留存原物以原状保护为主。主要措施为铲除水泥地面,更换破损碎裂严重的方砖地面。

5.2 木构架

大木构架打牮拨正,归安大木构件榫卯,恢复构件正常受力与结构稳定。已损毁梁架按残留的构件痕迹比对相关梁架形式进行恢复。局部需落架的构件落架时须做好记录、检查、修复工作,确保拼装后构件位置不变且安全可靠。对破损、开裂的檩等木构件,根据其残损程度,采用相应的拼补加固的方法进行保护利用。丢失的梁架构件按留存的实物样式复制。维修时尽量保存原有构件,更换材料原则上要求使用同质材料,本仁堂内用老杉木为主。拼补用的材料务必选用干旧料修配制作。若需更换受力较大的木构件,应参照《古建筑木结构维护与加固技术规范》(GB 50165—92)中承重结构木材材质标准表 6.3.3 的规定,其强度应符合该规范表 3.3.1—1～2 的规定。各大木构架的选材标准参照《古建筑修建工程质量检验评定标准》南方地区(CJJ 70-96)表 4.0.3。木材的含水率结构用材料不大于18%,装修、装饰用材不大于12%。原木材在使用前按规范要求对构件进行防火、防虫、防腐处理。防虫、防腐措施应符合有关规范要求。重点放在柱脚、榫卯及与墙体的结合部位。木构架装配连接为传统榫卯结合木销连接,榫卯结合严密、牢固。

柱子处理方式。表层腐朽,不影响结构安全的剔除朽烂面,剔除面较深可用相同材质修补整齐;对深度不超过柱径 1/3 的干缩裂纹用木条进行嵌补。对破损但不影响结构安全的柱进行镶补。打箍均采取铁箍,镶补则用与原材质相同的木材。

枋、檩条、楼栅处理方式。对残朽、中空、劈裂严重不能继续承重者,进行更换;对局部朽烂、劈裂者,影响结构作用不大的,尽可能采用拼补、黏结等手段加固;对保存较好但挠度变形较大的,进行加固;对后期更换,明显与原制不符的,进行更换;对不作承载的单步梁、穿插枋等构件,虽糟朽断榫不宜换新,宜采用拼补、加固以便继续发挥作用。拼补用的材料务必选用干燥不会变形的旧料修配制作。

艺术构件处理方式。拔榫的构件归位,如卯口松动可在松动处塞入木片填实。已掉落无存构件按可参考的实物样式复制,若无实物可用素面构件代替,待找到修复依据后还原。对破损雕花构件如不涉及结构安全的应保持现状。

屋面木基层处理方式。更换腐朽严重的椽子,按现存旧椽形制逐一整修,复制配补椽子,按原做法安装。

门窗、隔断处理方式。要求甲方在施工准备阶段及施工过程中征集散落的门窗。门窗、内部隔断残破的按原样修补拼接加固,缺失的根据留存的原痕迹按照现存的形式和做法恢复。新配和修补均应采用干燥原树种木材进行复制,榫卯做法和起线形式应与原构件一致,榫卯应严实,并加楔和胶水紧固。

楼梯、楼板处理方式。整修木楼梯,拆除后加楼梯。更换破损严重及规格不符合的楼板。

5.3 墙体

墙体破损、坍塌处可根据原墙形制补砌。墙体若倾斜超过墙高的 1/120,应局部重砌。拆卸墙体时应将砖块与墙内构件分类放置,同时对靠墙木构件进行防腐防虫处理。砖墙传统灰浆砌筑,砌筑尽量利用原件,缺损不足的砖块补配应与原件同规格、同色泽。修砌后要求新老砌体咬合牢固,灰缝平直灰浆饱满,外观保持原样。

5.4 屋面

对小青瓦屋面进行揭瓦翻修,按现存实物修复屋脊。维修时屋面做法按现场原有做法,在施工中应尽量保留质量尚可的原瓦件,从视觉效果考虑,将其铺设在建筑的主要看面,或适当的部位进行集中摆放。新添配的瓦件必须与原瓦件规格、色泽一致。维修后的屋面要求档匀垅直,屋面坡度曲线圆和,瓦面净洁。

5.5 墙面粉刷、油饰

原有木构件仅作除灰清洁,维持原貌。新换构件外刷桐油应参照其邻近旧构件的色调处理,使其在色泽上既要与老构件协调统一,又要体现可识别性。原墙体清除污垢,保持原状。粉刷层破损面积较大墙面需清除底灰,用 12 厚灰浆打底,6 厚纸筋灰浆面,外罩大白浆三遍。抹灰需赶压平整,粉刷前应做色板。

5.6 相关工程措施

因街巷狭窄,消防车不能进入,因此要加强其自身的消防能力,在建筑内部严禁堆放易燃易爆物品,按规范要求手提灭火器,对新换木构件进行防火处理。同时条件允许情况下,按消防要求设置消火栓。制定消防管理方案,提高管理人员和使用者的消防意识和灭火能力,并派专人对建筑进行定期巡查。消防专项设计由甲方在小西街维修工程中统一实施。防雷设施应根据现行国家标准《古建筑木结构维护与加固技术规范》(GB 50165—92)、《建筑物防雷设计规范》(GB 50057—2010)对文物建筑的防雷设置的选择与构造要求进行设计。本工程为修缮工程,基础不重做,建议采用人工接地形式。防雷专项设计由甲方在小西街维修工程中统一实施。加强对原构件和新换构件的防虫防腐处理,柱头、柱脚、梁头及榫卯等构件是防护的重点,拟选用二硼合剂或铜铬砷合剂对所有木构涂刷两遍。由甲方邀请具有资质的木蜂白蚁防治单位编制专项虫害防治方案。针对本仁堂建筑群内大量后加、改的违章建筑,此次方案拟采取拆除措施,恢复其原有建筑形制或庭院铺装。若与住户使用面积、功能等需求发生矛盾时,由甲方负责协调、判断。

6.维修内容

6.1 维修重点

根据现场勘察报告,本仁堂建筑群年久失修加之住户对其进行了为数不少的改建、扩建等扰动破坏,本方案着重通过建筑内部拆违、屋面揭顶维修等措施,对文物建筑进行全面检查、鉴定与维修。该建筑群木装修损坏严重,唯有中轴、东一轴线尚留有部分传统门窗样式。本次维修设计中一方面参照现留存的样式,另一方面以湖州当地小西街尤其是同时期状元厅建筑群的木装修风格样式为参考,对部分门窗等外檐装修进行"保留""修补""修复"三种维修措施,酌情加以判断实施。根据现场勘察,天井积水为淤泥杂物堵塞或房屋改造后排水沟堵塞造成。全面检查天井原排水系统,结合地面工程对堵塞处进行清理疏通。房屋渗漏为建筑拆改、瓦件破损造成。全面翻修屋面,对屋面天沟、屋脊等薄弱处防水材料加铺,加铺的材料拟定为三元乙丙自粘防滑型防水卷材。根据现场勘察,本仁堂建筑群内部存在大量添建、改建的违章建筑,通过本次维修拟进行拆除措施,按照原有建筑形制、庭院铺装等传统样式逐一进行修复,并有效提升庭院环境质量。若与回迁住户的使用面积、使用功能发生矛盾时,由甲方统一协调、判断。

6.2 各建筑维修内容要点

6.2.1 中轴线建筑院落:一进楼厅实施现状修整。在整体稳定的前提下,对失稳局部修缮;重铺瓦面,补配残损瓦件;补配 5 轴在 A、C 轴间糟朽严重的椽子;墩接 A 轴与 2、3 轴交点处的柱根;补配二层 C 轴梁架处隔断;补配缺失门窗及二层窗下裙板。二进楼厅拆除后搭平房,修复为庭院铺装;重做主屋前后披檐,补配残损瓦面补配,更换糟朽严重的椽子。墩接明间东西两缝柱网中糟朽柱根;补砌 6 轴南侧原有围墙,清理庭院环境,保存圆形阶沿;补配二层 13、14 轴之间松软楼板;按照传统样式,补配前后外檐处缺失的门窗扇;拆除 15 轴北侧后搭建筑,清理庭院,修复传统庭院铺装。三进楼厅参照东厢房修复西厢房,补配柱、梁、楼板、屋面及外檐门窗装修等;重摆主屋屋脊重做厢房屋脊及泛水;拆除明间占压建筑,按照原有样式,修复或替补各间地面铺装(明间方砖、其他次间为木地板);补配前后檐处缺失门窗;补砌二、三进之间的残损围墙,拆除主屋北侧后期搭建房屋,恢复庭院铺装。修复东厢房木楼梯。

6.2.2 东一轴线建筑院落:一进楼厅拆除后搭小砖房,恢复一、二进之间的条石铺装;封堵后开门洞,尤其是沿街卷帘门处,修复传统门楣、窗楣。揭瓦翻修屋面、重摆屋脊,更换糟朽严重的檩、椽等构件;保持现有砖墙承重的体系,暂不恢复木柱;恢复一层方砖地面,修补二层保存较差的楼板;修补楼梯踏板;恢复传统门窗样式。本仁堂(二进)拆除后加夹层,恢复边贴梁架;重做明间、西次间屋面,补配东次间瓦面;更换明间、西次间糟朽严重椽子;补配东次间檩条;补配 A 轴与 6、7 轴交点处柱子;拆除 A、10 轴处后期装修加砌墙体;大修 13 轴砖细门楼;按照传统样式恢复 6 轴外檐门窗装修。三进楼厅拆除 21 轴北侧后期搭建披屋,恢复庭院铺装;重摆屋脊、重做披檐更换破损严重的瓦面、补齐滴水瓦;补配一层明间檐柱,墩接厢房柱子,恢复前后批檐;更换钻木蜂啃食糟朽的檩枋构件,结合白蚁、钻木蜂防治工程综合治理蜂蚁病害;更换 15—16 轴之间的破损木质楼板,详检其余楼板;按照留存传统门窗样式,恢复前后檐(含东西厢房)缺失门窗;按照传统样式恢复明间条砖以及厢房木地面。女眷楼(四进)

对大木构架进行打牮拨正、整体加固；重摆屋脊、重做披檐更换破损严重的瓦面、补齐滴水瓦；归安西尽间边贴梁架，并对榫卯连接予以加固，更换二层失稳楼面；加强 F 轴处柱、墙的可靠连接；拆除内部隔断，恢复大空间；按照传统门窗样式恢复前后外檐装修。

6.2.3 东二轴线建筑院落：一进门厅揭顶后对整体木构架进行详检；重摆屋脊、更换檐口瓦；按照传统样式对 1 轴处的石库门、3 轴处仪门予以修复；按照原有楼梯梁的位置，对楼梯予以修复，拆除后加简易楼梯；归安后檐拔榫的下额枋，按照保留部位的构件尺寸、样式补配后做楼梯处锯断的格栅木。二进楼屋重做屋脊、更换 8 轴南侧瓦面；重做望板、补配檐椽；补配二层松软楼板；拆除后做简易楼板，与一进共用楼梯；拆除 6 轴南侧简陋庭院陈设，恢复条石地面。三进平屋拆除 11 轴南侧占压原庭院处的扩建部分；重做屋脊，更换破损瓦件；揭瓦时详检梁、檩等构件；补配竹篾隔断，表面粉刷，修复 11 轴处的外檐墙。四进平屋重做屋脊、更换破损瓦面；更换望板及糟朽严重的檐椽；保留并维护后加支撑，加固串枋连接；补配角梁，施工时详检其余梁构件；恢复下砖槛墙上竹骨泥隔墙的传统做法；拆除后搭平房，恢复传统庭院铺装。五进平屋重做屋脊、更换破损瓦面；补配角梁，施工时详检其余梁构件；清洁整理外墙面，重做粉刷；拆除后期搭建简易蛇皮袋吊顶；施工中详检 B 轴木状况，若已缺失则酌情补配木柱。

6.2.4 西轴线建筑院落：一进平屋重铺瓦面、重摆屋脊；补配 A 轴南侧望砖，重做 E 轴北侧望板；补配 A、E 轴处檐檩，其余檩件施工时详检；清洁整理，维修施工时详检 5、10、14 轴多处梁架；墩接柱子，详检嵌入墙体内柱子，墩接糟朽柱根；重砌东山墙北侧围墙；补配西山墙至 5 轴开间木地板；补配、修缮 A、D 门窗。二进平屋重铺局部瓦面、重摆屋脊；重铺望砖；拨正 2 轴处梁架；拆除 M 轴北侧后砌隔墙。三进平屋重摆屋脊瓦，重铺局部屋面；补配（修缮）Q 轴门窗。四进平屋重摆屋脊瓦，重铺局部屋面；重点补配 7—13 轴缺失或糟朽的椽、檩等构件；补配竹批隔断，表面刷白。

第二节　历史建筑修缮典型案例

一、历史建筑修缮的总体原则和方法

建筑修缮整治的主要工作内容按照《小西街区建筑修缮整治指导意见》之

要求,结合财政资金的安排情况确定。以"坚持修旧如旧,保持原有风貌,排除安全隐患,改善居住条件"为总目标。

1.总体设计方案内容

绘制总平面图、历史建筑测绘图、幢(户)分户平面图。优化内部布局,改善居住条件,尽最大可能增加房间、卫生间、厨房分设的户型,根据分户情况和建筑特征,力争为每一户置入模块化的厨房、卫生间设施。保证木楼板和楼梯平稳、牢固、无缺损;缺失楼梯、栏杆补配。要求墙面不渗水、无须修补的外墙外立面保持原貌,重砌外墙的外立面和外立面修补部分灰浆做旧。内部新建墙体采用轻质隔断,灰浆粉刷,内部旧墙灰浆修补。对砖混结构建筑进行外部风貌协调设计(不考虑内部设计)。原有门窗可以正常开关,缝隙密实,无缺损的原状留用,玻璃缺失、破损的用白玻补配,缺失的门窗按照风貌协调要求进行补配。清理一层室内、天井、公用场地地面,使之基本平整、清洁,天井排水顺畅。保证屋面不漏雨,整齐顺直。水、电、电话、有线电视接口到户,每户两个下水接口,天然气接口到院落或房屋。

2.历史建筑维修的主要设计内容

本次修缮主要目的是改善居住条件,同时优化内部布局,尽最大可能增加房间、卫生间、厨房间分设的户型。

2.1 结构安全性修缮:承重木结构维修、加固或更换,对倾斜、歪闪严重的梁架实施打牮拨正。承重墙体修补,确实必要时,拆除重砌,确实必要时,承重木结构落架大修,加固修补木楼板、隔栅。

2.2 内部布局优化性修缮:拆除废弃的墙体、隔断,根据功能布局砌筑必要的新墙。

2.3 墙的修缮:对渗水、破损墙体进行修补,倾斜、裂缝、沉降严重存在重大安全隐患的予以拆除重砌,无须修补的外墙面保持原貌,对重新砌筑的外墙面和修补的外墙面(修补部分)采用灰浆做旧粉刷,新砌外墙内墙面和内墙墙面用灰浆粉刷,对修补的内墙面(修补部分)用灰浆粉刷,

2.4 屋面的修缮:清除垃圾、杂草,整理加瓦、修补漏点,要求档匀陇直,排水顺畅。确实必要时,统一翻修屋面。更换霉烂破损的椽子、望板、望砖、小青瓦。修补破损屋脊。

2.5 建筑装修的修缮:对门窗进行矫正、加固,更换破损木框、玻璃。补配缺失门窗,形式、风貌应与原建筑协调。缺失、残破的牛腿、雀替、斗拱、挂落、花板等非承重装修,原则上不再修补,以维持现状为主。影响使用或存在安全要求

的装修应予修补、更换或补配。楼梯、栏杆应能保证正常使用要求,如因分户要求应考虑增设,风貌符合建筑要求。

2.6 修复地面或增设可逆地面铺地:室内地面维持原状为主,原地面为水泥地面的,保持原样,如有破损用水泥砂浆进行修补。原有地面为方砖、石材或三合土地面的,应严格保持原状,对特别影响使用的部位予以修整,如整体残破严重可加设可逆地面铺地。天井,修整清除垃圾,保证排水通畅。公用场地,以保持原状、清洁为主。

2.7 配套设施优化性修缮:接通自来水分户表至室内总接口的水管;接通民用电分户表至室内保护装置的电线;接通天然气总管至院落或房屋的管道;接通电话、有线电视、网络总线至分户接口的线路;接通污水总管至分户下水接口的管道。

2.8 拆违清障:拆除可以拆除的违章搭建建筑,保留符合风貌要求,建造年份久远的未登记建筑;清除地上原有管线、电杆、废弃构筑物。

2.9 防腐、防虫蚁:街区统一进行防白蚁灭杀,对重点部位应定期复查、灭杀。对于裸露、新更换维修的木结构部分进行防腐处理。

3.制定修缮整治导则

包括总体原则、修缮整治思路、分类分情况建立评价标准和指定措施原则。按照建筑总体结构、屋面、墙体、梁架、柱、装修、地面、楼面、庭院等分类制定通用原则和措施,绘制通用图,确定做法、材料、装饰。制定管理、监测要求,包括住户管理、建筑修缮后监测、后续保护设施配置跟进等。表现形式为文字、通用图、照片、表格。主要定性维修干预的程度,有小修、中修、大修、修复(复原)、新加五类。单体建筑方案包括文字说明部分、图纸部分、照片三部分设计文件。文字部分,建筑总体情况描述包括建筑规模、特色、价值、历史沿革等。建筑总体保存状况、主要问题和破坏因素描述。建筑修缮内容包括后期改建、违章搭建和改动的处理方案;分类制定修缮内容,分别确定干预程度,确定具体措施、内容、工程量、具体做法,有结构问题提请结构人员参与方案,由结构人员提出意见或方案(如整体结构问题、倾斜、沉降、裂缝等)。后期维护和管理应该重点注意和监控的部分。照片部分,标示问题部位,残损部位、情况、标示大致施工处理范围。图纸部分平面图标注方案文字,空间梁架表述不清的提供立面、剖面示意图,细部特殊做法绘制大样图(可能主要为门窗、楼梯)或者指向套用通用图,绘制平面分户图,绘制分户管线平面走向图。

二、油车巷 10 号的修缮设计

小西街历史文化街区修缮工程样板房位于小西街东端,紧邻劳动路,现状门牌号码为油车巷 10 号。该建筑占地面积约 600 平方米,总建筑面积约 780 平方米,原为三进院落式传统民居建筑,现第三进已毁,仅余两进。(图 7-4)

建筑第一进原为三开间一层门楼,带两厢,两侧厢房已改建,外立面形式无考,从柱网推断疑为两开间敞廊。第二进为典型的三间两搭厢式民居建筑,为二层三开间楼厅。第一进东南角存八字墙门一处,可推断一进为典型的门厅做法,目前一进天井内立面应已非原貌,内部梁架未变,住户根据后期使用要求进行分割,外立面已根据使用要求进行改造,均为后期改建门窗。二进建筑基本保持原貌,主体梁架为五檩圆做台梁式结构,梁架保存完好,厢房梁架搭接较为随意,为三檩穿斗式圆做。南立面以牛腿出挑披檐,有坐斗承檐。一层外檐明间为六扇工字纹四抹隔扇门,门外开,木地栿。两次间为六扇四抹工字纹隔扇窗,东侧已改,西侧尚余两扇,窗下为裙板。一进二层全部为隔扇窗,明间八扇,次间六扇,窗下为裙板。北侧为两厢,正中存八字墙门,现已封堵。明间装修现为两门四窗,中间加短柱分割,两厢装木隔扇窗六扇,一层窗下为坎墙,二层为裙板。东厢房一层厢房向天井内加建一间,二层保持原状。内庭院可见青石铺地,二进建筑内部仍保留方砖铺地,二层为木楼面,楼面梁架为扁做直梁、隔栅。

图 7-4 油车巷 10 号照片(摄影梁伟)

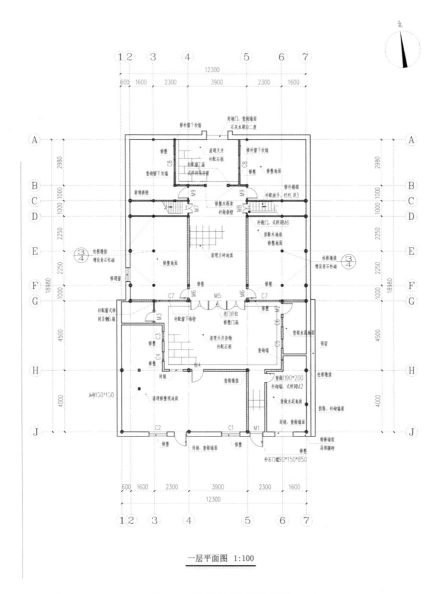

一层平面图 1:100

图 7-5 油车巷 10 号平面图

　　根据勘查推断,油车巷 10 号建筑应为晚清民国时期典型的湖州传统院落式民居,院落结构和格局形式典型,八字门、梁架用材粗壮,圆做瓜柱、鹰嘴交接形式均为当地清代民居建筑典型做法。从牛腿、门窗等细部装饰推断年代较晚,因此判定为具有一定保护价值的传统民居类历史建筑,其院落布局和主体梁架结构较有特色和代表性。(图 7-5)

　　该建筑总体保存情况尚好,主体梁架保存完好,无明显的沉降、歪闪、倾斜等结构问题。主要残损表现为檐面的装修霉烂、残破和屋面、楼面、地面问题。屋面主要表现为瓦件破损,屋脊残破,杂草丛生,多处出现渗漏。特别是檐口部分和二进南侧披檐、一进两侧厢房残损严重,屋面部分几乎全部腐烂、残损,漏雨严重,一进西厢房已经影响到梁架,檩条霉烂折断,后期住户已经进行加固。外檐装修问题表现为门窗残破、缺失,墙体酥碱残破,裙板腐烂残破。楼面部分表现为楼梯残破,栏杆、扶手缺失,楼板霉烂残破,高低不平正。地面部分表现为方砖铺地破损严重,后期多处改造为水泥地面。墙体部分主要问题为东南角外墙外鼓,二进北墙八字墙门上部墙帽压顶缺失,二进东厢房一层窗下坎墙残破严重,外墙局部残破酥碱。

　　1. 建筑修缮内容

　　本次修缮主要目的是改善居住条件,减少住户,将原居住户数由 10 户调整为 4 户。同时优化内部布局,尽最大可能增加房间、卫生间、厨房间分设的户型。

　　1.1 梁架和柱的修缮。承重木结构无倾斜、歪闪,整体进行清理、清洁,拆除后加吊顶。对柱根腐烂糟朽的进行敦接,补充柱础,严重糟朽的木柱予以更换。

　　1.2 墙体的修缮。对渗水、破损墙体进行修补,倾斜、裂缝、沉降严重存在重大安全隐患的应拆除重砌,无须修补的外墙面保持原貌,对重新砌筑的外墙面和修补的外墙面(修补部分)采用灰浆做旧粉刷,新砌外墙内墙面和内墙墙面用灰浆粉刷,对修补的内墙面(修补部分)用灰浆粉刷,拆除废弃的墙体、隔断,根据功能布局砌筑必要的新墙。

　　1.3 屋面的修缮。清除垃圾、杂草,整理加瓦、修补漏点,要求档匀陇直,排水顺畅。重做二进披檐和一进厢房屋面。修补檐部屋面,更换霉烂破损的椽子、望板、小青瓦,重做檐沟,修补破损屋脊,补配勾头、滴水。

　　1.4 建筑装修的修缮。对门窗进行矫正、加固,更换破损木框、玻璃。补配缺失门窗,形式、风貌与建筑协调。缺失、残破的牛腿、雀替、斗拱、挂落、花板等非承重装修,原则上不再修补,以维持现状为主。修补楼梯,增设栏杆,根据分户要求修补木板隔断或增加隔断,增加门。

　　1.5 修复地面或增设可逆地面铺地。室内地面维持原状为主,原地面为水泥地面的,保持原样,如有破损用水泥砂浆进行修补。原有地面为方砖地面的,严格保持原状,对特别影响使用的部位予以修整,如整体残破严重可加设可逆地面铺地。拆除天井内部花坛,清除垃圾,保证排水通畅。

1.6 防腐、防虫蚁。统一进行防白蚁灭杀,对重点部位应定期复查、灭杀。对于裸露、新更换维修的木结构部分统一进行喷涂防腐处理。

1.7 建筑标高与铺地。原则上室内标高保持不变,天井应清理恢复至原始地坪标高,重铺石板铺地,石板尺寸应与原石板尺寸一致。室内地面原为木地板的原则上不做恢复,方砖地面如出现高差大于 10 厘米的凹陷、凸起影响行走的部分应予维修平整。后加水泥地面铺设完成后标高应不超过原始地坪标高,应低于或与柱顶石平。铺设时应在水泥地面基层下设置不小于 2 厘米厚粗砂隔离层。

三、红门馆神父楼的修缮设计

神父楼位于衣裳街历史文化保护街区东部,该建筑始建于清光绪年间,并于 1920 年由美籍马神父进行改建。神父楼原为基督教堂,后闲置。现建筑坐西朝东,为三开间二层楼房,清水砖墙小瓦顶。现东立面明间为正门,西立面明间为后门,另一处南面外廊楼梯可从建筑南侧室外直接上二层,在二楼的廊道形成一个观景平台,使得整个建筑形成私密空间,与开放空间完美结合,但因人为因素导致露台损毁,平台与外侧楼梯现都不复存在。

神父楼为砖石基础,四个外立面均为清水砖墙,原基底为夯实三合土,现已重筑为水泥基底,柱及承重墙均为砌体结构,采用普通烧结砖(小青砖),混合砂浆砌筑,共同组成建筑的竖向承重体系。楼长 12.56 米,楼高 9.7 米,建筑面积约 150 平方米,楼板采用木结构,上设天花板吊顶,人字坡屋面。

神父楼建筑朴实,布局合理,功能完整,是西式建筑中很有代表性的一处,有一定的历史、艺术和科学价值,是中国传统文化和西方近代思想长期互动、互相影响的产物。神父楼建筑始建于光绪年间,由俄国人建造,是这一时代历史背景的重要实物见证,是见证东西方文化相互影响的典型实例,是 19 世纪末西方建筑艺术在我国传播和吸收利用的实例,对于研究该时期中国建筑发展有着一定的历史价值,同时也是近代西方生活方式、生活理念和生活趣味在中国传播的缩影。(图 7-6)

1. 现状勘察情况

本次勘测采用手工测量和激光测距仪测量、水准仪相结合的方法,完成实测图的绘制。测绘过程中局部搭建脚手架,详细勘察隐蔽部位的尺寸和残损情况。神父楼建筑整体保存较为完好,外立面墙体都有大小不同的污渍和破损,根据现场局部打开的吊顶观察,屋架为人字形木构架,木构架、檩条保存完好,

图 7-6　神父楼照片（摄影侯旸）

少部分望板霉烂。室内外装修保存一般，油漆风化脱落，门、窗基本完好，但部分门玻璃缺失或破损，有后开窗、门，原窗、门封堵，室外露台缺失。内部楼梯已大部分损坏，局部踏面板破损缺失，楼梯栏杆构件缺失，已无法正常使用，外部楼梯缺失。屋面较为平整，瓦片保存完好，但有墀头缺失，后浇水泥，封檐板破损，勾头滴水全部缺失。建筑基础现为后筑水泥基底，地基平整。建筑共八根砖柱，保存完好，虽然表面都有不同程度的破损，但都不影响其承重功能。正门门屋入口处石踏步缺失。一层地面地板全部缺失，室内建筑垃圾、杂物堆积，室内脏乱。二层木楼板保存较好，因分隔固定需求，造成了小部分地板面的破损。楼梯间木楼板约 3.9m² 缺失，楼栅部分破损。内部楼梯基本损坏，局部踏面板破损缺失，楼梯栏杆构件缺失。原有露台缺失，外部楼梯缺失。外墙东面砖墙叠涩破损，10％墙体表面有污渍，墙面破损 5％，右下侧白色粉刷层约 3m²，二楼缺失窗台 2 个。南面砖墙 80％墙体表面有黑色污渍、水泥及白色粉刷层，墙体局部破损，一楼后开小窗一个，原窗封堵，二楼原门封堵，墙体下部瓷砖贴面约 2m²。西面砖墙全部墙体后贴饰面砖，原门门框缺失，现为后包门框，门下部墙基水泥涂抹约 0.3m²。北面砖墙一楼窗洞后改为门洞，50％墙体表面被涂白，叠涩部分破损，墙面破损 5％，右侧墀头为后浇水泥。内墙二层房间内有多处后加的灰板条隔断，原房间格局局部被改变。二层南面墙体后开橱窗。一层踢脚线全无,二层踢脚线约 10% 破损。根据现场已破损、打开的吊顶处观察,该屋架为人字形木构架。木构架、檩条保存完好,望板有霉烂情况。屋面望板 20% 有霉烂现象。屋面小青瓦破损约 10%,有轻微漏雨现象。封檐板下约 30% 的粉刷层脱落,灰板条部分破损。勾头滴水全部缺失,现屋面已为自由落水。门窗保存较好,部门玻璃缺失,均有不同程度的变形、开裂。一层吊顶粉刷层脱落约 2m²,部分灰板条破损。二层吊顶灰板条缺失约 60%。人字梁架原为木本色,现多有污垢。门窗等构件油漆剥落严重,油饰基本无存。室内粉刷层斑驳、开裂,局部有空鼓、脱落。

2.相关设施和管理使用现状

神父楼空置已久,现已无人使用,室内无灭火器,有电路,正门口处有电闸。屋面现均为自由落水,建筑四周泥土覆盖,排水沟被破坏。

3.主要病害及致损原因

建筑本体病害损伤因素包括自然因素和人为因素。建筑长年遭受风雨、暴晒、冰冻等自然因素交互作用的影响,产生不同程度的损坏及糟朽。屋面年久失修,屋面小青瓦凌乱、残破,导致屋面轻微漏雨,从而引发屋面木基层朽烂等问题。木构架由于屋面漏雨,雨水渗漏淋湿木构件产生霉变,檩条等木构件产生不同程度的糟朽破坏。西面室外排水不畅,地面潮湿。屋面漏雨,及雨水冲刷、日晒冰冻的影响,砖墙局部破损、开裂,墙体表面有污渍。

由于空置前为居民居住,当时文物保护观念不足,导致内部分隔及装修等有大量的更改,对建筑真实性和完整性有一定的影响。加之长期闲置,缺少及时有效的保养、维护,残损程度日益加重。后因加固、移位对神父楼造成了一定程度的破坏。

4.勘察结论及保护建议

神父楼建筑具有较高的保护价值和社会文化价值,保存相对完好,但损毁情况影响到历史建筑风貌的保存和本体的安全。神父楼以清水砖墙、砖柱为承重层,上盖木结构人字屋架的西式建筑。周边场地相对稳定,由于建筑长期无人使用,加之人为移动,屋面有轻微渗漏现象,导致望板长期处于潮湿状态,有少量的木构件发生糟朽、开裂、虫蛀等,少量望板霉烂。外墙保存都较为完好,但因后期人为因素,对建筑风貌造成破坏,局部墙体破损。根据《古建筑木结构维护与加固技术规范》(GB 50165—92),神父楼结构可靠性综合评定为 Ⅲ 类建筑,亟需修缮。修缮须根据现存有价值的实物为依据,恢复建筑原形制、原结构、原工艺、原做法,根据病害损伤的类别和程度采取必要的保护措施,保障历史建筑安全,恢复原状,保持建筑的真实性和完整性。

5.修缮指导思想

消除现存的主要病害残损及安全隐患,对受损的风貌进行有依据恢复。维修时尽量保存原有构件,对受力薄弱环节或构造刚度不良之处,在不影响外观的情况下进行加固等处理,如糟朽、开裂严重的柱、梁、檩等构件的加固。在修配旧构件、更换不能使用的原构件和复原原构件时,应采用与原有构件相同的材料质地。在修缮时应遵循先阶基后主体、先瓦顶后地面的步骤进行。结合维修工程,做好防火、防虫和防腐等技术措施的配套和完善。

6.工程性质

经过现场勘测和调研,根据历史建筑的现状和残损情况,参考《文物保护工程管理办法》和现状勘察报告,工程性质确定为修缮工程。(图 7-7、图 7-8)

7.修缮内容与措施

根据现状勘察,以现存的建筑维修为目的,全面翻修屋面,修缮漏雨糟朽的木构架,对有安全隐患的墙面进行修缮,按尚存的原门窗恢复门窗隔断等,修缮后须达到结构安全、原风貌不变。

保存现水泥基础,对墙基周边覆盖的泥土进行清理,疏通室外排水沟及散水,以防积水对建筑基础造成损坏。按原做法修复门屋入口石踏步、垂带。清除室内地面上的建筑垃圾,一层重铺地板,二层房间内破损、楼梯间缺失的木楼板按原规格整修更换。内部木楼梯缺失的踏步、栏杆按留存的样式修复,恢复其原有形态。二楼露台以及外部楼梯根据现存周边同类建筑样式重建。外墙剔除墙面污渍,去除白色粉刷层、瓷砖,东面砖墙按原有样式修补叠涩及破损墙面,根据现存窗台复原。南面砖墙按原有样式修补墙体破损处,封堵后开小窗,拆除后砌砖,恢复原门。西面砖墙恢复原门框。北面砖墙后开门按原有样式恢复原窗,修补叠涩及破损墙面,拆除水泥墀头,按现存样式重塑。内墙房间内后加的灰板条隔断拆除,恢复房间原有格局,踢脚线按留存样式补配完整。封堵南面后开橱窗,恢复原貌。

检测人字架安全性,檩条、梁朽烂截面未超过 30% 的剔除朽烂面并以同材质木料修补,修补处 30 毫米宽、5 毫米厚铁箍固定。施工进场后对隐蔽部分的梁架及残损进行复核,现状整修人字屋架,恢复构件正常受力与结构稳定,局部需拆落的构件拆卸前时须做好记录、检查、修复工作,确保拼装后构件位置不变且安全可靠。维修时尽量保存原有构件,更换材料原则上要求使用同质材料。拼补用的材料务必选用干旧料修配制作。更换受力较大的木构件,应参照《古

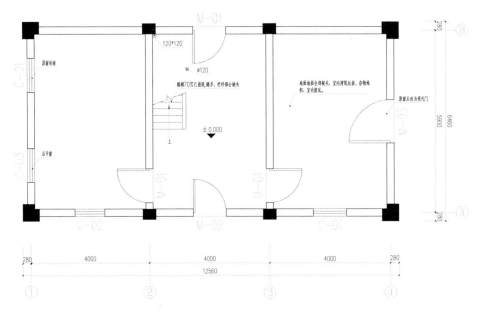

图 7-7　神父楼平面图

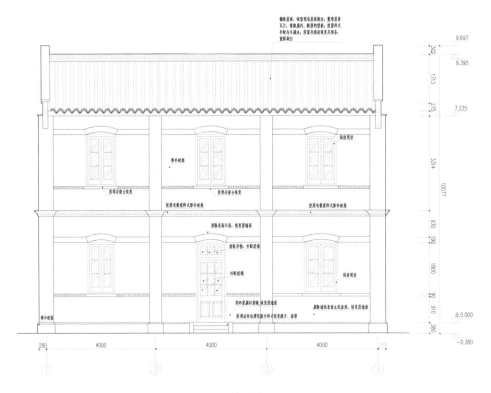

图 7-8　神父楼立面图

建筑木结构维护与加固技术规范》(GB 50165—92)承重结构木材材质标准表6.3.3 的规定,其强度应符合《古建筑木结构维护与加固技术规范》(GB 50165—92)表 3.3.1—1～2 的规定。各大木构架的选材标准参照《古建筑修建工程质量检验评定标准》南方地区(CJJ 70-96)表 4.0.3。木材的含水率不大于18%。新木材在使用前按规范要求对构件进行防火、防虫、防腐处理,防虫、防腐措施应符合有关规范要求。对残朽、中空、劈裂严重不能继续承载的梁、檩条、楼栅,进行更换;对局部朽烂、劈裂者,影响结构作用不大的,尽可能采用贴补、嵌补等手段加固;对保存较好但挠度变形较大的,进行更换;对不作承载的构件,虽糟朽断榫不宜换新,宜采用贴补、加固以便继续发挥作用。贴补用的材料务必选用干燥不会变形的旧料修配制作。更换腐朽断裂的望板,其余望板剔除朽烂后尽可能地使用,更换老化的防水卷材,采用自粘型三元乙丙防水卷材,对朽烂严重封檐板等进行更换。

　　屋面整体进行翻修,保留现屋面做法。更换腐朽断裂的望板,其余望板剔除朽烂后尽可能地使用。更换老化、破损的防水卷材,采用自粘型三元乙丙防水卷材。修整小青瓦,更换破损的瓦片,屋脊处瓦片重砌。更换的瓦片材质、形式、色泽须与老瓦一致。按留存的痕迹修复封檐板处的灰板条,重新刷白,根据现存周边其他历史建筑的样式补配勾头滴水。维修后要求屋面顺直、净洁,檐口平整。缺失、样式更改的门窗按留存的原门窗样式复制,现存的门窗均需整修,破损的玻璃需更换,原窗若整修过程中发现朽烂、风化严重已无法继续使用者可按原规格复制更换。新配和修补均应采用干燥原树种木材进行制作,榫卯做法和起线形式应与原构件一致,榫卯应严实,并加楔和胶水紧固。室内灰板条吊顶、石膏线按原留存样式重制。对留存的屋面大木构架清污除垢,保持原状。门窗、栏杆等按留存的红色油漆进行补色。室内墙面抹灰清除污渍以白石灰浆二度罩面,已空鼓、露内墙处清除底灰,按原粉刷层厚度重新粉刷。

　　由具有资质的白蚁防治部门进行检测,并根据检测报告制定专项白蚁防治方案,防治须与修缮施工同步进行。加强对原构件和新换构件的防虫防腐处理,拟选用浓度 3% 的 ACQ 防腐剂对一些构件、部位涂刷 3 遍,每次间隔 3 小时。

第 八 章

湖州历史文化街区的
基础设施改造

历史街区内的工程管线建设应遵循集约、共享、安全、适用原则，高质量建设、高标准管理，提高工程管线全生命周期安全运营水平。

衣裳街小弄（摄影梁伟）

衣裳街和小西街与其他历史文化街区一样,基础设施非常薄弱,其中最为突出的是消防问题。2017 年国务院发布的《历史文化名城名镇名村保护条例》中明确规定"历史文化街区、名镇、名村核心保护范围内的消防设施、消防通道,应当按照有关的消防技术标准和规范设置。确因历史文化街区、名镇、名村的保护需要,无法按照标准和规范设置的,由城市、县人民政府公安机关消防机构会同同级城乡规划主管部门制订相应的防火安全保障方案"。由于历史街区特殊的保护要求和现状情况,许多方面存在消防安全隐患或无法满足现行消防规范要求,因此根据街区具体情况,编制有针对性的消防保障设计方案就显得非常必要。

一、街区面临的主要消防安全问题

1. 建筑耐火等级低。建筑结构为砖木结构或木结构,因此多数建筑的耐火极限为四级,不能够满足《建筑设计防火规范》(GB 50016—2014)中设置各类场所的有关规定及要求。

2. 建筑防火间距不足。街区内建筑组群之间的间距一般为 1.1～3.0m,组内建筑相连,一旦发生火灾极易蔓延,导致"火烧连营"的局面。

3. 消防车通道不足。街区东西长 349m,南北进深为 60～118m,内部巷弄 1.1～4.0m 不等,多数不具备消防车通车条件,在火灾情况下,消防队施救困难。

4. 防火分区面积过大。街区内建筑连片设置,在防火分区方面不能满足《建筑设计防火规范》关于木结构建筑每个防火分区面积不小于 600m² 的规定。

5. 消防设施配备不足。街区内无室内外消火栓系统,仅有部分商铺配备有建筑灭火器。无论是自防自救还是消防队实施灭火救援,都十分困难。

6. 人员安全疏散困难。由于街区内建筑耐火等级低、建筑防火间距不足、巷弄狭窄,发生火灾后火势蔓延迅速,供人员逃生的时间相对较少,再加上疏散条件差,不具备供大量人员快速安全疏散的条件。

二、专项防火安全保障方案的主要措施

小西街和衣裳街历史文化街区保护修复工程防火安全保障方案遵循“预防为主、防消结合”的消防工作方针,结合实际,在保留和利用历史街区内原有传统防火设施的基础上,引入现代建筑的消防安全技术措施,增强和改善街区内的消防安全条件,以实现火灾“早发现、早疏散、早处理、早扑灭”为目标,主要采取了如下措施。

1.拆除街区内无保护价值的违章搭建建筑。这些违章搭建拆除后街区的地上建筑面积有所缩减,建筑密度明显降低,巷弄、庭院、空旷场地等室外空间和视野明显提升,部分建筑间距得到了扩展,有利于消防安全和安排消防设施。

2.结合实际采取防火分隔措施。引入“防火区域”和“防火单元”的概念。即通过现有保护的巷弄和道路,将街区自然划分成若干个相对独立的单元。防火单元分割巷弄和道路两侧外墙不得新开设门窗洞口,为满足传统风貌保护和建筑功能的需要,必须开设门窗洞口时,街巷两侧不应正对开设。如巷弄和道路两侧为商铺时,商铺室内分隔墙必须采用厚度不小于240mm的不开设门窗洞口的实体砖墙,这样在不影响保护的前提下,将街区划分成若干个能够较好地阻止火灾蔓延的“防火区域”。以衣裳街为例,基于这样的理念,将整个街区划分为11个“防火区域”和70个“防火单元”,通过“防火区域”内单体建筑间的砖墙、山墙、马头墙、庭院围墙等具有一定耐火极限的不烧体建筑结构和内院,将每个“防火区域”划分成在一定程度上能够减缓、阻止火势蔓延的“防火单元”。各个“防火区域”的建筑面积按实际确定,每个“防火单元”的建筑面积控制在1200m² 以内,分别控制、分别设防。(图8-1)

3.清理整饬外围消防车通道和内部灭火救援通道。首先,整饬改造现有消防车通道。认真梳理历史文化街区与附近其他现代商业建筑的空间关系和交通组织,对街区北侧的红旗路、南侧的金婆弄和洗帚弄、东侧的保健巷4条外围道路进行整饬改造。改造后保健巷、金婆弄、洗帚弄道路宽度为4.3~7.0m,作为街区外围消防车通道使用,尽端式消防车道设回车场地或回车道。其次,充分发掘街区内部灭火救援通道作用。街区内的巷弄和天井、院落、室外场地等,虽然不能满足消防车通行和停靠的要求,但是密度大,间距小,可达性好。在灭火救援时,能为消防队员多方位设置水枪阵地和救援场地,尽快阻止火势蔓延、

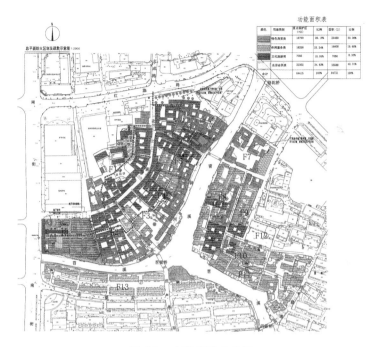

图 8-1　衣裳街防火分区

为救助遇险人员提供有利条件。消防体系充分考虑了这一有利因素,在保持原有巷弄不变的基础上,规划了利用庭院和露天通道,作为灭火救援和人员室外疏散通道路径,缓解了街区南北进深大给消防安全带来的影响。另外,加强交通组织和秩序管理。街区按照"步行街"要求进行交通管制,禁止机动车通行,将静态交通全部限制在街区外围,增大集中停车场地配置。西侧南街入口处、北侧红旗路入口处、东侧东街入口处各建设 3 处地下停车库,用于停放机动车和非机动车,防止因乱停车阻塞街区周边消防车通道。

4. 完善室内外消防给水,改造室外消防给水设施。沿有消防车通行条件街区外围道路设置低压室外消火栓,间距不大于 120m,由 DN300 的市政给水管道直供,与外围市政管道形成环状管网,确保流量和供水可靠性。沿不具备消防车通行条件的馆驿河头、红门馆两处道路设置临时高压室外消防给水系统,供消防队员直接出水灭火,以解决消防车无法停靠不能组织扑救的问题。系统由屋顶高位水箱、气压罐稳压设施和 2 台消防水泵(一用一备)组成,消防水泵设计流量 30L/S,按一级负荷供电,加密消火栓间距不大于 60m,系统设水泵结合器,自成环网,水源为街区内河道,最不利点压力不小于 0.5MPa。增设室内消火栓系统,街区内所有建筑设置室内消火栓系统,水源直接引自 DN300 市政管网,为常高压系统,室内消火栓箱设消防卷盘。考虑到街区地处南方亚热带气候区、历史建筑特点和传统风貌的保护要求,住宅和文物保护建筑的消火栓箱结合保护和风貌要求,设在屋檐下或院落内,以最大限度减少对建筑的影响,管网采取埋墙方式和增设保温防冻措施。

5. 在除居民住宅以外的建筑内设置火灾自动报警系统,并符合《火灾自动报警系统设计规范》(GB 5016—98)的规定。系统保护级别为一级,为控制中心火灾自动报警系统。在街区适当位置设置消防控制中心,设有火灾事故广播系统,消防泵房、变配电室、消防值班室等部位设置消防专用电话。火灾探测器选用点式感烟探测器,坡度小于 15°的屋顶,在每个屋脊处设置一排探测器,坡度大于 15°的屋顶,布置上下三排探测器。系统布线采用明敷方式,为保持与历史建筑中梁、柱、楼板等构件的颜色协调,线路采取穿 KBG 管、刷防火涂料保护后,外刷与建筑色彩一致的油漆。在除居民住宅、文保建筑、重要历史建筑外的其他建筑物内设置自动喷水灭火系统并符合《自动喷水灭火系统设计规范》(GB 50084—2017)的规定。喷淋消防水泵设计流量 30L/S,按一级负荷供电,火灾延续时间 1 小时,系统设水泵适配器。为减少对传统建筑的破坏,尽量采取配水干管直接连接配水支管的方式,减少配水管的设置,在不影响建筑结构的情况下,配水支管可穿越楼板铺设,但禁止穿越柱、梁等主体结构,管道外刷与建筑颜色一致的油漆。

6. 设置室外应急照明和完善电气防火措施。考虑到街区建筑布局进深大、巷弄狭窄、采光条件差,夜间火灾人员疏散和灭火救援困难的特点,除要求建筑室内按国家消防技术标准设置火灾事故照明和灯光疏散指示标志外,还在室外巷弄和场地内设置了应急照明系统。室外正常交通照明在火灾发生时会自动切断,室外应急照明立即自动投入运行,供电负荷等级为一级。街区建筑按照国家标准设置防雷设施。室内电气线路均不采取暗敷方式,明敷时全部穿 KBG 金属管保护,严禁乱拉乱接电气线路。

7. 控制街区内商业业态及其规模。充分贯彻落实以保障人的生命为主的安全理念,通过控制街区内商业业态及其规模,降低街区的火灾危险性。规定街区内建筑不得设置歌厅、舞厅等歌舞娱乐或游艺放映场所。除恢复历史上原有的吴兴客栈等 3 处小规模的旅馆外,不得设置其他旅馆、民宿。街区内不得设置供人员集中居住的出租房(宿舍),非住宅场所内严禁设置人员宿舍。控制单个商业单位规模,街区内现有建筑单体面积不大,多数为 120~200m²,严格禁止改变现有建筑平面布局,禁止将多个建筑单体进行合并打通、装修,擅自扩

图 8-2　消防设施及演练照片(摄影沈延)

大单个商业单位的规模。

8.提高街区火灾自防自救能力。街区投入使用前,经营单位和管理单位制定消防安全管理制度和操作规程,明确消防安全工作责任,定期开展防火检查,经常性地开展消防安全教育,切实提升居民和从业人员的消防安全意识。建立街区专业消防队伍,建立小微消防站,实行 24 小时值班制度。配备手抬消防泵及适合街区通行的小型消防车辆、水上消防艇、通信器材、消防水带、水枪、沙袋、灭火器等消防装备,并经常进行演练。消防队员设专门值班室,衣裳街和红门馆两区块各自范围内的值班室不少于 2 处,设置与湖州市消防控制中心直通的消防电话,确保火灾发生后早发现、早报警、早疏散、早处置。(图 8-2)

三、因地制宜地完善基础设施

由于街区内街巷狭窄,基础设施改造无法按照现代规范要求执行,在实施改造过程中湖州积极探索了适合街区保护的适用性方法,逐步补齐市政基础设施、公共服务短板。在以人为本、严格保护历史街巷不拓宽的前提下,对历史文化街区内建设年代久远、混乱的市政管线进行整治和完善,加强市政供给、防灾排涝和环卫设施建设,促进人居环境提升。首先从整体街区空间特点入手对管线敷设平面布局进行调整,在满足要求的前提下尽量从源头上减少管线的敷设数量。根据街区的形态特点对管线的排布采取不同的布置策略，选择适应的技术措施对管线综合平面布局进行优化。充分利用街区周边设施，街区周边的管线就近接入，市政设施管线尽量通过周边城市道路就近引入，利用周边主干路布置主要市政管道，各专业管线利用次干路结合街区层次间隔布置。充分利用河道空间，市政设施在河道周边布置或利用河道作为敷设路由，污水主管网设置在河道内沿河岸敷设，支线管网沿河边敷设。

其次，对管线综合断面布局进行优化。遵循"生活必备、因地制宜、组合优化"的原则。在狭小的街巷空间内优先敷设居民生活所必需的、无法采用其他替代方式提供服务的、占用空间较小的、无危害性的市政管线。尚有富余空间时才考虑其他非必需的、有其他可替代方式的、占用空间较大的市政管线。充分分析外部条件及街巷形态，若街区临近外部有相对充足的基础设施支撑，优先考虑与区外共享而不在区街区内单独新增基础设施。将管线综合空间优化的策略与先进技术方法进行组合应用，引入共同管沟的形式，立体布局管线，以最优的方式实现狭小空间基础设施的更新与改造。以小西街历史文化街区为例，共改造供水、雨水、供电、通信、消防管线约5km，新增污水、燃气管线约3km。街区还积极探索新型的市政基础设施发展模式，从2018年初开始，小西街历史文化街区推进低碳"零排放"建设，通过电能替代的模式，积极推广全电厨房(图8-3)、电气化线路改造等方式，尽量减少明火使用，保障传统砖木街区

图8-3　小西街全电化厨房照片(摄影顾忠杰)

安全,实现清洁用能。经过三年的基础设施改造工程,街区内供水管网、排污管网、电力、天然气、消防设施逐一建立,通信设备也实现光纤、无线网络全覆盖。

在小西街的基础设施改造中还注意了历史信息的保留。工程管线全部入地后,拆除了原有密如蛛网的电力线路,在不影响景观的前提下,街区内保留了部分原有的水泥电线杆和铸铁线架,将这部分元素融合进了后期的环境景观设计中。街区内原有路灯采用的是安装在建筑外墙上的圆形墨绿色搪瓷灯罩,是五六十年代我国城市路灯的典型式样,非常具有时代特征,这部分路灯也多数予以了保留,虽然不再发光发亮,但仍旧作为街区历史信息记忆的一部分被精心地保留了下来。

第 九 章

历史文化街区
保护与更新的比较研究

保护与更新是一个复杂的社会系统工程，历史街区是生活着的社区，它们今后必将也还是城市的重要部分。历史街区必须回归城市、回归社会、回归生活

小西街口老照片（摄影支江）

第一节 典型案例对比分析

一、浙江杭州的历史文化街区保护与更新实践

1. 杭州历史文化街区保护与更新的总体情况

杭州是国家级历史文化名城,全国重点风景旅游城市,我国七大古都之一。杭州市区已公布保护历史文化街区 28 处,保护面积超过 400 公顷。自 1999 年开始,杭州陆续组织实施了多处历史文化街区综合保护工程,这些街区分布在城市不同区域,文化内涵各具特色,现状情况各不相同,经过十余年的以政府为主导的强力推进实施,街区的保护与整治工作均已完成。杭州市将历史文化作为城市的最大"卖点",对城市文化保护的深度和广度已较为深入,杭州的实践体现了在复杂的外部环境影响下,城市历史文化遗产保护的种种矛盾与路径抉择,在取得宝贵经验的同时也收获了许多教训。

已整治的历史文化街区内,文物保护和历史建筑保护状况普遍较好,文物保护单位基本得到保护和修缮,周边环境要素也得到了有效整治。据统计,杭州市历史建筑大多位于历史文化街区内,共计 80% 得到了修缮维护。另外,街区核心保护范围内的传统风貌建筑也得到了改善,街区内违章搭建基本被拆除,不协调多层建筑普遍进行了立面整治处理,使其与传统风貌相协调。从整治的具体方式上看,分为相似协调和对比协调两类方法。小营巷、五柳巷历史文化街区内的不协调多层建筑主要采取相似协调的方法,即通过改变主体颜色、加建坡顶、添加门窗纹样等建筑装饰符号方式,使对象在色彩、形式和细部

上与传统建筑相近,达到整体风貌协调的目的。中山中路内的不协调建筑改造主要采取对比协调的方法,即通过对传统民居建筑要素的提炼,运用现代建筑手法进行改造,使对象在建筑形式上与传统建筑有部分关联,但整体依然为现代建筑风格,与周边传统建筑风貌形成一定程度的对比。

更新后的历史文化街区内的建筑整体已基本符合传统风貌,但也存在着一些问题。第一,部分街区内建筑由于传统功能发生变化,建筑风貌逐步丧失。如清河坊历史文化街区,原为商住混合型街区,街区内居民全部被迁出,街区随之变为纯商业型街区。随着大量商户入驻,商业容量增加,完全改变了街区内建筑"下店上坊、前店后坊"的传统风貌特色。第二,部分街区建筑整治和改造手法存在争议。如中山中路历史文化街区工程中,大量建筑采用了后现代建筑风格,尽管这些建筑在色彩、材质和建筑构件等方面与传统建筑相呼应,但存在与传统建筑关联性不足、个性化过强等问题,对街区风貌完整性产生了不利影响。整体而言,已完成保护工程的历史文化街区街巷空间尺度基本得以延续,街区内的坊墙、雕塑、座椅、标志牌、垃圾桶等环境艺术设施较为符合街区传统文化氛围,但存在的问题有:部分街区内的重要街巷在实施工程中存在被拓宽的现象,如小河直街等。部分街巷的历史环境真实性遭到破坏,如中山中路历史文化街区,在缺乏历史依据的情况下,有部分地段的街道两侧引入人工水渠。

已整治的历史文化街区(地段)内,工业、仓库、大型超市等与街区保护不符的功能业态已基本被迁出,普遍积极利用传统建筑,引入商业零售、娱乐休闲、文化展示、旅游观光等功能。如拱宸桥西历史文化街区,将桥西土特产仓库(省级文物)改造为中国刀剪剑博物馆,集收藏、研究、展示、教育、宣传、娱乐、购物等功能于一体,宣传和弘扬我国悠久的刀、剪、伞、扇的技艺,发掘和保护传统的手工艺。再如小河直街历史文化街区,将传统民居作为创意零售、办公、餐饮等多种用途使用。部分街区结合当地资源,集中发展特色业态,包括五柳巷中药一条街,中山中路传统商业街和留下古玩街等。五柳巷中药一条街通过引进中医大师工作室、老字号名医馆及其他养生科普类场馆,充分展示传统中药养生文化;中山中路传统商业街引入种德堂、翁隆泰、高义泰等多个老字号商业店铺,充分展示老字号商业文化。留下古玩街集中了百余家古玩商户,以店铺或摊位形式,销售玉器、奇石、笔墨纸砚、书画、铜器、邮票、杂件等商品,并定期举办民间鉴宝会、艺术佛像展、中国工美展等活动。但是,功能业态也存在着两方面的问题。第一,部分街区传统功能未得到延续,如清河坊历史文化街区,几乎搬迁了所有居民,将原有商住混合功能完全改变为商业功能。尽管现状街区整体业态多元,商业氛围较好,但大量全新入驻的商户,导致了街区整体生活方式发生改变,破坏了功能延续性。第二,部分街区业态定位不准,如中山中路历史文化街区内的高银街—西湖大道段,业态多样性不足,以珠宝、古玩、服饰和土特产售卖为主,而缺乏餐饮和娱乐服务功能。业态定位偏高端,缺乏差异化的业态档次,导致街区未能形成完整的产业链条,整体商业氛围不足,商户经营情况不佳。

已整治的历史文化街区中,道路交通系统普遍较为完善。车行交通方面,总体遵照保护原有街巷肌理、尺度空间的原则,对局部道路在充分考虑尺度、走向、线形等空间要素与周边城市街道格局关系的基础上作连通、拓展,最终形成街区外围疏解环路。慢行交通方面,街区以原有街巷为主要载体,改善路面铺装和设施,整体形成连续完善的步行系统,提升了慢行交通的整体可达性。静态交通方面,普遍在街区周边增加停车场地或停车设施,并结合具体整治项目,充分挖掘地下停车空间。交通管制方面,多采取机动车单行管制的办法疏解交通流。以中山中路历史文化街区为例,按照保护规划要求,车行交通方面,在街区外围形成后市街—西湖大道—光复路—高银街的外环疏解路。慢行交通方面,改造中山中路高银巷—西湖大道为步行街,与南侧清河坊街区内部的河坊街—太平路段共同构成了主要慢行道路,结合周边支巷构建多样化的慢行体验。静态交通层面,在河坊街东部和太平坊巷东侧分别布置机动车停车场,高银巷等地还设置了地面停车场,缓解周边停车压力;交通管制方面,高银巷、光复路、惠民路等道路为单行交通线路。总体而言,具体实施层面虽和保护规划有一定的细微冲突,但总体思路基本吻合,也达到了完善街区道路交通系统的目的。

已整治的历史文化街区中,小河直街、五柳巷、小营巷、中山南路—十五奎巷等以居住功能为主的历史文化街区疏解了一部分人口,也保存着较多的原住民,而清河坊、元福巷等部分规划为商业功能的历史文化街区内居民几乎被全部搬迁。仍居住在历史文化街区内的居民居住环境得到了明显改善,大部分住房面积得到了提升,也增设了厨房、卫生等日常生活设施。在小河直街历史文化街区的搬迁安置中,遵循"鼓励外迁、允许自保"的原则,对居民采取就近安置、原地回迁、货币安置等办法。而原地回迁和就近异地安置的居民,每户都将获得不小于48平方米的住房,新住房与原住房面积的差额部分,以优惠的价格进行资金结算。在实际操作中,具体提供给居民的住房面积分别在56~100平方米,比原来的居住面积有着显著提高。

街区内给排水、电力、消防、采暖等基础设施得到了完善。小河直街等部分历史文化街区每户居民均安装了防火喷淋、报警器及灭火器。已整治的历史文化街区中,文化体育、医疗卫生、休闲娱乐、社区商业等公共服务设施得到完善。如小营巷历史文化街区,建设"五室"——党建活动室、居委会办公室、警务室、青少年活动阅览室、老年人活动室;"三站"——社区服务站、社区保障站、社区卫生计生服务站;"二栏"——宣传栏、居务公开栏;"一校"——市民学校;"一场所"——健身娱乐活动场所以及调解室、科教文化中心等,总面积达1000平方米。此外,还充分发挥其作为国家卫生先进单位的优势,建设养老型社区。将街区内的文保单位——听王府作为社区养老院使用,并利用原有多层建筑改建为红巷长青颐养园养老院。

通过历史文化街区保护规划的实施,杭州居民保护历史文化遗产的意识得到大幅提升。小河直街、清河坊等历史文化街区已成为杭州重要的城市文化和旅游名片,提升了城市文化价值,创造了良好的经济效益,据官方数据显示,2014年清河坊历史文化街区游客量达约1800万人次,商户营业额达21亿。此外,杭州历史街区的保护工作成绩也获得了业界肯定,小河直街一期历史街区保护整治工程、中山南路—十五奎巷历史街区保护整治工程、杭州市危旧房改造工程,分别获得2007年、2008年、2011年亚洲人居环境范例奖。中山中路历史文化街区于2015年被评为首批30处中国历史文化街区之一。

2.杭州小河直街历史文化街区的保护与整治

小河直街历史悠久,南宋时期开始此地为物资集散地,河陆转运地、码头、物资储备地,附近为江涨务,大关新关。到元、明时逐渐衰落,清中、晚期后开始发展为河埠码头及船工歇脚处,服务于码头的服务业、餐饮、茶点、百货业发展迅速。至清末、民国时期,河码头发展为服务于码头的服务业、餐饮、茶点、百货、中医、孵坊等,此时已初具规模。目前保留的历史建筑约建于清末、民国时期,为清末民国朱、戴、陈三家建造,在其最繁荣时曾经店铺林立。有当时杭州最大、最集中的四个孵坊,还有炮仗店、酒作坊、酱坊、打铁店、盐铺店、饭店、碾米店、炒货店、南北货店等。著名老店号有得日堂、方振昌、益乐园、陈尔康中医店、恒泰米店等。抗战以后此地逐渐衰落,新中国成立初航运公司建立,遗留建筑改为住宅或厂房,遂成现状。街区内原共有住户285户,居住人员约为730人,60岁以上老年人约占50%。街区规划面积8.95公顷,总建筑面积约38000平方米。街区整治前存在的问题和大多数城市老旧居住区一样,基础设施严重短缺,没有系统完善的上下水管和厨卫设施,绝大多数人家现在还在用煤炉、刷马桶,在天井里洗涤、做饭,院落内卫生状况差,公用设施严重不足。

2.1公众广泛参与的规划编制与实施过程

2.1.1规划编制前期和编制中的公众参与

在规划调研中采用发放问卷调查的方式,填写《建筑调查表》和《居民意愿问卷调查表》200余份。《建筑调查表》的主要内容包括建筑构造特色、位置、规模、历史沿革、产权、功能、现状残损情况、历年维修情况等四大项十七子项的内容。《居民意愿问卷调查表》包括居民基本情况(收入、年龄、文化程度、家庭结构)、居民对街区的了解情况、对居住状况改善的看法及建议等共计三大项20子项的内容。对街区内建筑情况,居民文化、经济、生活情况进行了综合调查,对居民意愿进行了广泛的收集,规划前期工作非常深入,为规划的编制、实施和政府决策的制定奠定了坚实的基础,使规划具有非常强的针对性和操作性。

2.1.2规划编制后和实施过程中的公众参与

应杭州市政府的阳光规划要求,在规划编制完成后进行了为期一周的批前公示,专门制作了多媒体演示介绍在公示现场循环播放,采用多种手段通过报纸、电视、网络等各种媒体广泛征求社会各方意见,在这期间共收到市民各种形式的意见数十条,由杭州市规划局统一协调——制作处理单答复,有益意见和建议进一步与设计单位协调调整规划。规划实施过程中由社区牵头对居民的意愿再次进行调查,确定具有回迁意愿的居民人数。规划实施工程中先选取三处建筑作为样板房,施工完成后邀请专家、领导和原住民代表参观,根据各自的认识提出改进意见。经过反复修改论证后,根据居民提出的居住、生活等方面的具体要求与历史文化遗产保护的要求尽量协调,最终确定具体施工方式全面铺开。另外,运河综合保护委员会还组织专家编写了小河民俗文化传说资料,以供回迁居民向游客介绍时参考,使居民真正读懂和享受自己的历史,真正全方位地参与保护与宣传历史文化遗产。

2.2主要内容与技术措施

2.2.1保护内容的广泛扩展,将工业遗产列入保护内容

历史环境和自然环境:保护地段内所代表的杭州民国初期航运工人、手工业者、船工、搬运工人的生产生活环境。

历史建筑和历史遗迹:保护历史建筑、庭院环境、道路铺地,保护运河沿岸历史人工构筑物,反映其生产、生活形态的设施、设备、生产生活工具等因素。保护桥梁、古井和古树名木。

工业遗产:保护运河沿岸码头的水工设施、船运机械、码头设施、旧厂房、仓库。

历史街区和空间格局:保护街区内的街道空间。保持街、巷、弄传统空间特色,保护道路—巷道—里弄—私人院落的传统居住空间结构体系,保护建筑群体的空间组合关系。

历史文化内涵:保护该地段百余年的民族航运业发展历史,城市中下层劳动人民的生活、生产史,保护商业老店铺、手工作坊的工艺和店号,保护反映传统生产和生活形态的民风、民俗及历史建筑长期形成的功能使命。

2.2.2 强调原住民的保留和传统生活的延续

通过前期的调查分析,超过半数的居民愿意原地继续居住,而且居民对目前的居住氛围满意度极高,以此为基础规划编制中特别强调了原住民的传统生活延续性的保留。首先整体规划定位为集中反映民国时期城市平民居住文化、生活、生产劳动文化和运河航运文化的重要历史文化街区之一,以保持传统商住功能为主的延续杭州地方传统特色文化和展示运河航运文化的,集居住、休闲游赏功能为一体的历史文化街区。其次根据居住舒适度、配备基本生活设施要求,进行人口容量测算和控制,规划要求保留至少 165 户,约 60% 的居民,平均户均居住面积达到 79.6 平方米,以平均每户 2.5 人计算,人均居住面积达到31.8 平方米。

2.2.3 多项规划要求实现跳出街区规划范围大区域统筹

历史街区由于保护历史文化遗产和自身的特殊情况,在改善道路交通条件、防灾安全、经济平衡等方面于街区内(或规划区内)完全解决具有非常大的难度。街区内的道路系统、街巷格局是长期以来历史演变形成的,具有空间特色和文化特色,是保护的主要内容。但随着社会的发展,尤其是工业革命后交通工具的更新加快,原有的街道尺寸、道路材料等都无法满足现在的交通需要。街区内河道污染严重,桥梁普遍都有破损情况。规划街区内的道路系统以"限制为主、导堵结合、依靠周边、内部改善"为原则,对街区内道路系统进行合理定位,超越规划范围在更大空间内重新组织,减轻街区内道路负荷,逐步恢复原有道路的历史文化特色。因此规划中不考虑机动车进入街区内部,而是通过(规划)湖墅北路、小河路与长征桥路的外围绕行来解决日常生活和旅游参观的通行需要。街区位于三河交汇处,周边水环境系统直接影响保护效果,也是重要的保护内容。改善街区周边水环境系统从截污系统、泄洪系统、排涝系统三方面加强改善。除了在污水排放源头设置污水处理设施外,还要求建设截污绕行污水管道,以保证区内水体质量;定期对河道、水渠清淤排污,保证水网水流畅通。小河上游下游分别设置蓄洪泄洪闸门,科学控制水位,合理蓄洪泄洪,合理范围内建设排水泵站,保证汛期及时排涝,防止街区内水淹漫灌。街区风貌控制则考虑了特殊的区位情况,结合京杭运河控制要求,对大区域的轮廓予以控制,以形成协调的界面和合理、递变的天际轮廓线。规划按照中低边高的原则,确定旧区整体空间轮廓。在重点保护区内建筑高度控制为 2 至 3 层,总高度8.5 至 10 米,风貌协调区内建筑高度控制总高度为 12 米。风貌协调区相邻部位本着逐渐升高原则,确定由 12M、15M、18M 逐渐过渡到高层建筑。

2.2.4 主要实施框架和内容

实施分级保护,划定重点保护区范围,面积 2.21 公顷,划定传统风貌协调区范围,面积 6.74 公顷。对历史街区整体,历史建筑,桥梁、河道、驳岸、河埠、路面铺地等历史遗迹分层次编制专项保护整治措施;选择具代表性的航运机械进行保护,并要求结合到公园绿地景观设计中;将该地区原来以居住和工业用地为主的用地性质调整为以公建和居住、商住为主,对于那些可以保留或可以恢复的传统历史功能形态尽量保留和回归。

根据保护内容和规划利用调整方向,确定总体框架为"一街统领、二元辉映、三大区块"。

一街统领——以小河直街为功能组织的主轴,以其为统领全局的中心景观轴。

二元辉映——保护传统运河人家居住文化和运河航运文化两大文化内涵。

三大区块——根据功能要求调整为"运河航运工业文化保护区块、传统居住文化保护区块、传统居住文化衍生区块"三个功能区块。

运河航运工业文化保护区块:将原航运公司的废弃仓库、船舶、铁锚、桨、吊车等工业遗留物精心保存下来,利用现代手法使其蜕变成为以自然再生为基础的休闲生态公园。

传统居住文化保护区块:以延续传统居住、商住文化为主的,集"游、吃、住、购"各要素为一体的,具有深厚文化底蕴的居住区。恢复原来商铺林立的沿街传统风貌,沿街建筑恢复原来"下店上寝"的传统使用模式,一层为店铺,二、三层为手工作坊或住宅,恢复老字号、老店面,街区内部建筑全部为住宅。

传统居住文化衍生区块:定位为休闲文化居住社区。规划采用低层低密度院落式住宅,以小河历史建筑为原型,按照老建筑肌理形式,采用传统四合院或三合院结构的住宅。力求切实改善生活环境,建成高品位的"文化居住社区"。

2.3 保护与整治实施的过程

2.3.1 政府、专家、社会统一认识,制定优惠的拆迁政策

杭州市政府将小河直街历史街区保护改造项目列入 2007 年杭州市危旧房改善和历史建筑保护重点项目,由市政府专门成立的负责运河沿线历史文化遗产保护与改造的运河综合保护委员会(运河集团公司)协同区一级政府部门组织实施。早在保护工程实施论证期间,专家和政府的意见就比较一致:"贯彻保护规划要求,历史街区保护要避免发生'重硬件轻软件的毛病',建筑要保,活的民俗文化更要保。不能等房子修好了,原住民一个都不见了。"为此,在制订重点区域内居民搬迁政策时,负责这一工程的拱墅区以优惠措施鼓励居民回迁。经过广泛的调查,政府拿出了四套不同的补偿政策,满足拆迁户的多样选择。如回迁的每户居民原有住房建筑面积与 48 平方米(杭州市最低安置标准)之差,可按照每平方米 670 元购买,而选择外迁的则为每平方米 1300 元。另外,选择回迁居民在外过渡的时间也相应缩短,经社区干部调查问卷统计,起码有 60% 的居民想回迁,最快一批在 2007 年 10 月(在外过渡不到一年)即可入住,比一般的拆迁回迁周期大大缩短,减轻了居民的经济压力。搬迁启动当天,所有居民都连夜赶来排队领号,这在杭州拆迁历史上还是第一次。最后这个搁置了 8 年的改造工程只花了 60 多天就完成了集体搬迁。

2.3.2 精细的保护与改造方案

按照规划确定的建筑整治模式,小河直街改造实施前针对不同类型的建筑编制了具体的工程设计方案。以小河直街 19 号为例,其原是一幢两层小楼,整修之前没有卫生间和厨房,房间的隔断是住户自己用三夹板架设的。全木结构的房梁、椽子、地板,因年代久远不同程度损坏。整治完成后,整体的屋架结构并没有改变,但根据现代住房标准对室内空间进行了重新布局。原有的木梁和椽子都被拆下标号。能用的,重新用上,一些腐蚀严重的则被替换。新换上的木材经过做旧处理,和周围环境融为一体。一楼原本的三夹板隔断改成了水泥砖墙,既提高了牢固程度,也能更好地隔音隔热。一楼地面用青石板铺就,质朴、有韵味,二楼的墙壁和地板,都用杉木装饰。厨房和卫生间都设在一楼,坐便器、水槽等洁具一应俱全,相应的雨污水管等一一铺就。小楼后面有一处天井,几个平房,精心留了天井的一段泥墙,让老屋的味道得到延续。除了天然气外,水、电、网络等管道都已预先铺设,室外表箱统一设置,包括空调、保安门的安装,都进行精巧的设计。由于紧邻小河,过去涨水经常漫上河堤,还特意把地基提高了 60 厘米。保护工程被形容为"香干芹菜肉丝"——运河申遗的历史

风貌、回迁住户的舒适生活和来往游客的新鲜体验,三者巧妙地结合,成为可以居住、旅游的历史街区。

2.4 小河直街历史文化街区保护的总结

小河直街历史街区的保护与改造工程于 2007 年 10 月 1 日完成,超过60%、约 190 户原住居民陆续回迁。小河直街历史文化街区保护与整治项目取得了较好的社会、文化效应,推动了"杭州生活品质之城"的建设,做到了既能保护历史文化遗存,又改善城市低收入群体居住条件。通过整治,街区建筑得到了修缮,住房安全、居住环境得到了保证,提高了防洪涝灾害的能力,居民住房面积显著增加,各类基础设施、生活配套设施得到了完善,街区历史文化遗产得到了发掘和保护,传统风貌获得了延续。在此过程中杭州市政府累计投入资金近亿元,实现了良好的社会效益。回顾从规划到实施的整个过程,以政府为主导,对包含社会问题的高度关注,积极听取专家意见贯彻规划意图,社会公众广泛参与的保护机制值得总结和推广。与消极冻结、全部功能置换相比这种做法显然更容易得到社会各界的认同,也更符合历史文化遗产保护的要求,更有利于城市的科学、和谐、健康发展。

3. 杭州拱宸桥西历史文化街区的保护与整治

3.1 桥西历史街区的历史及特征

杭州拱宸桥桥西历史街区坐落在杭州北部,位于拱宸桥西侧,街区的形成、发展与拱宸桥的兴建密不可分。拱宸桥始建于明崇祯四年(1631),东西向横跨京杭大运河两岸,后分别于康熙、雍正两朝重修,现为大运河世界文化遗产重要文物和全国重点文物保护单位。"拱"取迎接之意,京杭大运河由此进入杭城,是杭州的北大门。这里曾是繁盛的水陆码头,昔日里舟楫来往,"漕艘之所出入,百货商贾民船之所往来",在拱宸桥两岸形成了繁华的商埠。鸦片战争以后,洋务派在国内掀起了筹建机械化棉纺厂的热潮,1896 年杭州名绅丁丙选定杭州拱宸桥西侧动工兴建通益公纱厂,是浙江民族资本创办最早的棉纺织工厂。由此,近代工业开始发展,该纱厂数次转手,1956 年实行公私合营,改名为杭州市第一棉纺厂。纱厂虽几经辗转更名,但从未间断生产,依托棉纺织厂,在桥弄街南侧逐步形成了城市平民聚居区,居住在桥西街区的人多种多样,有生意人、渔民、码头工人、纱厂工人等等,并在桥西直街、桥头形成了与之相配套的、以城市中下阶层为服务对象的商业体系。

桥西历史街区是历史遗存较为集中的区域,这里依托运河形成,不具有血缘型街区的典型特征,内聚力弱,流动产业和人口多,具有多种文化交叉所形成的各具特色的物质空间形态和非物质人文景观。经济上，由自给自足的自然经济发展为沿河市镇，经济、商贸、近代工业、仓储、航运成为最活跃的因素；文化上，平民居住文化、近代工业文化、民俗文化、商贸文化、仓储文化相交融；空间形态上，由河边沿线向内部辐射延伸，纵深发展，形成特色鲜明的里弄空间和桥头商业模式。桥西地区是依托利用拱宸桥作为水陆交通要道的地域优势和兴建通益公纱厂等近代工业发展的需要，而形成的一个城市中下层居民聚居的城郊交融的区域中心。随着社会的发展，桥西街区凸显出的问题主要有，两大依托主体的丧失，即水陆交通枢纽地位的丧失和工业重镇的衰落，使得该区域在城市中急剧边缘化。历史风貌和地方性特征被明显破坏，特色渐失，历史形成的邻里关系、市井关系、街巷肌理遭到破坏，历史建筑处于不断的损毁和破败中。社区人口结构老化、人居环境和居民生活水平下降，收入、消费水平弱。环境退化、基础设施老化、市政设施先天不足。

桥西历史街区现有的遗存主要体现出以下特征：（1）近现代工业遗产仓储设施：杭一棉区域内留存通益公纱厂时期的建筑包括两处锯齿形厂房、一处办公楼，杭一棉医院，建筑遗址及部分构筑物。省土特产品仓库区域内有民国时期仓库一座和新中国成立后至 20 世纪 80 年代仓库建筑三座及其他构筑物。（2）各个历史时期的城市中下层居民住宅：桥弄街南侧保留了大量民居建筑。有沿运河的住家与埠头、合院式的传统民居、民国时期的里弄建筑、20 世纪 50—60 年代的简易"公房"、20 世纪 80 年代的"筒子楼"，是反映城市中下层居民生活的长卷。（3）传统商业店铺：桥西直街、桥弄街形成了以城市中下阶层为服务对象的传统店铺，桥西直街由北往南有同福酱园、范阿元米店、协和祥杂货店、余长寿剃头店、大德堂药店、毛鸿诚煤行、汪鼎兴铜匠店、嘉兴当铺、同春楼茶店、刘阿山烧饼油条店等老字号商铺。（4）传统民间信仰、传统公共建筑：桥西地区保留了同合里财神庙，还有杭州市早期的慈善机构——中心集施茶材公所。

3.2 桥西历史街区保护与更新的基本对策

保护与利用是遗产保护工作的两翼，保护是改善遗产的保存状态，利用是体现遗产的核心价值，桥西历史街区的保护与有机更新立足于改善当地原住民的生存状况，通过基础性设施的改善提高生活品质，注重生活的延续性。在对街区真实性保护的基础上对历史人文资源、空间景观资源、商肆业态资源等进行全面梳理、整合，通过业态的调整、功能的更新，增加就业机会、激发社区活力，使之成为街区长久可持续的发展动力。为此，保护方案定位为集中体现杭州清末至 20 世纪 80 年代,依托运河形成的近现代工业文化、平民居住文化和仓储运输文化相融合的复合型历史文化街区,是集居住、商业、博物馆展示和文化旅游为一体的城市综合体。

3.2.1 街区空间肌理的修复

街区的保护与修复设计以"一带三区六节点"为格局,即沿运河景观带;工业遗产区、平民居住生活区、仓储文化区;桥头商业中心、张大仙庙、中心集施茶材公所、财神庙和两个货运码头遗址等六个节点。恢复历史上拱宸桥桥西的商肆形态和历史人文景观,改善人们的居住环境。通过空间梳理,明确街区特质,在真实性原则上进行多重历史空间叠合。

(1)工业遗产区:通益公纱厂旧址的保护和原有格局的修复,是展现拱宸桥桥西历史文化街区受近代工业影响传统街区特质的重要手段。保护修复中,注重保护通益公纱厂旧址中的文物建筑。按照老图版及 20 世纪 50 年代实测地形图,结合现场调查,在历史格局及空间形态需要的情况下,部分修复杭一棉东侧沿运河的历史景观。重修部分采用钢结构的锯齿形屋架,与原来的木屋架在形式上传承,而材料上具有现代性和可识别性。强化桥弄街一侧是近代工业厂房,一侧是传统商业店铺的格局。

(2)居住生活区:居住生活区承载着大量历史信息,不仅反映街区的初始形成,更反映其在历史进程中的发展变化。居住区内的建筑组合所形成的整体风貌、空间肌理是街区特色最有力的体现,对民居与商铺采取"应保尽保"的策略,拆除少量风貌不协调的建筑,根据老照片进行肌理修复。完善整体格局,延续街区特征,增加场所的历史感。桥弄街、桥西直街修复传统商业景观,恢复历史上拱宸桥桥头较为繁华的商业氛围。沿街商业建筑现状基本保存了原有形态,空间格局不作大的改动,恢复下店上宅、前店后宅的历史风貌,修复传统木排门,在可能的情况下增加后院,添加附属设施。民国里弄建筑、合院建筑是形成桥西居住区空间肌理的核心,如意里、敬胜里保存了杭州早期里弄的联排式木结构两层住宅风格,多为一般职工住宅,维修中保留一楼一底的基本单元形式。合院式民居是典型的杭州传统建筑,在桥西历史街区中属高档住宅,工程中保留其独门独户的建筑形态。20 世纪 50—60 年代的简易"公房"、20 世纪 80 年代的"筒子楼",是历史发展过程中留下的印记,是桥西历史街区的重要组成部分,均予以修缮保留。对居住区内的传统公共建筑予以保护,桥西地区是城市中下层居民的聚居地,形成相应的民俗和民间信仰,如专为往来客商祈求发财的同合里财神庙,祭祀专为当地住民治病的道士张大仙的庙宇及衍生出的庙会文化,以及为过路船工施舍茶水、解决困难,以公益服务为宗旨的慈善组织——中心集施茶材公所。

(3)仓储文化区:土特产仓库的保护首先着重维护仓储空间特征,强化仓库与运河之间的关系。保护其独特的空间元素(警示空间、大回车场地、消防池空间)、建筑元素(民国仓库、滑货道、电货梯间、建筑东西面无窗实墙、建筑外部悬挑楼梯、高窗、门、建筑内部结构)、小品元素(墙上文字与符号、消火栓、管道、室外堆放的货物),暗示仓库发展的历史,显示仓库自身有机更新的机制。仓库区与货运码头遗址结合,营造具有地域特色的运河仓储文化。

(4)沿河景观带:以历史信息资源为依据,对近代工业时期的拱宸桥桥西沿河界面的风貌进行整理、恢复。通益公纱厂沿岸以老图版为依据,展现近代工业风貌的交通码头,并结合今后旅游码头需求,形成新旧结合、历史特征明显、使用合理的新码头。土特产仓库货运码头主要展现独特的货运码头景观,保持码头与仓库之间的逻辑关系,保持仓库运作特征,保留真实可靠的历史信息。沿岸其他地段修复传统商埠文化景观,界面虚实结合,强调埠头与街区的构成关系,公用河埠,规模较大,私用河埠,因地制宜,形成具有生活气息的鲜活运河人家生活画卷。

3.2.2 桥西街区建筑保护的模式

桥西建筑类型较多,保护方式各异,本着"重点保护、合理保留、局部改造、普遍改善"的思路,根据不同建筑历史文化价值和保存状况的差异,区别对待,采取以下几种保护模式:

(1)文物建筑的保护:通益公纱文物建筑根据"保护为主,抢救第一,合理利用,加强管理"的保护方针。在维修过程中,遵守不改变文物原状的原则,切实保护好建筑的历史信息,保持原有建筑的风貌和建筑特征,最大限度保护文物建筑的真实性,通过维修,消除现存的各种隐患。

(2)历史建筑的保护:传统木构建筑的沿街商铺、联排式里弄住宅、合院式建筑是构成桥西历史文化街区的核心要素,遵循真实性、完整性的理念,对保留的传统民居进行维修、改善,如实反映历史信息。整体加固梁架结构,归安大木构件榫卯,恢复构件正常受力与结构稳定,维修时尽量保存原有构件,保护现有格局。外观风貌、特色等,维持原有特征。对住宅建筑增设厨卫设施,对室内的隔音隔热、通风采光等设施进行适当改善,提高生活质量。筒子楼是一组建于20世纪60—70年代的三层砖混结构住宅楼。维修中拆除后期添加部分,改善日照、间距等要求,还立面本来面貌。采用钢构架加固。解决结构安全问题,疏散过密住户,根据需要重新设定户型,加设厨卫设施,改造成符合现代生活需要的套房。仓储建筑的保护采用保留建筑外立面做法,仓储建筑的原有墙体,不作扰动,对于局部破损处进行修补,对后期加建有损建筑形象的部分予以拆除。对屋面进行整体翻修,加设防水层,提高防水等级。原状保留门窗,损坏严重的需按照原样更换,内部按现代功能要求改造。

(3)传统风貌建筑的修复重建:按照实物、图片、史料等依据,为体现街区整体风貌的完整性进行更新设计,还原历史肌理。建筑外观符合风貌要求,并严格控制高度、体量,以原肌理及风貌协调为原则。沿运河区块修复建筑以商店、连廊为主,考虑驳岸、基础、外形等原因,结构形式采用传统木结构,按照老照片形象,借鉴桥西传统的建筑特征,在保护现有场地大树的前提下,错落有致地沿河布置,延续街区传统空间关系特色和水乡建筑构成的肌理。街区内更新的建筑以住宅为主,采用框架或砖混结构,外形具有民国时期桥西特征的民居式样,空间和形态的处理与保留建筑之间协调一致,建筑外立面按保留建筑的体量、造型、门窗形式,装饰构件之间的组合关系和形态特征采用传统形式。工业遗产区块更新的建筑,按照老照片及 20 世纪 50 年代实测地形图,在外观形态上修复工业厂房历史景观。建筑采用框架、钢构等形式,汲取地块内工业建筑语汇,提取厂房高窗、锯齿形元素,塑造简洁的工业建筑形象,完整展现近现代工业遗产的空间形态。

3.2.3 功能置换的尝试

在改善街区基础设施和景观环境的基础上,依托历史、挖掘文化、结合三个以展示、服务和销售为主的平民化博物馆的设置,实现业态更新、激发社区活力,形成有利于街区长久可持续发展的动力。利用杭一棉、土特产仓库等工业遗产的大空间,通过适当改扩建,引入中国刀剪、扇、伞三个国家级博物馆,促进与刀剪、伞、扇相关的非物质文化遗产的传承、发扬和普及。对社会公众实现最大限度的开放与共享,将市民的生活与博物馆和运河的环境空间真正融合到一起。经过文化挖掘,根据乡土庙宇和桥西建筑特征复建张大仙庙、修复财神庙,利用展陈设置,对传统民间信仰进行一种民俗文化层次的诠释,弘扬张大仙行医救人、为老百姓服务的精神,展现张大仙庙会文化,使之成为街区内的重要的文化景点。结合张大仙庙的恢复,另辟三进院落建筑作为传统药店,引进中医中药馆,这样不仅是恢复旧景观,更是传承治病救人的文化传统。

3.2.4 原住民建筑的设施改善

桥西街区保护工程采用原住民部分回迁模式,出发点是延续传统生活,提高居民的生活品质,在保护历史文化遗产的同时,改善原住民居住条件。部分原住民的回迁既有利于街区历史风貌的延续,又通过居住压力的减轻延长了建筑的使用寿命。桥西街区保护着力于完善街区设施,主要有:改善街区消防设施,改善低洼积水,进行雨水污水分流,完善电力设施、电信设施、网络设施,改善交通环境,在风貌协调区设置地下停车场,在公共庭院中设置自行车棚,增加街区内绿地面积等。所有管线入地埋设,不影响街区风貌。桥西历史文化街区保护,涵盖传统历史建筑的保护和危旧房改善,通过整治,街区建筑得到了修缮整治,各类基础设施、生活配套设施得到了完善。在有效保护历史文化遗产的同时,改善当地居民的生存状况,提高百姓生活质量。

3.4 桥西历史文化街区保护的总结

历史街区保护最重要的应是地域文化的传承。历史街区保护应从城市整体功能的角度进行考虑,通过街区定位和功能更新,使之重新成为城市系统的有机组成部分之一。历史街区保护在注重真实性、文化多样性的同时,更应关注延续发展活力的重构。历史街区保护修复中,首先要关注原住民的基本民生,解决现代生活的需要。在保留原有建筑风貌的同时,更应关注结构的安全性,当两者难以统一时应以合理的安全性为优先。历史街区保护修复中,遇到延续风貌与现行规范要求矛盾时,应两者兼顾,并急需制定历史街区修复的相关技术规范。历史街区保护修复中补建的建筑应有时代的特征,在满足风貌协调的情况下,应功能优先。

4.杭州历史街区保护更新实践的经验总结

4.1 街区保护与城市功能和城市发展相结合

历史街区往往处在城市的核心建成区,区位优势非常明显,其面临的城市发展建设压力巨大。杭州已实施的很多历史街区位置都相当的优越,中山路、清河坊、北山街靠近西湖,更是杭州传统的商业和旅游核心区。在这些街区的实施过程中杭州积极探索了城市有机更新道路,力求从自然和人文品质的根源上继承历史文化的生命特点,将历史街区的保护融入城市化进程、融入现代城市功能、融入时代、融入地方人文之根基。配合杭州市政府提出"经营城市"的城市管理运营理念,推进城市文化的经营和建设。其主要手段就是在保护与利用之间寻找最佳契合点,以保护为目的,以利用为手段,实现生态效益、社会效益和经济效益的最大化。

清河坊和中山路历史街区的保护和整治与杭州市城市商业布局和旅游发展战略紧密地相结合,成为改变杭州城市核心 CBD 商业的"南冷北热"格局的重要"棋子"。通过其商业带动作用,成为杭州旅游必到之地中的旅游新亮点,快速聚集了商家和人气,也成为整个城市商业格局调整的兴奋点。就街区本身来说,亦因人气的聚集而带动周边城市功能的快速协同调整和发展,形成了相互促进、互利互惠的良性循环。杭州北部是传统的工业区,如今杭州由"西湖时代"步入"钱塘江时代"和"运河时代"发展。杭州北部运河边的几个历史街区的保护与整治中,与京杭运河申报世界文化遗产和打造"东方塞纳河"的城市战略相结合,与还河于民、还绿于民、改善城市北部人居环境相一致,有效融入了这一城市发展战略中。这几个街区是最先启动的城北运河综保工程,在列入历史文化遗产保护的同时,也列入城市危旧房改造和人居环境改善重点工程。实施完成后成为北部区块的"黄金卖点",既以深厚的文化内涵吸引眼球,又以人居环境的舒适博得喝彩。在这几个街区的带动下,周边的地价楼盘价一再攀升,改变了市民对杭州北部运河区块的固有看法,使这一老工厂聚集区块迅速脱胎换骨,快速完成了城市用地结构和功能结构的调整。这一过程中历史街区的保护与杭州城市化进程协调一致,发挥了极其重要的带动作用,使保护的"熊掌"与建设的"鱼"取得了双赢。

4.2 各级法规的针对性制定和较为完善的管理机构

杭州在倡导经营城市的同时,也特别重视历史文化名(街区)的相关立法工作。自 2000 年制定《清河坊历史街区保护办法》以来,先后制定了《杭州市历史街区和历史建筑保护办法》及《实施细则》,良渚遗址保护、西湖龙井茶基地保护、老字号保护、京杭大运河保护等系列法规和政策文件,与编制完成的各项相关规划文件一起构成了有杭州特色的历史文化名(街区)保障体系。这一法规体系体现的特点在于,首先将历史文化街区和分散的历史建筑进行同等保护,强调两者之间密切的关联性,实现"点""线""面"结合。其次,明确界定历史街区和历史建筑保护的准入标准,除借鉴传统标准外,还特别规定不满 50 年的,具有特殊的价值或具有非常重要的纪念意义、教育意义的也可列为历史建筑保护。第三,长期以来历史建筑和历史街区的拆迁问题缺乏法律依据,由于不是拆平重建而且往往是降低人口密度搬迁部分居民,这与城市房屋拆迁有本质的区别,国家并无此专项立法。《杭州市历史街区和历史建筑保护办法》首次明确了历史街区和历史建筑的拆迁原则,确立了杭州特有的政策,对搬迁性质界定、补偿标准、经费来源等做了明确规定,解决了历史街区拆迁实施的瓶颈。另外,该法规还规定了严格的行政程序,规定区一级政府作为历史街区和历史建筑管理主体,并由此成立专门的负责全市历史街区和历史建筑管理的日常管理机构,为政府全额行政拨款的事业单位,各区房管局配属相应分支机构。通过针对性地制定法规,形成了法规完善配套与管理机构相应完善配套的法规体系,为历史街区和历史建筑保护整治工程的顺利实施提供了切实的依据和保障。

4.3 政府主导下的创新管理理念和运作机制

历史街区的保护和整治工程任务重、资金压力极大,为改变这一局面,杭州陆续成立了杭州市运河综合保护委员会、吴山地区开发建设指挥部等城市建设投资集团,实现了建设主体多元化。为协调一致、提高办事效率,同时建立杭州市重大项目建设协调小组,建立"三统三分"的领导体制,即由杭州市重大项目建设协调小组"统一规划、统一协调、统一配套"职能,各个分管建设主体则"分别筹资、分别建设、分别运营"。为有效推进历史街区保护工程,又制定了"五保四集中"要求,杭州市政府兑现"三个最低限度承诺",即集中人力、集中设备、集中资金、集中领导精力,承诺把工程建设对居民影响降低到最低限度、把房屋拆迁量和树木迁移量降低到最低程度、把建设整治成本降低到最低程度。

历史街区的保护和整治实施面临的最大问题是巨额的资金投入,为解决动辄十几亿的资金问题,杭州探索了"五个一块"政策。首先是"政府出一块",就是在财力许可的情况下,财政资金向保护重点工程倾斜,加大政府投入力度,以充分带动社会资金投入。二是"市场融一块",坚持"非禁即入"原则,降低门槛,拓宽领域,允许非公有资本进入法律法规未禁入的基础设施、公用事业和其他行业领域。充分利用特许经营、投资补助、贷款贴息等多种形式,吸引更多社会资金参与。三是"借地生一块",每一处历史街区的保护项目均捆绑协调区周边用地一并实施,依托历史文化内涵提升地块价值,凸显区域特色,提升土地价值,实现周边土地收益最大化,土地出让金规定部分用于街区保护。四是"银行贷一块",就是在防范财政信用风险和建立还贷机制的前提下,积极争取更多的银行贷款。五是"向上争一块",主动向上级部门争取经费,争取更多项目列入国家和省重点建设计划的大盘子。

4.4 积极探索多种实施路径

大部分历史街区依托危旧房改造工程实施,依实施主体不同,分为社会开发商主导、政府背景国有企业主导、居民主导和政府主导社区居民参与等多种模式。

4.4.1 社会开发商主导。这种实施路径的历史文化街区(地段)包括元福巷、龙翔里等。在20世纪90年代后房地产开发引入旧城改造之后,政府通过项目立项,与开发商签订合同。开发商通过招拍挂获得土地进行建设,并聘请规划和建筑设计单位编制方案,然后组织居民的拆迁和项目施工,建成后的房屋由开发商出售。从根本上讲,开发商进行这样的开发项目主要看重街区的历史文化资源,目的是将其打造成为一种高价值的文化商品,从而尽可能追求更大利益。这种房地产开发方式往往以危旧房屋改造立项,在实施过程中短时间内迁出大量居民,社会成本较高,同时基本无视传统建筑的历史价值而将其全部拆除新建,对原有街区真实性、完整性和可持续性造成极大破坏。

4.4.2 政府背景国有企业主导。中山中路、小河直街、拱宸桥西等历史文化街区由具有政府背景的国有企业进行开发建设。在规划研究阶段,其会组织规划、古建等专业人员对规划建筑方案进行设计论证,一定程度上保证了居住环境的质量与居住建筑的风貌,整体公共设施和基础设施也得到改善。同时避免了开发商单纯逐利行为下造成的地区性差异。然而这种独立操作行为仍然具有局限性,首先,"统一规划、统一实施"的方式容易造成追求目标与利益的单一,尽管在居民去留问题上有相应的"鼓励外迁、允许自保"的政策,但由于居民对规划参与不够深入,极易产生主观解读居民意愿、片面理解历史文化保护的现象;同时,执行部门很难避免因考虑政绩而发生的短期行为,在预定目标和资金平衡的压力下,更新有可能采取统一拆除、设计和建造的方式,使街区环境产生较大变化。

4.4.3 居民主导。居民自主改造的保护更新活动在各地的历史文化街区中一直延续。私房居民进行此种形式更新的比较多,相比之下公房居民自主更新的情况较少。这种实施方式是按需进行的活动,由于需求的多样性更新形式也十分丰富。规模以单栋建筑和院落为单位。在实施过程中,周期短、成本少、小而灵活的特点突出。现阶段按更新目的主要分为两种。一种是居民以改善居住条件为目的的保护更新。以土地产权关系较为明晰、单纯的梅家坞历史地段为例,居民对自家宅基地构成了实际占有。当政府进行公益性投入改善基础设施之后,居民自发进行房屋修缮、临时搭建、院落环境整治等活动。街区整体环境的提升增加了居民自主更新的信心,激发居民自主更新的动力,从而逐步形成街区良性发展的循环。另一种是以房屋经营为目的保护更新,包括房屋的出租、出售,例如保护工程实施后的小河直街。这种保护更新方式多发生在街区工程改造实施之后,外部资金的进入带来街区经济价值的逐步上升,使出租出售房屋成为有利可图的经营方式。而这种方式使有能力并有意愿进行保护更新的人进入街区中来,为街区保护更新注入了活力与动力。

4.4.4 政府主导,居民参与。这种实施路径的历史文化街区(地段)包括五柳巷、小营巷、中山南路—十五奎巷等,由相应危旧房改善机构组织实施,执行"鼓励外迁、允许自保"的政策,尊重居民的去留意愿。规划设计中,对建筑采取"一幢一策"的处理方式。设计与实施过程中,建筑师和施工者与居民商议进行,户型等建筑方案需经居民确认后才能确定。这使得街区危改工程的实施不是设计师决定一切,而是在协调多方利益中形成了多种可能。随着政府财政收入的增加,政府主导保护更新活动的能力逐渐增强。面对历史文化街区复杂多样的现状问题,多方利益主体的参与,是寻求多种解决问题的途径的基础。不但可以保障房屋所有人的居住权益,切实反映居民的居住需求,并能够调动起尽量多的社会力量参与到街区的保护更新活动中。在现阶段街区居民缺乏对街区的改造动力和能力时,政府强力主导、居民深度参与是一条行之有效的道路。这样既避免了大规模拆迁中产生的政府和居民之间的直接矛盾,也使居民在对房屋进行更新过程中承担的经济风险小。在这种保护更新方式下一般更新的规模以院落为单位,不易对历史风貌与街区人口结构造成剧烈的变化。通过一系列持续的、循环渐进的改善,有利于维持街区多样化的生活方式,取得社会、经济、文化的多重效益。

二、江苏宜兴丁蜀古南街的保护与更新实践

宜兴是国家级历史文化名城,蜀山古南街历史文化街区位于丁蜀镇,是其重要组成部分,也是江苏省第一批历史文化街区。街区范围包含蜀山局部、南街、西街和东街,其中的蜀山龙窑窑址为全国重点文物保护单位。古南街东依蜀山,西临蠡河,背山面水,地形高低错落,整体呈现"河绕山转、街随山走、河街并行"的空间格局和"水—房—街—房—山"的典型剖面关系,是宜兴保存最为完整的明清古街区。古南街原长近千米,现保存约 400m,宽 2.4～3.4m,路面全为长 1.4m 的整块花岗岩条石铺砌,条石下为街道的下水道。靠蜀山一侧的建筑为小面宽、大进深建筑,与山体等高线垂直分布,一般临街为商铺或住宅,面阔不超过三间。建筑之间每隔一段就有一处上山通道,在垂直主街方向沿山体拾级而上通向蜀山中的龙窑,是居民活动与紫砂器上下搬运的交通空间,也具有一定防火间隔的作用。靠蠡河一侧的建筑,也是窄长的多进院落,临街面或店铺或居住,临河每隔一段有河埠头或者小的公共空间。街道建筑多为 1～2 层砖木结构的商业店面,建筑沿街道走势呈东西向布局,主入口面向主街,整体风貌形态保存基本完好。

据记载古南街形成于宋代,明代随着匠户制的解体,陶瓷产业有了迅猛发展。由于蜀山临水且与矿源地黄龙山相距不远,山体坡度适宜建造龙窑,蜀山龙窑逐步出现,大小窑户应运而生。此时的南街,前店后坊,自产自销,街巷格局形成于蠡河与蜀山之间,山环水绕,甚为繁华。清末蜀山大桥的落成分出了南街、北街、西街。南街成为紫砂陶集中烧制、营销贸易基地和生活服务中心,蜀山龙窑里出产的各类紫砂陶制品由蠡河经太湖运往全国各地。

古南街是重要的紫砂文化发源地和传承地,今天仍然云集了大量名人故居、商铺和作坊类的历史建筑,保留着活态的紫砂制壶工艺传承的社会关系和师徒工坊,拥有目前国内稀缺的非物质文化遗产传承人和传承地,可以呈现紫砂壶创作、学艺、制作、展示和销售的整体过程。顾景舟、徐汉棠、徐秀棠、毛国强、毛顺兴、曹婉芬、谢曼伦等大师均曾在此生活和创业,这里是紫砂大师诞生的摇篮。徐秀棠大师曾在《中国紫砂》一书中写道:"蜀山南街是前清到1957年间紫砂陶的窑户集中烧造、销售的基地,街上的南北杂货店、药房、粮行、陶货店密集,是蜀山一带居民购买生活必需品和做小买卖的地方。窑户多在南街有自己的门市,在这里收坯、加工,然后在蜀山南坡的龙窑烧造,再由木船经蠡河,驶入太湖运往全国各地。"丁蜀镇除了具有潘家祠堂、东坡书院、常安桥等文保单位以外,古南街本身坐落有经挂牌认证的名人故居和陶器店旧址共32座。经过50年代的集体化改造,丁蜀镇成立了蜀山陶业生产合作社,开始工厂化紫砂生产,古南街曾经一度演变为生产生活的服务区。80年代至今,随着紫砂收藏热的兴起,古南街及其周边出现了大批个体紫砂作坊,紫砂器的制作又恢复了当初个体创作的模式,古南街重新成为紫砂生产与生活的双重载体,其本身即是一部展现宜兴紫砂发展历程的浓缩历史。

与中国其他城市的老街区遭遇类似,由于历史久远,房屋年久失修、残破不堪,基础设施落后,古南街已经无法满足现代紫砂生产需求,而作为生活性街道又缺乏配套的现代市政基础设施。古南街失去传统魅力的同时,还面临改善居民生活品质的压力,保护与发展的双重挑战成为古南街复兴再生需要均衡思考和研究的最重要问题。2004年和2011年,东南大学陈薇教授曾二度主持完成《宜兴蜀山古南街历史文化街区保护规划》。该规划明确了将自然山水形态和紫砂文化,融于历史街区、历史建筑、形态架构的载体中的规划策略。强调保护自然山水环境格局、街巷弄系统的空间格局,保护"河绕山转、街随山走、河街并行"空间格局的规划理念。规划保护的主要内容包括:"山—窑—街—河"以及"四区八点一环"的空间格局保护,古南街等重点风貌区的建筑立面、街道、河道等环境风貌的整治与保护,作为生产和贸易场所的紫砂陶器行、反映紫砂发展历史过程的北厂和名人故居、代表性工业生产遗迹等紫砂文化遗产的保护,建筑分级保护和分类整治措施等。经历近 10 年的调查研究和保护规划是古南街整治和改善的开端。

东南大学王建国院士团队将研发的一系列创新技术应用于古南街的保护、整治和改造,同时根据不同的街道段落采用了分类指导的整治设计方法。古南街南向出入口位置曾经建有紫砂生产工厂,拆除后为具有政府产权的公共区域,与外部城市道路衔接,这一部分依靠政府"自上而下"的规划设计并组织实施。古南街中段和北段的建筑产权为百姓自用,目前仍生活着不少原住民,他们自发改造房屋并开设小型手工艺作坊、艺术品商店和茶社等,生产生活形态丰富。这部分区域采用鼓励居民自发建设,不做统一的规划设计,只规定部分控制导则引导居民建设,具体技术包括:

1.性能化导向的保护规划编制方法。建立包括各专项(风貌保存、格局保全、结构安全等)在内的性能化保护规划分项指标体系,提出适应古南街的保护规划编制方法,并以设计导则、菜单式样品实物展陈以及数字化生成设计等呈现引导性成果。

2."联体—共生"结构安全性提升技术。中国古建筑广泛存在"联体—共生"的建筑结构形式,局部构件的破坏会带来相邻单元的失效,甚至形成连续倒塌。针对传统民居建筑的这一结构关联特征,研究解构与还原了"联体—共生"结构的建筑布局与承载系统,提出了整体牢固性评估方法,研发了预防连续倒塌的控制技术。同时加固手段注意了风貌保护,并可与非结构构件隐蔽结合,具有技术成熟、投资少、施工周期短等诸多优点。

3.建筑功能与性能一体化提升技术,保持街区整体风貌的同时有效改善民居的物理环境。技术成果集中在建筑空间形态及功能提升需求的类型学研究,砖木建筑空间与设备系统一体化策略,砖木建筑新增设备系统安装的构造工法,街区物理环境关键因子的确定以及传统墙体保温隔热性能的提升等。

4.面向实施的传统建筑营造导则和实物构件示范。古南街原有居民对建筑的自发性改建从未间断。居民自发性改造行为为老街复兴注入了"自下而上"的动力,但普遍性地增加不锈钢防盗门窗、更改屋面铺设材料等做法,对传统建筑和街道的整体风貌造成较大破坏。整治设计采用了古南街传统民居建筑的改造菜单,通过菜单化的方式指导原住民的自发营建。不仅如此,为了使建筑改造导则和风貌引导更接地气,专门制作了关键性的建筑局部实物构件并公开展示,包括木质门、窗、柱、梁以及空调室外机机壳等,以此指导原住民的自发性改造,实现对街道整体风貌的控制。

在丁蜀镇政府和当地居民的共同参与下,东南大学设计团队先后完成了"蜀山古南街旅游与功能策划""蜀山古南街历史文化街区建筑立面整治与风貌提升""宜兴蜀山古南街管网改造工程"等具体实施导则与设计方案。2012—2019年,设计团队对街区内的诸多节点进行了建筑和景观一体化改造设计,主要包括入口广场、张家老宅改造、曼生廊和 T 字房、蜀山展厅、水龙宫、得义楼茶馆、桥西建筑立面改造、西街建筑改造等工程。目前,街区建筑和空间节点的修缮与改造还在持续进行中。古南街的民居建筑大多数属于私房,尚有大量原住民生活其中。设计团队坚持小规模、渐进式的改造和创作理念,贯彻原真性、完整性和适应性活态利用相结合的原则,首选公房和关键节点作为古南街风貌保护与提升的示范工程。同时通过导则引导、菜单式构件展陈和听证会,让居民了解保护与改造的细节。设计团队还参与了街区基础设施的一系列建设:道路绿化、消防设施和公共厕所的改造提升、街区强弱电系统的升级以及市政管线入地等工作都改变了古南街的面貌,改善了居民的生活环境质量,激发了居民的热情并提高了他们的审美素养,也因此带动了居民自发有序地开展自有房屋的修缮工作。如今,正在复苏的古南街已成为宜兴最有吸引力的蜀山陶集的所在地,更重要的是,大量的迁出户不断回流,紫砂生产与日常生活得以活态延续。

古南街保护与更新项目值得总结的经验包括:政府主导、设计引领、财政补贴、导则和样板先行。"自上而下"和"自下而上"结合,设计师与乡民共同完善图纸,共商选材和施工方式,共同营造在地性场所。科技进步支撑包括性能化保护规划、"联体—共生"结构安全保障、机电一体化以及物理环境改善技术等,其中,精准靶向的性能提升和适应性保护利用是其重点。古南街保护改造的探索和实践取得了显著的综合效益。在经济效益上,避免了大拆大建带来的浪费,强调技术的适宜性和合理性。在社会效益上,有助于保护街区风貌,彰显其内在历史文化价值,稳定原住民并为合理利用奠定基础。小规模的渐进整治和改造的"古南街模式",规避了当前我国对于传统古建聚落普遍采用的大规模、商业化改造存在的突出问题,具有历史文化传承、科技进步引领、财政投入可控、符合居民需求和实施运维可持续等明显优势,适合错综复杂的历史街区活态的社会现状。

古南街历史街区适应性保护改造的关键在于确保历史街区和建筑形态呈

现的完整性,以及对于所在城市和地区在体验感知上的独特性。从实际情况看,目前在具体操作层面上,保护改造衔接的仍然是依据现代生活需求制定的各类城建规范和标准,特别是在交通、日照、市政和防灾等领域。既有规范和标准在针对历史街区方面存在两方面的问题:一是面向多样化的保护对象有时缺少实施的可操作性;二是历史文化保护要求与基于现代生活制定的各类规范要求间存在冲突。因此,引入性能化(performance-based)保护的概念非常具有借鉴意义。性能化规划设计最初主要运用于建筑消防领域,它所针对或弥补的是指令化(prescriptive-based)规范与设计——即详细规定参数和指标,以及从规范中直接选定具体参数与指标解决设计的不足。性能化保护主要针对的是历史街区的具体保护与社会发展目标,并以性能需求为核心,适度灵活地综合运用交通、消防、市政、热工、规划和设计等已有技术,以解决历史街区整体格局和风貌保护要求与现代城市生活需求之间的矛盾。

先前已有运用性能化保护的规划设计思路和成功案例。如同里、乌镇和西塘等江南古镇的保护规划,成都宽窄巷、北京后海、南京老门东地区等保护改造,都是历史街区保护改造的重要案例。然而,性能化是一种综合权衡并突出某方面特征和目标的规划思路,不同的项目实践会因为不同的社会、经济、历史和建成环境场景而有一定程度的差异。已有保护改造的成功案例虽可借鉴其经验,但不能简单复制和推广。古南街项目基于性能化保护的基本原理,开展了古建聚落(广义的历史街区)保护改造以及利用新模式的科学研究和实践示范,对风貌保存、格局保全、结构安全、市政设施改善等方面提出了明确的性能提升要求,具体包括综合历史保护、民生维系、环境整治目标的性能化规划编制方法及联体—共生结构保护、物理环境和水环境改善、建筑与设备一体化等关键技术。研究成果和示范案例体现了历史街区的文化传承和活态保护再生的重要价值。

第二节　保护与更新中存在的普遍问题

一、"大拆大建,拆真建假"现象依然存在

近 20 年是我国城市化进程最快的时期,许多城市狂热地追求建设速度,盲目追求现代化,使一些历史文化街区被整片地开发,历史建筑被拆除,对历史文化遗产保护产生了极坏的影响。其中突出的事件有 2000 年的舟山定海古城内

大拆大建,两三年间,致使大量具有历史价值的街巷和历史建筑被拆除、历史文化名城的总体格局和风貌遭到相当严重的破坏。宁波是一座具有丰厚历史文化遗存的江南古城,但在近些年的大拆大建中,很多老城区的历史建筑,在未能认真进行文化鉴定、弄清其价值前,就在推土机的轰隆声中变成了碎片。其中月河街历史文化街区被成片拆除,仅余几处孤零零的文物保护单位。2012年11月住房和城乡建设部与国家文物局正式发文,对一批保护不力的城市予以了通报批评,具有很好的警示作用,大拆大建现象有较大的改观。但是,在某些地方城市,这类大拆大建现象依然普遍并一次次重演。有些地方在拆除历史文化遗产的同时,又乐于建设大量的仿古建筑,致力于打造"仿古一条街"。近年来,历史城区的成片的"古城重建"也在一些名城甚器尘上,甚至采用真实的规模、真实的材料、真实的技术和真实的工艺,全面地恢复了一些古城。典型的例子如大同,成片地拆除了原有历史街区,大搞古城景点恢复,统一建造仿古建筑,用一批设计图纸同一时间建出来。这些乱象严重违背了历史文化街区的真实性、完整性和生活延续性的保护要求,导致一些作为城市文化灵魂的历史文化街区完全失去了昔日的风采,做作虚假的复建,不仅让现代人无法感受到历史底蕴,更无法从中了解到城市历史发展的历程。

二、过度商业化利用倾向突出

历史街区往往是城市中最早的成熟地区,其所处的区位一般都是城市的核心区域,具有重大的商业价值,在实施过程中由于经济利益的驱使很容易使其偏离保护初衷。依托历史文化街区的物质、非物质遗产,以富有地域文化特色的传统街巷、历史建筑作为物质空间载体,结合丰富的传统文化,生产销售特色商业产品、提供特色商业服务,吸引游客开展文化旅游,是历史文化名城作为文化遗产合理的利用与展示方式之一。通过适度的商业经营与文化旅游,本身就是宣传历史文化遗产的价值特色,对城市、对市民都具有积极意义,也有助于地方经济社会发展和惠及民生。但是,20世纪90年代末以来,在一些历史文化名城的历史城区或历史文化街区内,过度商业化运作与过度旅游开发行为愈演愈烈。片面追求经济利益,过度追求街区的土地价值和商业潜力,凭空改变功能,盲目提升业态,大量迁出原来的居民和商户,将过多的无关功能聚集在一起。原来安静温馨的小巷,沿街全部改成了店面;眼花缭乱的店招和红灯笼,一个个店里售卖着天南海北雷同的纪念物和商品,熙熙攘攘的人群取代了原本安静、真实的城市生活。在巨大经济利益的驱动下,许多历史街区的保护更新沦为商业地产项目,受市场逐利的驱使,完全变成了一项彻头彻尾的房地产开发行为。即使在那些保留原有居民的街区内,由于商业的引导,也使得很多本地居民因高额租金的利益诱惑,或不堪忍受喧闹的商业环境而选择搬走。例如丽江古城,几乎全城变成了那些追求梦想情调的小资们打卡的地方,外来的租客取代本地居民成为主人,那些与历史街区的伟大历史事件或精彩文化有密切关联的传承者,已经完全离去,他们的离开严重地损害了街区的完整性。再如杭州清河坊历史文化街区,原为商住混合型街区,后期街区内原有居民几乎被全部迁出,街区随之变为纯商业型街区。大量外来商户入驻,商业容量增加,完全改变了街区内建筑"下店上坊、前店后坊"的传统风貌特色。许多城市历史街区商业业态还存在定位不准、重复雷同的现象,如杭州的多个历史文化街区业态雷同,多以珠宝、古玩、服饰和土特产售卖为主,而缺乏餐饮和娱乐服务功能。有的业态定位过度追求高端,缺乏差异化的业态档次,导致街区未能形成完整的产业链条,整体商业氛围不足,商户经营情况不佳。

三、脸谱化、标本化、孤岛化的保护现象增多

历史街区的保护更新实施后风貌正呈现"千街一面"的趋势。当许多历史街区经过设计师统一设计和施工队的标准化工作后,总是以"光鲜靓丽"的姿态呈现出来,只有少得可怜的真实历史的印记能真正保留下来。打着维修的旗号,却几乎是推倒重建,所谓风貌不协调建筑的大范围拆除,代之以符号化的全新的仿古建筑,待工程完成后街区建筑几乎全成了一个模子打造出来的。那些属于城市、属于生活的灵活、多样的自然状态没有了,历史街区也被定格在某一个特定风格的历史时期,反而更像一个经过修剪后的盆景,成为一个标本。也有的历史街区修复后摇身一变成为景区,甚至有的地方还关起门来设卡收费。街区最后成为一个城市的独立区域,它所面向的主要群体也变成了外地观光游客,街区的使用者也变成了来自五湖四海的经营者。街区与原来的城市关系被人为地割裂开来,与它所在城市的市民距离越来越远,与现代城市发展的对话就此告别,与其原生城市功能之间的关系也就此定格,历史街区成为一处与城市发展和市民生活毫无关联的城市孤岛。

许多历史文化街区在经历了保护与更新后,也陷入了可怕的停滞,建筑空置毫无生气。我们对历史街区缺乏演进的简单功能置换,最终导致历史街区呈现岛屿化状态。原住民的迁出,新商户的入住,原有社会网络就此分崩离析。历史街区在与城市原有文化语义对话、城市空间结构完整性、城市建筑空间环

境的风格特征延展、区域空间功能的相关性、社会行动系统融入性等方面,都与周围更大范围的城市空间链接发生了断裂。历史街区陷入了孤立的处境,丧失了吸引社会资源和社会行动参与的场所凝聚力,因而无法主导区域空间环境的发展。而那些熙熙攘攘、成为热门旅游景点的遗产地也可以被称为一个"岛屿",它们完全脱离了所在城市的社会生活语境,这种功能置换导致街区被动或无意中陷入岛屿状态。让历史街区维持固定的状态和模式,带走了相应的城市空间功能和以此为基础的社会行动发展变化的可能性。

四、亟需抢修保护的历史街区依然较多

我国大多数名城内的古城区和历史文化街区普遍存在基础设施陈旧、缺乏配套公共服务设施和传统民居建筑年久失修的问题。这严重影响了历史城区与历史街区的安全性与舒适度,甚至影响到了部分政府官员与社会公众对历史街区保护的理解,也在削弱着原本关心、支持、保护街区的社会人士与街区内的百姓的信心。落后的基础设施条件、残破的外观面貌掩盖街区的遗产价值,混淆了一般危旧房区与历史街区的区别,成为一些人全面拆除街区的借口。基础设施方面最为突出的问题是排水与消防,严重危害居民生活安全。特别是南方多雨地区由于地势低洼,小雨小涝、大雨大涝成为常态。由于缺乏燃气管道和集中供暖设施,采用燃煤、罐装石油液化气作燃料,供电线路随意搭设,缺乏对应的消防方案与消防设施,火灾隐患严重。日照不够、通风不畅、厨卫设施数量与建造水平不足等一系列问题,严重影响居民的日常生活质量。长期以来我国对旧城改造的基础设施建设投入资金少,融资渠道单一,主要靠政府财政投资和补贴,未能充分利用企业、民间资金进行建设。城市基础设施的投入与土地价值的增值相分离,基础设施建设成为"消费性"投入,直接导致许多地方政府不愿投。当然,多数政府还是无力投入,历史文化街区动辄几亿甚至几十亿的资金投入,对任何一个地方政府来说都是一件大事。浙江等经济发达地区,政府财政相对宽裕,相对资金缺口较小。但全国来说大量的历史文化街区的传统建筑还普遍存在年久失修的问题。历史文化街区的现有建筑大多经历了"文革"期间的公房改造,建筑产权极为复杂,大多数是单位公房,也有公租房、私产,居住情况复杂,这导致居住者不愿投钱大修。建筑遗产的维修费用和维护成本要远高于新建现代建筑,历史街区内的居住者经济收入水平又普遍较低,一般无法自行承担高额的维修费用。全国范围来看,缺乏保护资金仍然是一个普遍的现象,并且存在极大的地域差异。很多地区政府保护经费仅能满足少数重

要文物保护修缮的需要,经常连许多市、县级文物保护单位都得不到必要的修缮与保养维护,更不用说提供经费用于保护历史街区中大量成片的普通历史建筑了。

五、维修设计和施工技术水平亟需提升

就目前来看,许多历史文化街区造成保护性破坏的原因,多数来自具体实施过程中的设计和施工问题。历史街区内的建筑类型极为复杂多样,我国的传统建筑又因地域、文化等因素影响,在建筑风格、构造形式和建造工艺等方面千差万别。往往同一个街区内的建筑因为年代或主人的原因,也会呈现各种不同的变化,许多建筑细部做法存在差异。这些差异其实就是构成历史街区独特面貌的最核心要素,我们之所以感觉历史街区在修复后与原来的形象有较大变化,一部分原因就是在于这种细微差异特征的人为抹除。因此,对文物建筑和历史建筑的维修利用设计不同于新建建筑设计,需要设计师具有比较深厚的传统建筑专业知识和历史信息甄别能力。但是,限于各种客观原因,真正能在设计之前对历史建筑风格、做法研究透彻的设计师并不多。而设计单位往往又限于设计周期和经费原因,无法认真考证推敲,直接导致设计图纸对施工的指导性不足。更有甚者,套用或借用相似的建筑细部,照猫画虎地进行设计,个别极不负责的设计单位一套图纸用到底,致使街区所有建筑细部装饰和形象雷同。

施工水平低下,也是一个长期普遍存在的难题,再高水平的设计都需要工匠来执行和完成。各地工匠对当地的传统建筑类型、传统材料和工艺的研究和积累不够,缺乏归纳和总结,导致传统建筑修缮工艺过于类似,严重制约传统建筑保护修缮工作的正常开展。受现代材料和技术的影响、传统建筑工艺和材料受到冲击,工艺传人断层严重。建材的改变对传统工艺也造成严重威胁,传统工匠无法继续使用传统方法修建房屋,导致传统建造技艺渐渐失传。在建筑保护修缮过程中,也存在未能处理好风貌延续和功能提升之间关系的问题。除了文保单位和一些历史价值突出的历史建筑之外,街区内大量的保护建筑在进行修缮后,往往会被赋予商业、文化、居住等多种功能继续使用。以现代技术的眼光和需求来看,传统建筑形式、结构等已无法完全适应现代生活的要求,也不符合现行的相关建造标准。因此,在保护修缮过程中,会根据功能对传统建筑进行提升和更新改造,在这个过程中,又常常会出现再次破坏的现象。

目前我国尚没有关于历史建筑的修缮的国家技术规范,标准的缺失和不统一,也给实施过程中工程措施的合理性评判带来了障碍。虽然经过多年研究与实践积累,我国也形成了不少古建筑修缮技术规范、技术手册等,如《中国古建

筑修缮技术》《古建筑木结构与木质文物保护》《古建筑木结构维护与加固技术规范》(GB 50165—92)等。但已有的相关技术规范一般针对文物保护单位,另一方面,这些古建筑修缮技术规范多基于成熟的官式做法,针对用材精良、精工细作、设计建造规范的官式建筑比较适用。而对于千差万别、灵活多变的传统民居建筑的修缮,这些古建筑修缮技术和规范并不能完全适用。至于那些民国时期采用部分现代材料建设的西式或中西合璧的建筑,既不属于中国古建筑体系又不属于现代建筑体系,在这类建筑的修缮中长期按照现代建筑规范要求执行也不够科学、合理。虽然近年来上海等地在近现代建筑保护中进行了许多研究和探索,但距离形成完整的技术规范依据还有很长的路要走。

六、重规划管理,轻实施管理

经过 2011 年的名城大检查之后,对于历史文化名城和街区的规划管理有了较大的改观。规划管理工作中保护意识不断提高,许多地方政府公布了当地的历史文化名城保护管理条例,法规制度逐步得到健全。各地保护规划编制落实情况大为改观,除编制历史文化名城保护规划外,历史文化街区也会相应编制保护规划,因此对于规划阶段的监督管理各地普遍比较重视。按照规范要求,保护规划的重点内容是保护,对于利用和后期修缮更新的实施指导性并不强。规划阶段需要经过专家部门层层审核、审批,管理极为严格。到街区实施保护与更新工程时,需要更为细致、微观的控制,这时规划作为依据就显得有些力不从心。因此,在许多街区的保护与更新过程中与保护规划是脱节的,到了实施这个更需要监管的阶段反而管理的力度弱了下来。对于不可移动文物维修由于有较为规范严格的报批、设计、施工程序,实施过程中的监管比较严格。但对于街区内大多数历史建筑来说,许多时候只需要履行简单的报建手续即可组织施工。方案和施工图不需要审查,或者是按照现代建筑的规则履行现代建筑的施工审查,设计过程中几乎没有质量把控和管理。施工过程中也是按照现代建筑施工管理,缺乏现场的有效监管。

目前,历史街区更新完成后的监管漏洞也比较大。历史街区在保护工程完成后,一方面会保留居住功能,另一方面为了展示和活化利用的需要也会将一批建筑功能进行置换。这些功能置换的建筑如果作为公共服务设施会由政府部门统一进行后期装修、室内布置和管理。对于其他的商业服务设施则一般会采取招租的方式,引入企业和个体经营者。这些商家入驻后,多数会按照经营的需要对历史建筑进行进一步的改造调整,这一过程的监管目前来看也是比较薄弱的。更新整治完成后的历史文化街区一般不会再由政府部门直接管理，通常会成立管委会或直接委托企业进行管理。由于商业利益的关联，街区的管理机构往往会对经营者的某些改造行为采取放任的态度，导致街区内新的破坏发生。典型的例子如杭州市拱宸桥西历史文化街区中，正对拱宸桥的桥弄街南侧，原本是 30 余米多间连续的木排门店面，是典型的传统底层沿街商铺历史建筑。但是这部分建筑在维修完成后出租给了方回春堂开办国医馆，该企业竟然仿照河坊街的国保单位胡庆余堂的沿街外立面，将这批建筑外立面改造为一片长 30 余米、高 10 余米的白色实墙，上书黑色大字"方回春堂"。这一行为对桥西历史街区风貌和历史建筑原状破坏极大，并且传达了错误的虚假历史信息。但由于商业利益的因素，街区管理部门并未阻止这一行为，至今听之任之，未要求其整改。湖州衣裳街也存在大量类似问题，这类商业经营户与保护要求之间的矛盾在大多数街区内都不鲜见，历史文化街区保护与整治完成后还需要继续承担城市功能，对于其后续的管理是需要持续的、长期的坚持保护原则，不能前紧后松，应该保持监管的可持续性。

七、社会公众参与程度依然较低

公众参与翻译自英文 public participation，意指行政部门以外的公众或社会组织团体参加到社会公共事务中，获取信息、表达意见、参与决策过程中，与行政主体双向沟通、相互影响，对涉及自身或公共利益的事务共同作出决策的一系列活动机制。1969 年，在美国规划师协会杂志上发表了谢里·阿恩斯坦（Sherry Arnstein）的著名论文《公民参与的阶梯》(A Ladder of Citizen Participation)，对公众参与的方法和技术产生了巨大的影响，文中将公民参与的程度分为八个梯度、三大阶段，为"参与"概念的可操作性奠定了基础。在历史文化名城领域当前公众参与的主要有三个层面：立法决策层面、政府管理层面和基层治理层面，居民群体参与的具体过程可分为四种类型：福利性参与、志愿性参与、娱乐性参与和权益性参与。虽然我国在城市规划过程早已提出公众参与的要求，但是许多都是一种初级的参与，处于"象征性"志愿参与和娱乐参与阶段，在组织机构、立法参与、信息公开等方面都存在着很大的不足。

在历史文化遗产保护领域，公众参与更是很难实施。历史文化街区保护的公众参与大致可以分为政策制定、保护规划的制定、保护与整治工程实施三大阶段。从政策制定过程来看，尽管职能部门在制定政策时会鼓励公民参与政策草案的讨论，但政策制定的实际权力仍然掌握在职能部门。从保护规划的制定过程来看,公众参与主要是通过规划编制的前期问卷调查和征求意见,以及保护规划的公示阶段的意见反馈,但这些基本不会对规划和保护方案产生实质性的影响,公众参与也还是一种象征性参与。

　　社会公众对于历史文化遗产的保护意识近年来有了稳步提升,但是许多时候公众仍然习惯于将所有问题都看作政府的责任,并没有真正意识到城市主人的职责。历史文化街区保护专业性和技术性比较强,涉及宏观的城市区域发展方向和策略,微观的遗产保护措施等专业性问题,规划公示的图纸、文本对一般公众来说是"看得懂的少,不明白的多",造成公众参与能力下降。历史街区保护中的公众参与既涉及政府管理层面的城市管理建设问题,又涉及基层治理层面的社区自治问题,在居民参与的动机上来说,许多时候都是因为保护更新的工程需要而被迫参与进来,多属于权益性参与。随着城市文化遗产的历史及文化价值逐渐被社会认同,其日常的使用价值也逐步转换为交换价值,历史街区保护与更新相较一般的旧城更新牵动了更多的附加利益,居民社区参与的意愿往往表现得更为强烈。然而,由于参与需要更多的管理成本与更长的项目周期,与地方政府发展主义的治理导向相悖,现实中公众参与城市治理与公共政策制定往往是形式大于实质。当今中国的遗产保护多数采用地方政府与专家主导、自上而下的管理方式。虽然在近几年的历史街区保护实践中出现了一些社区居民主导的案例,但是总体来看并不成熟。社区参与历史街区保护的现状可概括为如下三点特征:从参与的结构上看,居民个体参与居多,社区有组织参与少;从参与的动机上看,争取个体利益居多,关注群体公共利益少;从参与的延伸度上看,阶段性参与多,全程性参与极少。在街区保护实施过程中,尽管上海、北京、苏州等城市都在尝试推出"居民自主的小规模更新改造"模式,但目前国内街区保护工程主要还是采取"政府为主体,整体推进"模式。社会公众基本还是处于一种被动接受状态,公众主动参与的积极性没有发挥,社会团体组织的建设还比较落后,远未成为街区保护的重要力量。

第三节　保护与更新中的关键问题探讨

一、街区真实性与街区干预程度的探讨

1.真实性认识的理论基础

关于真实性原则的讨论一直是我国遗产保护领域的主要话题之一,但是由

于这一概念来自国际主流的思想和理论,在东西方文化背景差异下,对于不同对象、不同文化背景下的真实性认识仍有不同。西方对遗产"真实性"问题的探讨开始于 18 世纪对艺术品的修复实践中,如前文所回顾的,真实性认识的探讨和认识经历了非常曲折漫长的成熟过程。20 世纪 80 年代后,学术界对真实性的对象、范畴、内涵以及基于不同文化背景的真实性等问题进行了更加深入的探讨。伴随着遗产保护价值认知的不断改变,遗产类型、保护内容不断扩展,遗产保护整体性的要求提高,直接影响了遗产真实性认识的发展变化。真实性的对象由"点"拓展到"面",由单个纪念物、遗址点,扩展到了成片区域的具有城市功能和文化传统的历史城镇,真实性的内涵由静态真实性发展到动态真实性。真实性认识中也强调应当尊重不同文化差异,应区别对待动态遗产和静态遗产,在动态遗产的保护中,那些为了延续传统生活方式而进行的一些改变或演变,是可以被接受和认可的。由 UNESCO 世界文化遗产中心(WHC)制定的《世界遗产保护实施操作导则》,对遗产的"真实性"概念作了较为完整阐述。提出与文化遗产特色和价值相关"信息源"(Information Sources)的"真实可靠"是评判"真实性"的基础(《导则》第 80 条),不同文化,甚至相同文化对遗产价值评判的标准是不同的,要尊重与遗产价值相关的文化背景(《导则》第 81 条)。《导则》中明确"真实性"的要素包括如下 8 个方面(《导则》第 82 条):形式与设计、物质材料、使用功能、文化传统、技术、管理系统、位置与周边环境、语言和其他形式的非物质文化遗产、精神与情感以及其他相关的内在与外在要素。基于"真实性"原则,只有在特殊情况下,并具备完整和真实的文献记载,才能允许对考古遗址、历史建筑、历史街区进行重建(《导则》第 86 条)。《中国文物古迹保护准则》(ICMOS CHINA 制定)中对文物古迹真实性保护的原则规定主要包括"必须原址保护""尽可能减少干预""保护现状和历史信息""不允许为了追求完整、华丽而改变文物原状"等。《中华人民共和国文物保护法》对遗产"真实性"提出了法定的要求和规定,必须遵守"不改变文物原状","对文物保护单位应当尽可能实施原址保护"的原则。《历史文化名城保护规划规范》《历史文化名城名镇名村保护条例》《中华人民共和国非物质文化遗产法》《历史文化名城名镇名村保护规划编制要求(试行)》等历史文化名城保护相关的法规也明确对历史文化名城、名镇、名村以及非物质文化遗产的真实性保护提出了要求,指出要保护历史信息的真实载体。

2.历史文化街区真实性的内涵

虽然在历史文化名城保护各个层次中,我国都提出了要对真实性进行保护,但目前关于真实性的规定原则还主要是针对文物古迹,也即各类不可移动文物。对于历史文化名城、村镇、街区真实性的具体含义、包含要素等问题,尚缺少具体、明确的规定。如何来理解历史街区的"真实性"? 其中以砖木结构为主的传统建筑如何修整才算保持了"真实性"? 怎样的传统生活延续才算是真实的生活? 现代城市生活是不是真实的? 延续了传统的城市功能和街区空间、景观场所感是否可以理解为保持了"真实性"? 在"真实性"的保护中,新的建造技术运用、新人居环境改善,这些因城市发展对历史街区合理的提升活动究竟控制在怎样范围内才不算是对"真实性"的破坏? 等等,这些有关物质的、非物质的各个层面的问题都是我们需要探讨和理清的。

有人会认为保护历史文化街区就是保存破旧房子,新了就没那味道了,理由是"这是真实的";也有人认为历史文化街区建筑过于破旧应该还原、复旧,这种高度忠实于历史的做法符合真实性的原则;还有些时候,在分布着不同时代建筑的历史文化街区里,人们会想要把风貌不统一的建筑统一恢复到某个特定历史时期,打造"某某一条街",由此来取得风貌和文化的一致,使街区保持一定的真实性……关于真实性的这些不同理解,确实一直困扰着我们。

"不改变原状"是我国对文物古迹保护最为重要的一个真实性原则,文物修缮中有"原材料、原形制、原工艺、原做法"的"四原"原则,是否保持原状是判断文物真实性的首要标准,但具体到历史文化街区的"原状"怎么定义呢? 从物质外观表现上看,历史文化街区破破烂烂、墙倒屋塌的状态并不应该被认为是它们的原状,历史文化街区的原状必须是一种健康的状态,而不是为了照顾某种情怀和审美去刻意保持的沧桑破败,历史文化遗产必须保持应有的尊严。当然这种健康状态应该是与街区的历史、文化内涵相符合的状态,一如花季少女和耄耋老翁,应该各自表现出与年龄、阅历相对应的面貌和状态,历史街区的原状应该是一种符合历史街区身份的健康的外观形象。那历史文化街的原状是其初建时的原始状态吗? 是某一固定时期的状态吗? 其实也不是。古代城市的建设并没有现代城市这么大规模机械化的手段,任何历史文化街区的形成都是经历了居民长期的自发建设而最终形成,历史街区整体本就没有原始状态。历史街区是一直发展变化的,我们现在看到的街区,是经过长时间的人与街区、人与城市环境和自然环境互动后的结果,是所有过去时代遗留下来的历史信息的累积,所以历史文化街区并不是一个某时期的固定状态,那些所谓恢复"明清一条街,民国风貌"等等的说法都是不严谨的、有悖真实性原则的。

历史街区物质状态层面的原状真实性应该包括单个组成元素初建时的原

状,现状实物健康状态的原状,也应该包括在各个历史发展时期留下的历史信息痕迹。因此,历史文化街区物质层面的真实性内涵,是指街区内必须保存着相当数量的记载真实历史信息的物质实体,历史街区的真实性是所有这些物质实体的集体反映。历史文化街区真实性的物质信息来源是多类型的,包括其所处自然、历史、社会环境;承载的传统功能;街巷的空间、尺度、铺装;临街、临河、屋顶俯视的界面;街区整体空间构成肌理;建筑物整体形态、细部形式、结构技术、建筑材料,古树、古井、河埠等其他构成环境的物质要素等。历史文化街区真实性的历史信息也是多维的,它们不仅仅是三维的物质实体,还应该包括时间维度上的动态累积,是伴随历史街区产生发展全过程的,每一个阶段的有价值的痕迹都应该是真实性的体现。例如,在洛阳老城区保护性的修建性详细规划中,清代和民国的历史建筑仅占老城区建筑总量的1%,其余全是近几十年老百姓自发翻建的私房,用材多为红砖,但这些自发翻建只是限于自家宅基地的范围,因此街区原始肌理并没有被破坏。这种自发式的城市更新建设,显示了城市历史发展的自然秩序,是符合城市历史文化街区自身发展内在规律的,因此这类后更新的红砖民房也应该认为是符合真实性原则的物质遗存。

3.历史文化街区干预度与真实性

判断历史文化街区的真实性保留程度是对保护与更新措施合理性的核心衡量标准,而街区的真实性是通过构成街区的所有真实物质遗存反映的,因此衡量历史街区真实性程度应该从街区的整体出发,不必拘泥于某个建筑或某个局部。另外,衡量历史街区的真实性不能离开历史街区保护更新前的状态评判,整理好的历史街区真实性程度需要通过与其过去的状态进行对比,才能判断措施是否得当,干预是否过度。历史街区保存的建筑毕竟多数属于普通民居,其建筑用材、施工水平本身在同时期建筑中并不出众,再加上年久失修,许多建筑的残损情况是非常严重的,而且由于木结构特殊病害表现,许多构件外观看似完好,实则内部已经全部被虫蚁蛀空的情况大量存在。大多数时候,虽然这样的建筑情况还能暂时勉强维持,但当施工进场进行修缮的时候就会发现问题,因局部修缮引发连锁反应,导致一部分建筑落架大修而更换构件过多。这种情况在湖州衣裳街的维修过程中就出现过多次,部分建筑在施工过程中被发现实在是残损情况太严重,而不得不采用了落架大修的方式,却被有些专家认为是拆倒重建,这种没有与修前保存状况对比得出的结论是片面的。这批落架大修的建筑,严格按照原工艺、原尺寸、原材料进行了修复,严格保持原基底范围形态和建筑外观形态,也没有刻意地进行做旧处理而干扰识别,保持了街区空间格局和肌理完整,从街区整体来说是保持和传达了真实的历史信息,而且其能传达的信息量并没有缩减,因此应该认为是真实的。当然,这样的处理手段应该根据街区现状保存情况严格论证,慎重采用,并应严格控制其数量和范围,以防量变引起质变。

现在保护和整治历史文化街区存在一种现象,拆除重建的新建筑规模往往过大,而且故意做旧,通过机械的"修旧如旧"来证明其保护措施的正确性和合理性。所谓"修旧如旧"延续风貌的说法和做法似乎非常深入人心,但是保留物质载体的真实性却被决策者和大众忽略了。这种戏法在全国很多地方被玩得炉火纯青,更高级的一种做法是利用老材料拼凑新建筑。有些地方会收集其他地方拆下来的旧木料、旧建筑构件、旧砖瓦,再增加一部分新构件和材料拼凑成一个老建筑。也有类似于浙江桐乡某著名古镇的做法,将外地的古建筑整体搬迁,重新搭建成完整历史街区,摇身一变也成了真实的遗产。简单地用"旧"和"老"的观感和标准来衡量真实性显然是不合理的,严格来说这些做法都是造假,都传达了错误的历史信息,最多算是一群保留了传统风貌的新建筑而已。

二、传统生活延续与功能置换的探讨

1.传统生活延续中面临的难题

强调历史文化街区传统生活的延续,实际上也是保护其真实性和完整性的重要组成部分。在 20 世纪 80 年代末,针对当时安徽屯溪老街等改造中的问题,专家学者们第一次提出,历史地段保护的不应该只是物质躯壳,还应该包含它们所承载的社会、文化功能,保持活力和延续生活。在之后陆续编制公布的相关法律规范中,都明确表述了历史文化街区保护中维护社会生活的延续性、继承和发扬传统文化、保持街区活力的要求。这一理论要求是与国际遗产保护的"可持续利用原则"一脉相承的,是符合中国遗产特色的要求和表述,但在具体的实践操作过程中却面临着很多问题。

20 世纪 80 至 90 年代,我国历史文化名城保护中的各方利益冲突不明显,当时最需要解决的问题是如何提高人们对历史文化遗产的保护意识。历史文化名城保护 40 年以来,经济社会的快速发展和变革,使个人、企业、政府之间的利益之争成为名城保护中突出的问题。由于居住状况拥挤,基础配套设施建设落后,住房保障制度和拆迁补偿制度不健全,历史文化街区内居民的基本"居住权益"长期受到忽视和损害。历史街区周边新城市环境和新建居住小区的落成,使这里的居民产生巨大的落差感,在多数居民基本居住舒适性需求得不到满足的情况下，"生活延续性保护"难以得到社会公众的广泛支持和响应。历史文化街区内原本相对稳定的社会结构，在近 20 年的经济高速发展中已经产生了剧烈的变动，在街区实施保护整治前后会出现"一反一正"两次人员流动大潮。很多历史文化街区在实施保护与更新之前，原有富裕的居民已经逐渐搬离，因租金便宜生活成本低廉，社会流动人员和贫困人群会大量涌入而取代许多原有居民。当经过保护和更新以后，历史街区的基础设施建设改造完成、人居环境改善、居住条件大幅提升，再加上其原本就优越的地段环境，街区内房产价值和商业价值大幅攀升，又会再一次出现原产权所有者大量出售或出租房屋的情况，新入住的要么是外来商家经营者，要么是具有情怀的其他居民。这一前一后、一正一反两次大规模的人口流动，使街区人员结构发生了巨大变化，原有社会生活体系能够完整保留下来的可能性很小。我们经常在历史文化街区保护规划里看到保留原住民多少户的提法，在这样的变动下，谁是原住民？街区内还有多少人算是原住民？原住民的界定标准是什么？恐怕已经很难分清和界定了，如此这般，所谓传统生活的延续性岂不就是一句口号而已？即使能够保持所谓原住民的某些古城或历史文化街区，例如没有其他资源和产业只能依托旅游业发展的丽江、平遥、湘西等中小城市。很多原住居民会就地参与到旅游发展的相关产业中，或成为导游，或制作特产、特色小食，或就地开店经营。他们中的许多人也不会再延续原有的生活轨迹，也摇身一变成为旅游景点的从业者，更有甚者白天回到历史街区内"生活"，晚上回到新区的另一个家里休息。他们在街区内的生活成了按时上下班打卡的职业，成了满足游客猎奇心理的作秀，其全部的生活重心已经变成了针对游客的迎来送往。这样的"生活延续性"还算我们希望的传统生活吗？

历史文化街区内居民的社会结构具有特殊性，那就是居民年龄普遍偏大，收入低，文化水平低。根据小西街统计，保护整治前年龄 50 岁以上居民占 76.3%，高中以下文化水平人员占 89.6%，居民多数为企业退休工人、个体自由职业者，收入普遍较低。福州三坊七巷居民中，60 岁以上居民约占 52%，高中以下文化程度人群占 83.5%。杭州小河直街历史街区内原有住户 285 户，居住人员约为 730 人，60 岁以上老年人约占 55%。可见这种"一老、二低"的人口结构在历史街区中是非常普遍的，以中老年人为主的社区发展本身可持续能力较弱，可能这批居民会选择回迁居住，但二十年后，他们的子女孙辈还会选择继续居住在这里吗？这也是个未知数。

2.传统生活延续保护的路径探讨

我们不能简单、机械地按照物质遗产保护的标准应对传统生活延续的要求。首先是原住民的要求,目前来看,原住民是个很难界定的概念,一般我们会按照居住时间来界定,长期居住生活的居民就算原住民,具体时间多长算是原住民也不好界定。现代社会中人员流动本身就比古代更加频繁,城市居民一生中多次乔迁也极为正常。社区人员必然会不断地产生变动,因此保留原住民的提法不科学、不必要,也不能适应历史文化街区今后跟上城市生活可持续发展的要求。因此,我们在鼓励原有居民留下来的同时,也应该正视人员的正常流动和更迭,街区居民可以更换、私有房屋也可以出租或出售。只要是热爱街区历史文化遗产,尊重传统生活方式,愿意按照街区内的管理要求参与符合街区价值的文化表达,愿意在地居住的居民都应该欢迎,都应该被视为传统生活的延续者和原住民。我们应该重点控制的是街区内部建筑的使用,严格保持街区整体主要功能不变,严格执行延续原有建筑使用功能,才是保持历史街区传统生活延续性的主要手段。街区内部商业建筑的数量应该严格控制,应扭转历史文化街区大量商业街化和景区化的做法,这样才能从根本上遏制损害生活延续性的趋势。

　　历史文化街区内应该能让人们感受到古代人的生活方式和氛围,而不是复制、模仿、展示古代人的生活,我们要做到的是很好地让今人生活在其中。一般来说历史街区整治完成后,基础设施和整体环境已经较为完善,但就单个历史建筑来说可能还会存在通风不良、采光不足、保温性能差和隔音不佳等先天性不足。在符合保护要求的情况下,提高街区内建筑的物理性能,将是我们今后要重点研究和解决的问题,这样居民才能住得舒适,才会有意愿继续居住,才能从根本上解决生活延续性问题。在湖州街区建筑修缮中就尝试了对历史建筑物理性能提升的做法,比如墙体、屋顶增设保温层、防水层,隔墙和楼板增加隔音棉,在不影响风貌的前提下允许居民设置双层窗等技术措施。江苏宜兴蜀山古南街历史文化街区保护与更新中,东南大学团队探索了对建筑的保温隔热性能进行提升优化的技术措施,对屋面结构和墙体、进行了适应性改造,通过墙体和屋面保温构造层的设计,使改造后的建筑围护结构能够基本满足现代居住建筑的节能要求。古南街工程还探索了自然通风改善措施,改造前建筑由于房间进深大、门窗开口小等原因,室内通风较差,经过适应性改造后的计算流体动力学(CFD)分析可以看出,建筑通风困难问题得到了明显改善。根据《建筑采光设计标准》规定,住宅建筑的卧室、起居室的侧面采光系数不应低于 2.0%。根据对古南街改造前建筑内各房间采光系数的检测与计算,建筑内除个别房间由于屋顶或木窗破损导致光线突变外,大多房间均无法满足采光设计标准的要求。在实施适应性保护改造后,建筑室内的采光条件获得大幅提升,主要房间均已达到规范要求。宜兴蜀山古南街历史文化街区探索说明,针对性地研究适宜的技术手段是可以有效提升历史建筑物理性能的,可以基本达到现代建筑的居住舒适性要求,这是传统生活延续的最基础物质保障。

总之,传统生活的延续实质是对历史街区所承载价值的文化表达方式的保护和延续,使用功能的延续,对遗产的关切的延续,最终实现以所在历史文化街区为物质基础的社区、社会群体的延续。传统生活的延续还应避免那种作秀式的保留,应积极展示历史文化街区居民在符合保护要求的条件下,享受与周边城市居民一样的现代生活状态,体现活态历史文化遗产的可持续发展活力。应充分发挥社区管理和组织的作用,发挥历史街区的空间和环境优势,通过社区治理、社会网络重建、社交活动的组织,重新形成和延续原有的传统文化传承、发展脉络和表达方式,引导居民参与到传统文化的传承中来,形成符合历史文化街区价值特色的社区文化。在未来的街区保护与管理工作中,对"生活延续性"的保护应当适应时代和社会的发展变化,对"生活延续性"的保护应当有利于对历史文化遗产价值特色和优秀文化传统的传承,有利于历史文化街区的和谐发展,有利于街区内居民生活条件的改善和地区的全面复兴繁荣。

三、街区管理方式的探讨

总体来说历史文化名城和街区的管理工作已经取得了较大的提升,在法律法规和保护规划等管理依据完善后,编制层面"两法一条例"的贯彻执行力度加大,不少地方政府还根据地方实际公布了相应的历史文化名城、名村镇、街区和历史建筑保护管理条例。保护规划的编制完成率和编制水平也有明显的提高,许多规划加强了理论研究,及时吸收了各地先进的保护经验,积极进行了保护方式和策略、机制的探索,取得不少成果。但历史文化街区的管理方面仍然存在着监管不到位、保护规划指导性不足、保护措施落实不到位等问题。特别是保护规划与实施管理之间脱节严重,重规划管理轻实施管理成为街区产生"保护性破坏"的主要原因。大量的街区保护整治完成后的管理更为薄弱,对后期的维护管理重视不够,缺乏相应的管理机构和管理政策。

以往我们对历史文化街区的管理政策,多数是规定不能做什么,对于怎么做、哪些可以做的规定少之又少。这种单纯控制型的政策导向在遗产保护的初期是非常有力的保护手段,能够首先强力将需要保护的历史文化遗产保护下来,在初级阶段作用是显著的。现阶段我国的历史文化遗产保护已经度过了单纯"保下来"的阶段,步入"保起来、活得好"的阶段。不能只用技术的方法去进行简单应对实施过程中出现的问题,否则就会陷入"头疼医头、脚疼医脚"的困境。解决这些技术难点应该以技术手段为基础,同时发挥城市管理、商业运营等非技术的层面政策提供的支持,形成一种系统性的、相互支撑的、协同运作的合力,整体解决存在问题。当今保护与更新工程实施的过程中往往易套用通用的城市建设工程标准和规范,然而历史文化街区内的情况是复杂的、特殊的,遗产本体又是十分脆弱的,很难承受有限的性质差异所带来的谬误,这也是很多技术难题和工程失误产生的根源之一。在工程实施的领域应尽快展开专门化的探索,在大量的实践经验的基础上,通过充分的理论研究,制定形成专门化的规范、方法和工具体系来对保护整治工程实施进行合理的指导和规范。因此,历史文化街区的保护管理应该在保护与利用并重,合理协调保护与发展的关系上投入更多的精力,加强引导性公共政策的制定,实现由单纯的技术性指导向公共政策引导的转变。要建立遗产保护与民生改善并重目标的公共政策,加强实施后的管理。应制定街区层面的管理规定,对建筑风貌、公共环境、商户经营、公共服务设施、交通安全、公共秩序等进行整体管控,规范街区内居民和商户的行为。应制定街区风貌控制导则并进行改造维护示范,控制整体风貌的同时,鼓励居民在设定的框架内自主改造和维护房屋。在准确分析街区定位的前提下,建立街区业态功能准入制度,明确鼓励引入、允许引入和禁止引入的业态,避免商业无序泛滥。

应改善以政府为主、自上而下的保护管理模式,完善社会与公众参与的制度保障与鼓励措施,引导社会广泛参与历史遗产保护工作。要充分发挥公众参与的作用,大力推进公众为了维护自身利益而被动参与向公众为谋求公共利益平等、公平而主动参与名城保护的转变,明确公众参与实质性内容。加强管理的另一方面是要大力推行政府政务公开、完善规划和设计方案公示制度。政务公开和透明是公众参与的前提条件,政府不仅要主动、及时公布历史文化名城保护的政策、法规和管理程序,而且要完善规划和各项设计方案公示制度和听证制度。还要加强历史文化街区评估工作,制定问责机制,对于破坏严重、保护不力的街区应该予以警告或摘牌,建立完善的退出机制。

四、若干工程技术问题的探讨

1.消防安全问题

消防安全问题始终是历史文化街区保护与更新工程中面临的主要难题。

227

历史街区普遍存在消防通道狭窄,疏散困难;建筑密集,防火间距不够;建筑以砖木结构为主,耐火等级低;电路私搭乱接,火灾隐患大;可燃物多,建筑形式易助长火势蔓延的问题。对于因使用不合理和管理造成的常规性消防问题,比较容易解决,这类问题本身与街区和传统建筑特征无关,只需加强管理,实施改造即可解决。对于因街区和传统建筑本身特性带来的消防问题,就需要按照历史文化遗产的保护要求,积极探索在不破坏街区真实性、完整性的前提下选择工程方案。这包括消防技术的创新、编制专项针对性的消防设计、创新管理模式等应对措施。如湖州两个街区编制的消防专项保障方案在技术措施和管理方面都进行了创造性的探索,积极运用现代消防技术成果,在不影响街区传统风貌的基础上采取相应补救措施后,设置室内外消防给水设施。积极推广使用火灾自动报警系统、自动喷水灭火系统,以在实现火灾早发现、早扑救方面发挥积极作用,为消防队的灭火救援创造有利条件,提供更多保障。充分运用各种综合管理手段减少火灾风险,应结合具体历史文化街区的特点,综合分析街区的消防安全状况和火灾风险,限制或禁止火灾危害性较大的"高危"用途,特别是应降低亡人火灾的总体风险。要高度重视街区日常消防安全管理和群众自防自救能力的提升,重视日常防范工作,坚持防、消并重。

充分利用街区和历史建筑在消防安全方面的有利因素,学习和发扬古人的防火智慧也是提升历史街区消防安全能力的很好途径。在防火分隔上,要充分利用原有建筑实体山墙、砖墙、夯土墙、观音兜、马头墙等在阻止火势蔓延中的作用。在修复和拆除改建的过程中,可以按照街区风貌的要求予以适当增建山墙,形成在一定程度上能够阻止火势蔓延的消防分隔区域。在室外环境和景观的设计中也应考虑对消防安全的补充作用,如室外水景与消防备用水源的结合、太平缸等传统庭院设施作为紧急扑救用水的设置等等。

2.基础设施的改造提升问题

在保护工程实施过程中基础设施改造提升面临的主要问题是各种工程管线数量多、全部入地空间狭窄。历史文化街区由于其形成年代久远,空间格局紧密而狭小,这些街区和地段在经历了多年的无序加建、改建之后,空间形态、街巷格局变得更加曲折、复杂,这些特征都不利于现代化的市政设施的铺设布局。

市政基础设施的建设是保护工作的基本前提之一,未经改建的历史文化街区普遍缺乏系统的基础设施配套,各类管线设施大多是在未经综合统筹的情况下无序随意地接入,一方面存在很大的安全隐患,另一方面也难以满足现代城市生活的基本要求,同时也不利于卫生环保要求。针对这些客观矛盾,国内已有部分工程技术人员和学者结合历史文化街区市政改造工程实践展开了相关问题的攻关、研究,提出了一系列具有实用性的技术解决方案。采取因地制宜的方法,针对不同宽度的街区道路,精心设计管线布设横断面方案,以保障基本城市功能需求为前提,选择性地进行管线埋设。具体工程方案应满足国家规范,不能满足规范的,通过采取特殊措施满足行业管理和安全的要求。在管线铺设和设备布置的过程中采用新技术、新材料和特殊技术,强化管线本身的性能,达到缩小管线水平、垂直净距、降低维护成本、减少空间占用的目的,使在历史文化街区狭小的空间内进行市政基础设施建设成为可能。探索"综合管廊"式的新型管线埋设方案。"综合管廊"又称"共同沟",是一种集约式的城市基础设施管线埋设方式,其方法是在地下预先构筑一条具有一定断面尺寸、断面形式经过精心设计的管廊,然后将各类市政管线协同敷设于其中。这种方式省去了各类管线独立建设埋地构筑物的投资,也能够避免城市路面的反复施工开挖,极大地降低后期运维的成本。但是综合管廊初期建设投入大,在空间狭小的历史文化街区进行施工还面临周边建筑以及环境的保护等问题。

目前,住建部已经出台了《历史文化街区工程管线综合规划标准》,要求历史文化街区工程管线综合规划应以历史文化街区保护规划为依据,与市政基础设施专项规划相协调,满足对文物古迹、历史建筑、传统风貌建筑及历史环境要素的保护要求。历史文化街区工程管线综合规划应坚持保护优先、保护与发展并重的原则,适度提升市政基础设施建设标准和水平,满足街区民生改善和经济社会发展需求。历史文化街区内的工程管线建设应遵循集约、共享、安全、适用原则,高质量建设、高标准管理,提高工程管线全生命周期安全运营水平。

历史文化街区工程管线应借鉴和延续传统做法和经验,做好既有管线和各种设施的详查、评估,充分利用符合要求的既有管线和设施,满足文物、保留建筑和管线的安全间距要求。结合院落及建筑保护方案,按先地下后地上的顺序统筹协调,与街巷更新同步规划、设计和实施。基础设施工程管线应根据街巷布局、宽度和服务对象分布,以满足供给需求为原则,合理确定街巷内的管线种类和规模;管线断面较小的入院落或入户支线宜在满足需求的前提下因地制宜布置。历史文化街区内的工程管线应以地下敷设为主,宜采用小型化、工厂制成品检查井及各种附属设施和设备;应统筹协调电力、信息及广播电视架空线缆入地时序和位置。因条件限制,需要架空或沿墙敷设时,可采取遮挡、隐蔽、装饰等措施,在形式、色彩、材料等方面与历史文化街区风貌相协调,并符合建筑保护的要求。为历史文化街区服务的市政站点设施宜布置在街区周边地带；街区内部的站点设施应隐蔽、小型化，采用地下、半地下或与建筑结合的方式。历史文化街区应因地制宜确定排水体制、热源种类，不具备雨污分流条件的街巷，应采取提高截流倍数、调蓄与处理相结合等措施。街区内以采用清洁能源为原则，结合城市热力网、燃气和电力网服务范围，兼顾经济和适用性、街巷条件等因素综合确定热源种类。应以综合管廊规划为指导，结合街区更新、老城保护、主要地下管线改造、架空线入地等，因地制宜建设紧凑布置的小型综合管廊或缆线管沟。历史文化街区内具有历史风貌特色的、具有保持历史信息作用的传统基础设施，如雨水沟渠、路灯、电路线杆和设备等应予以保护，还能继续使用的应保护并延续其功能。

　　3.历史建筑的修缮技术和建筑结构安全问题

　　历史建筑维修后是可以与现代的生活要求相适应的，因此历史建筑是可以有效地加以利用的。历史建筑同样也是独特的不可再生文化资源，因此在维修和利用过程中，应该始终保持严谨、审慎的工作态度，加强监管和控制。

　　中国的古建筑绝大多数是木结构，有自己独特的结构体系，由于建筑材料本身的缺陷，使得防火、防潮、防腐的难度很高。目前广泛保留下来的历史建筑多为民居建筑，这一类建筑由于建造者多为普通劳动人民，建筑用材普遍较小，再加上年久失修，建筑质量均不高。维修利用的历史建筑要适应现代生活的需要，就必须加入现代的功能要求。相当多的历史建筑维修后将改变原来的使用性质，很多民居改为了公共建筑，建筑承受的荷载大幅度增加。这样一来又对建筑的结构安全提出了新的要求，许多原有的构件不得不加大尺度或进行结构加固处理。这些都与尽可能地保存历史建筑所蕴含的历史信息相矛盾，这就需要综合平衡取舍，采取正确的工程技术手段，要尽量避免"小马拉大车"、只留外观不管结构的改造利用。

　　历史建筑的维修应该具有层次性和广泛的灵活性。全国各地存在着大量的不同类型的保护建筑，有文物保护单位和非文物保护单位的类型区别，有因使用功能改变产生的区别，应根据具体情况区别使用设计方法和技术手段。对于具有特别突出价值的重要历史建筑维修利用，应该主要对标文物建筑维修原则，按照法律要求主要作为社会公益类的建筑或保持原有功能，这类历史建筑的重点是"维修保护"。对于正式公布，历史文化名城、村镇或历史街区保护规划确定的历史建筑，其维修和利用首先应该与相关法律、法规和保护规划的要求一致，应参考文物建筑维修要求，可以为满足现代社会生活的需要进行适当的结构和功能调整,这类历史建筑的重点是"维修与利用"并重。还有一些传统建筑,既不是文物保护单位,可能也没有被任何文件确定为保护对象,对待这类建筑更应该慎重从事,绝对不可一拆了之或大肆改造。在确定具体的设计方案之前可以邀请文物、建筑等各方面的专家进行考察评估,如果确有价值的应该坚决保留、维修和利用,这类建筑的控制可以适当宽松,以能够保留利用为主。

历史建筑的维修急需建立规范化管理制度。历史建筑维修所确定的是历史文化信息的保护和读解的实现途径,只有通过制度化的规范控制,使改善、提高维修手段的工作成为一种常规化内容,才能保持历史信息的可读性和连续性。基于这种视角,历史建筑维修实践的运作平台是一个法治化、规范化的制度体系,分为政策与法令两方面内容,包括行政机制、法令机制、程序机制、审议管理机制的完善。历史建筑维修所追求的是一种社会文化环境的整体目标和价值,必然涉及多种相关利益的协调和平衡。城市发展的不确定性,城市开发的多重性,城市管理的局部性及经济发展、价值观念、社会审美情趣的广泛多样性,都会对历史建筑维修的最终结果造成影响。因此,历史建筑的维修必须与文物管理和城市建设两个管理层面相结合,通过反映城市发展策略和市民生活需求的政策、标准和设计指引的制定,实现对历史建筑维修后利用、保养和再维修进行连续性的控制和指引;作为管理策略的历史建筑维修既体现了其维修管理的目标,又是其实施的保障,是与历史文化管理的互动。基于此,历史建筑的维修实践客观上要求建立城市建设与历史文化遗产保护和工程技术人员与行政管理者的互动机制,进行广泛的行政沟通和交流,互动机制的建立是两者相互完善的保证。

历史建筑的维修设计理论体系急需完善和提高。历史建筑的维修和利用是一个既古老又年轻的学科,中国前辈建筑大师梁思成先生和祁英涛先生的理论和思想已经指导了中国古建筑的维修几十年,近年来,又有一部分学者借鉴国外的理论和经验,进行了大量的实践。总的来说,目前历史建筑的维修利用设计并没有形成固定的体系,不同设计师的认识往往存在很大差异,这直接导致设计结果的大相径庭,使大量的不可再生资源在设计过程中被破坏。历史建筑维修设计工作的深层因素是在人类科学技术和生产力发展的背景下,设计师试图通过历史信息的解读,获得对自身认知需求的一种满足与指引;因此不同概念所反映的大相径庭的最终处理手法,实质反映了设计师或管理者对待人类历史文化的态度。而产生多重歧义的根源在于政治、社会、文化和生活背景的复杂性,其根本是设计师和管理者社会背景、知识结构的差异。历史建筑的维修利用理论构建应包含设计技术和管理技术两方面内容。就设计技术而言,历史建筑维修既有自己的思维方法和操作内容,又兼具建筑设计和历史研究(或称考古研究)两者的特征。所以,一方面侧重各种关系的组合、联接和渗透,是一种整合状态的系统设计,另一方面又具有艺术创作的特征,以视觉秩序为媒介,容纳历史与文化,表现地方性和时代性,并结合人的感知经验,建立起具有整体结构性特征、易于识别的建筑维修效果和氛围。就管理技术而言,历史建筑维修技术的发展也就意味着对历史文化遗产结合管理技术的发展,对管理技术的研究是历史建筑维修实施的关键环节之一。历史建筑维修利用必须以历史唯物论的观念为基础,强调动态的、可持续发展的手段,强调建立法治化、规范化的技术和管理体系,强调多学科的理论交流。历史建筑的维修保护是核心,技术是前提,管理是保障,而法治化、规范化的运作体系是实现历史建筑维修目的的手段。历史建筑维修利用理论体系迫切需要综合的、系统的、多学科、全方位的完善。任何一个成熟理论体系构架的产生必然是一个多种思维方式和手段的综合,一个成熟的理论必然也是一个成熟的系统,而这一系统的构建必然是以深厚的历史文化积淀为背景、广泛的学科研究为手段,运用科学的方法进行构建的过程。历史建筑的维修涉及建筑学、历史学、社会学、美学、经济学等相当多的领域,这一理论的成熟需要一个相当长的过程,如果没有有效的理论支持,历史建筑的维修和利用永远是"盲人摸象",这样造成的损失将会是巨大的和无法挽回的。

历史建筑作为一种文化资源是历史信息的客观载体,因此历史建筑维修的最终任务是"保留尽可能多的有价值的历史信息"。历史是一个动态发展的过程,也是一个不断创造信息和积累信息的过程,因此历史建筑的维修不应该是一个终结的技术方案,而应该是一个发展的可以永续利用和读解的过程。设计师在历史建筑的维修利用设计中始终应该保持对文化遗产高度负责的工作态度,不能简单、草率地对历史建筑进行大改大建,毕竟我们要对历史负责、对子孙后代负责。

五、社会公众的参与

在历史文化街区保护工程实施前的保护规划阶段,目前社会参与的方式和参与程度取得了较大改观,但是在历史街区保护与更新工程实施过程中和后期管理中社会公众的参与程度还比较低,还需要大力探索有效的模式和路径。首先应该在街区保护与更新工程的实施路径上进行改革和转变,政府应主要负责公益性投入,负责对公共基础设施、公共空间和环境的提升改造,而不宜进行全盘的投资或建设。政府应对公益事业进行多年持续投入与跟踪实践(如房屋的安全隐患排除、基础设施条件提升、街巷环境整治等),同时应制定政策技术指导,鼓励和指引居民自发改造、社会资本介入收购或租赁院落。应完善对具体建设活动的监督和评估,逐步实现多方参与下的历史文化街区保护与发展建设。建立社区建设管理机构,提供日常服务、协调社区内各利益群体并负责街区更新的相关工作,组织居民参与保护工作的各个阶段。在此基础上,赋予居民组织更多的权利,如自发选择设计单位和施工单位,参与设计方案评审,工程实施后建立居民评估反馈制度等。设立相关法规或办法,明确居民参与街区保护工作的方式,应逐步明确居民参与街区保护工作的流程和阶段,一方面继续鼓励居民参与到街区保护方案的制定和实施工作中,尽可能地保持街区的多样性,延续历史信息。另一方面,应建立相关信用机制,通过"契约"的形式,确认保护方案编制和实施各阶段的沟通成果,减少居民意愿反复。

西方国家社会参与的实践表明,真正富有成效的公众参与不是个人层次上的参与,而是非营利机构、行业协会、社区组织等非政府组织的参与。由于个人的认知能力有限,以及个人所处的位置、所代表的利益不同,并不能全局性地提出有效的意见和建议,这种参与所能发挥的作用比较有限。因此通过 NGO 来保证公众参与的权利和义务应该是社会参与发展的主要方向之一。可以通过赋予非政府组织参与历史文化街区保护管理工作的知情权、参与权、建议权、否决权、监督权,使之成为公众参与的平台和权利载体。NGO 的主要作用是负责收集公众的各类意见,提供个人参与历史文化街区保护实践的专业技术支持,负责与政府、利益集团公众、个人的沟通和对话。NGO 在公共利益与个人利益之间出现相互矛盾时,充当中间人,担当解释、调解的责任。NGO 也能影响政府公共决策,帮助解决保护中以发展经济的名义对公众权利的侵犯等问题。2021 年,北京城市规划学会二级分支机构"北京城市规划学会城市共创中心"(以下简称"城市共创中心")正式成立,是国内历史文化名城保护 NGO 机构的开创性尝试。城市共创中心这一平台聚集的是跨行业、各阶层的同行伙伴,其宗旨是搭建社会多方共建共治的公共参与平台,推动城市公共空间、公共艺术、公共服务、公共文化等领域的社会创新实践。在城市规划、建设、治理、运营、品牌传播等多领域搭建公共参与平台,联结规划、建筑、艺术、商业、服务、文化等跨界资源,联合政府、社会、公众等多方力量,推动社会创新实践,助力城市高质量发展和治理水平现代化。城市共创中心以北京的社区责任设计师制度为依托,开展了院落改造、社区微更新等活动,还与学校活动结合,面向少年儿童组织规划参与和保护宣讲活动,在公众参与平台搭建、公众教育推广方面均进行了积极的探索和尝试。

历史文化街区的保护从性质上涉及政府公共管理与基层社区治理双重层面,无论从历史文化遗产的有效保护、参与主体的动机目标实现以及街区可持续发展目标的达成来看,建立健全社区参与管理的机制都有其必要性。社区参与是以社区居民或组织作为主体,在社区事务治理过程中以各种合法方式进行的信息沟通、利益表达、利益平衡、政策评估反馈等参与活动,是实现社会参与的另一种主要发展模式。政府应进一步完善法律法规,对社区居民参与历史街区保护的内容和程序进行规定,将其知情权、质询权、决策权、监督权等一系列权利合法化。保护规划编制和保护工程方案出台要在深入、细致的调研的基础上广泛征询民意,保证居民的全程参与和权益。在街区后期管理中,也应发挥居民社区的管理和监督作用,鼓励群众监督和举报,及时发现违反历史街区保护要求的活动。

六、开展历史文化街区实施评估

历史文化街区较为特殊,地域之间存在较大的差异性,很多项目具有探索性,在具体实施中的保护与控制效果如何有时并不明晰。历史文化遗产另一个重要的特征就是其脆弱性和不可再生性,一旦对其进行干预产生的结果往往是不可逆的,如果是不当的措施或工程,造成的影响很可能是毁灭性的。因此,实施保护工程后,定期适时地予以回顾修正就显得尤为必要。历史文化街区保护与更新的很多理念和手段仍然处在探索阶段,由于种种客观因素的影响,许多手段尚待实践的检验。从已经实施的项目看,大量存在像一般城市建设项目一样的处理手法,项目按照出政绩、树形象的要求限时推进,进行突击工程,导致在实施过程中好心办了坏事。历史文化遗产的特殊性、脆弱性和渐进性的要求,是不适宜用普通的建设模式进行推进的,实施保护工程必须是渐进式的更新,必须坚持审慎、负责的态度,必须进行不断地总结、反思、修正,否则对遗产的破坏是不可逆转的,那时留下的只会是永远的遗憾。对历史文化街区开展定期回看评估,无疑是一个非常好的手段,将能及时发现前期工程和后期管理中存在的问题,进而调整或制定应对措施,对建立符合遗产保护客观规律的长效机制将有很好的促进作用。

实施评估主要工作内容,首先应明确规划实施过程中保护内容及保护对象是否完整且清晰合理,将此作为整个评估的起点。主要包括保护内容是否全面,价值评估的合理性,实施干预后的遗产状态,包括健康状态、真实性、完整性、延续性的再认定。针对街区保护规划文本中提出的约束性指标,在评估过程中应一一对应落实。包括整体风貌格局控制、建筑要素控制、道路要素控制、环境要素控制、保护区划管理规定落实、保护措施落实等以及在实施过程中新的理念加入、各种资金来源的调整、管理机构和管理模式的探索等等。国内已经实施的一些项目,不乏大胆的创新和尝试。例如保护利用实施的运作模式,各类国家公园利用模式的探索等,因此街区实施评估也应将创新类指标内容纳入评估范畴之内。历史街区涉及的对象往往处在城市最核心地区,牵涉到广大居民的切身利益,街区保护工作正成为一个复杂的、综合的社会问题。公众参与的评估也是一项重要衡量指标,内容包括保护信息是否公开,是否知会市民,社会团体的反馈和申诉制度是否建立,在地或回迁居民在保护方面的参与度以及居住期间所感受到的舒适程度,公众满意程度等。遗产的利用是一把双刃剑,利用得好可以促进保护,反之就变成了破坏。如何把握遗产利用的度,进行与其文化价值相符的利用,这一部分的评估研究也具有相当重要的意义。

实施评估的另一部分工作是进行研究和分析。在实施状况调研的基础上,对前期成果进行评估分析,主要包括建立定性评估和定量评估指标体系和评价标准。量化评估分为客观评估和主观评估,其中主观评估又是定量和定性的结合。只有以定量评估为基础、以定性评估为辅助,才能令整个评估更为可信、合理、深入、全面。得出评估结果后,应进行成果转化和反馈,建立监测机制,完善管理,提出必要的改进建议。通过评估成果的转化,滚动式完善和提高管理质量,进而帮助确定未来的保护管理工作重点,指导制度和政策的制定。应跟踪实施效果,建立动态监测平台,通过建立指标评价的监测机制,如通过每隔 5年对一些分期实施的指标(保护区划划定、维护保养计划、环境整治等)进行监测,帮助修正保护目标。通过评估平衡社会利益,关注历史街区实施社会成本,可以在政府和公众之间架起沟通和对话的桥梁,调动公众对遗产保护的积极性,增加公众对政府的信任度。适于在下一步工作中取得社会各界的广泛认可和支持,有效缓解矛盾,保持社会安定和谐,降低街区后期保护管理的社会成本。

第四节　本章小结

　　历史文化街区是我国名城保护体系里中观层面的要素,也是最易感知城市历史文化特征的场所。近年来,许多城市陆续实施了历史街区的保护与更新工程,但就最终实施的效果看,或许真正令人满意的并不多。修复更新后的历史街区往往出现"不修破破烂烂,修完面目全非",项目实施以后"专家学者不愿看,市民百姓没感觉"的尴尬局面。从某种角度看,这种"保护性破坏"的现象普遍存在,历史街区的保护与更新工程竟然会让人不断产生实施一个"破坏"一个的错觉。湖州的历史文化街区保护与更新实践中,曾经也走过弯路,也经历了不同观念理论的碰撞过程,这些案例是具有一定典型性的,其中的经验和教训也是许多历史文化街区保护与更新中普遍存在的。湖州小西街历史文化街区保护更新工程是近年实施得较为成功的案例,先后作为典型案例登上《人民日报》等重要媒体,其实施过程中在总结以往案例经验的基础上,积极探索基于价值认识和真实性认识的动态保护方法,突出整体城市肌理的动态研究和保护。该项目在提升街区居住品质、改善街区环境质量、提高街区基础设施水平等方面成效显著,实现了城市传统肌理保护与城市功能转换的无缝连接,将街区保护利用融入城市发展之中。

　　针对历史街区保护的理论和方法是在不断总结工程实践中取得的经验教训,应对社会、经济发展出现的新问题基础上提炼而成的。近年来历史文化街区保护工作可以说成绩斐然,也有相当多的专家学者从不同角度结合不同的实践工程进行了总结研究,目前我国历史街区的保护水平已经有了较大的进步,除了存在本书讨论的存在问题的项目案例外,其中也不乏另外一些优秀的成功案例。如杭州运河边系列历史街区、成都宽窄巷子、北京什刹海、南京老门东等历史街区保护项目,都是近年历史街区保护与更新实践中的重要成功实例。以往那种政治运动式的、房地产开发式的街区保护更新行动已经被广泛诟病和抛弃,广大的专家学者和专业技术人员也开展了许多如城市针灸、城市微改造、社区设计师微更新等设计理念、技术和机制的探索。当然,已有保护更新的成功案例虽可借鉴其经验,但不能简单复制和推广,各地的项目实践会因不同的社会、经济、文化、历史和建成环境的影响而有较大的差异。针对我国量大面广的历史街区保护研究,只能针对各个历史文化街区的特性和当地客观条件,探讨动态、弹性、适应性的保护机制、路径和工作方法。

我们应该认识到历史街区的保护与更新是一个复杂的社会系统工程,历史街区是生活着的活态城市社区,它们一直是其所在城市的一个重要组成部分,今后必将也还是城市的重要部分,历史街区必须回归城市、回归社会、回归全体市民的生活。随着保护和研究工作的不断深入,我们发现历史街区的保护与更新工作,不仅是一项建立在建筑遗产保护理论基础上、运用专业知识和技术解决具体问题的工程,也是一项推动城市地区整体发展的社会治理与管理工程,今后的工作将更需要公共政策的制定和研究。我们对历史文化街区的研究不能只停留在建筑的、城乡规划的物质文化的保护上,历史文化街区必然还是一个动态发展、不断变化的城市社区。对于历史文化街区的保护只有序幕,没有终章,我们必须使其继续保持活力,只能在保护管理与社会生活、公众利益、城市发展之间不断进行调试和无限修正接近完善。引入哲学、社会学、人类学、公共关系学知识的多学科研究手段的运用,将让我们不仅关注到物质和文化,也关注到人,关注到社会关系,关注到城市生活。让我们期待所有的历史文化街区在得到妥善保护的同时,依然是城市空间形态的重要组成部分,依然是宜人舒适的交往场所,依然是日常生活着的社区,依然是市民人生、记忆、情感当中最柔软的那一部分。

第 十 章

从历史文化街区保护
到历史文化社区保护

城市空间是社会生活的物质载体，城市远非一个静态的容器或被动的物体，而是人们在生活中的主体创造，城市因此成为社会生活的一部分和人的延伸。

衣裳街染发的老夫妻（摄影梁伟）

历史文化街区依旧是现代城市的一部分,对它们的保护与更新一直以来都是城市更新的主要内容之一,必须放在城市更新的大框架体系中去研究考虑。近年来,城市品质提升和城市更新,是我国城市研究的主要话题之一。我国的城市更新其实已经延续了很长的发展阶段,经历了从大规模拆倒重建到小规模整治改建,从单一的空间置换导向到社会多元需求的过程。20世纪中期开始,对于现代城市发展的人文关怀缺失就越来越被质疑。简·雅各布斯(Jane Jacobs)在《美国大城市的死与生》一书中,对以现代主义理念建成的城市空间提出了质疑,强烈关注城市背后的社会、环境问题。从此,低造价住房、社区更新一类的话题开始出现,弱势群体和亚文化群体的社会需求也开始受到关注。正是基于这样的理论发展背景,人本主义的研究者们开始关注城市物质空间背后人的需求多样性和完整性,强调之前的城市更新发展缺少了对于人们需求的关注。这种突破城市空间的物质性来审视城市空间的思想,引发了一系列基于人本需求的城市研究,从这时开始,城市更新中出现了许多有关于行为、社会与心理学等方面的交叉研究。

　　而自20世纪60年代末开始,随着人们对环境问题的不断关注,从物质环境质量的评价出发,解析人类行为与物质环境相互关系的研究方法逐渐成形。除了从微观的环境品质角度开展的研究外,还有大量从宏观的社会经济角度进行定性的、解释学的、批判性的研究。20世纪70年代以来,"空间造成的差异"逐渐成为以社会科学为基础的学科和地理学的中心,这些研究为传统建筑与城市研究提供了一套具有社会意义的框架与标准。这些关于城与人互动的理论发展对于20世纪后期的欧美城市更新实践有着明显的影响,以英国城市更新为例,有研究者将20世纪40年代到2010年的城市更新分为四个阶段,分别是1945—1979年的战后大规模开发重建阶段,20世纪80年代企业主导的更新开发阶段,以及 1991—1997 年多元协同政府主导的更新阶段和 1997—2010 年的城市复兴与社区重建阶段。从各个发展阶段的变化可以发现,英国的城市更新在空间发展的同时越来越重视文化、社会与社区等人文要素的作用。

建筑不是"物",或者说不只是"物";城市也不只是砖、瓦、混凝土垒积起来的围合圈。人们并不能够随意改变它们的始与终,更不能因为现代城市社会高度系统化发展,以非理性的方式来决定任何一处经历了历史的风霜都不曾倒下的历史文化遗产的命运。我们需要思考,如何在完整的时空维度中,协调社会系统所处的宏观层面以及城市空间、语义环境和社会行动真实处于的日常社会生活层面两者之间的双向平衡与联系。城市空间是社会生活的物质载体,也是与生活相互融合、共同作用的人居环境。社会生活内容及社会行动会要求人们建构与之相适应,并能够激发更多主体能动性与活力的物质空间环境。生活的印记、历史的变换交错,都会不断地转化为空间环境的语义信息,内化在城市整体物质空间里,成为进一步激发主体感知和指导社会行动的环境信息符号,引导人们认识空间、调节社会行动,推动人们建构和改善自身生活的世界。城市远非一个静态的容器或被动的物质载体,而是人们在生活中的主体创造,城市因此成为社会生活的一部分和人的延伸。

城市空间作为社会文化、个人生活的物质载体,一直与社会状态有着密切的联系。从人与空间相互联系的角度,当代的城市更新理论与实践对于现代主义城市观进行了反思,强调要关注社会、人与城市的互动关系。这一趋势表明城市更新过程中需要超越传统城市空间研究、设计与管理的范围,以更广阔的视角来研究城市问题。这种广阔的研究视野首先是一种关于人的研究,这种基于人本视角来看待城市空间与文化、社会与历史、物质与生活等要素关系的思想,也成为新时期城市更新的重要依据与指导思想。

一、历史文化社区提出的意义和必要性

作为城市更新的重要内容,我国历史文化街区的保护工作长期以来一直存在各种问题:见物不见人;重视物质形态保护,忽视社会文化生活;重视工程实践,忽视人文关怀。历史街区普遍是以城市低收入人群和贫穷、脏乱为基本特征的高密度人口聚居区。随着周边城市的发展,多数人享受的舒适现代生活近在咫尺,空间极化的差异日渐明显,街区内居民的社会地位急剧下降,成为各种社会矛盾滋生的温床,这使得实施过程中存在的社会问题更加突出,街区生活的维系也非常脆弱。历史街区的整治改造过程会对原住民生活产生较大干扰,

造成原有社会结构的迅速瓦解。由于整治后因人居环境改善使房产的价格大幅提升，原有的低层次居民很容易被社会中高阶层所代替，这必然会进一步加速社会分化和原有社会结构崩塌。近年来，以保护利用为名义造成历史文化街区破坏的悲剧逐年增多，在打着尊重历史的口号下，大批古镇、老街、村落、民居被整修得面目全非，与新建仿古建筑毫无二致。原有居民大量迁出，社会生活网络断裂，广泛引入各种商业业态，五光十色的霓虹店招、熙熙攘攘的购物人群取代了老街悠闲、轻松的居住氛围。历史街区是属于城市的，它们既生活在过去也要继续在现代城市中生活，因此城市历史文化街区的保护本质上是对一种传统城市文化、生活方式和城市发展秩序的继承。我们需要的不仅仅是保护一个个建筑遗产、控制街区肌理和传统风貌，更重要的是应该保持对城市发展历史的理解、对文化的热爱和对不同生活方式的尊重。从一定意义上说，没有居民居住的街区已经在新的城市生活中"死去"了，只有改善了居住环境，融入了现代城市生活的街区才是"活着"的。一切不顾居民意愿，打着保护的旗号进行置换改造的方法，都是利用强势城市文化对弱势群体进行的野蛮"侵占"和"掠夺"。传统城市社会网络的消失和传统建筑的消失一样可怕，历史街区保护更新过程使区域社会组成成分急剧转变，使原有社会生活方式骤然停止，失去了原本保持一致的城市文化渐进过程，最终历史街区会成为失去文化灵魂的空壳。保持城市发展的自然秩序，实现社会协调和可持续发展，需要在历史街区的居民享受到现代生活舒适的同时，也让历史街区和居民本身继续讲述真实的"故事"。我们不但要把建筑、河埠、街巷留下来，也要把家长里短、记忆时光、邻里街坊、生活方式一起留下。取代历史街区原有的社会发展脉络和结构，代之以大杂烩式的精英文化或特色商业、仿古民俗，其实质是一种文化上的"假古董"，不管街区环境再优化、建筑保护再原汁原味，失去了城市生活和文化原真性的历史街区将永远失去灵魂。（图10-1）

　　相比前文回顾的发展路径，我国目前对历史文化街区的社会文化方面所开展的系统性研究尚十分有限，认识的普遍观念主要局限在历史文化遗产保护的层面，已经无法为处于复杂城市发展环境中的历史街区保护实践，提供行之有效的方法论指导和理论依据。即使历史街区已经被纳入城市规划的综合体系，也仍然很难逃脱出物质遗产保护的窠臼，我们一直未能将其转化为对现代城市本体身份建构和社会发展具有推进力的文化资源。从对现行多数历史街区的保护与更新策略分析看，虽然我们一直在理论上强调建筑、街道格局、空间系统及景观界面、非物质文化遗产的整体保护观念，但还是可以看出，分散的点状

图 10-1　小西街居民生活场景老照片(摄影支江、梁伟)

"物质形态要素"在街区保护理念中依然占据首要位置。这就很容易在具体工程实施时,将历史街区整体保护缩减简化为单体物质文化遗产保护的分解,将工作的中心依然维持在物质景观层面。无论从历史街区保护的完整性、城市传统文化传承的需要,还是从区域生活的延续层面看,景观面貌导向的历史街区保护方式已经背离了整体保护科学理念的内涵。这样也就不难理解,为什么斥巨资的历史街区保护更新与功能置换项目反而招致专业学者的批评和社会舆论的不满,无可挽回地陷入区域活力急速退化或资本化,快速远离当地城市生活的僵局。历史街区不是一个包袱,也不是一个单纯的标本或景点,它们应该转化为现代城市社会文化发展的推动因素。历史街区本质上还是城市建成空间的一个重要类型,应该以此为基础改变对待历史街区的基本立足点。历史街区虽然融合了历史、文化、艺术、社会等诸多方面的独特价值和特性,同时在不同物质文化语境中表现的形式特征及存在方式都极为不同,但就其根本而言历史街区的一切价值与意义都基于首先是城市街道、是城市住宅、是城市公共空间、是城市社会生活语境的有机组成部分。正是在这个基本立足点上,历史街区不仅应被视为可感受的传统城市生活的区域,也应成为现代城市社会生活多元构成的一部分。

在历史文化街区中,我们不能依靠通过市场化的商业过程调节,对社会空间的再分配予以调控。解决城市低收入社区问题是典型的"市场失灵"问题,传承传统、延续生活、实现社会公平,在国外是政府、NGO、公众、专业人士多元合作,而在我国目前的体制下一直没能实现有效的多方参与,估计在相当长的时间内以和谐城市为目的的更新过程中,政府的强势参与仍然是必要的条件。在我国历史文化街区保护进入后半场的时候,对历史文化街区社会问题的研究应成为工作的重要方向,历史文化街区的保护和更新也将由规划、设计、法规管理,转变为一种长期公共政策指导和法规管理的方式,也即进入城市社区范畴,进入历史文化社区的保护管理阶段。

二、历史文化社区概念的内涵

社区的概念来自社会学,德国社会学家斐迪南·滕尼斯(Ferdinand Tönnies)在1887年所著的《共同体与社会》中最早提出了"community"概念,这一概念在此被解作"共同体",其社会组织特征为类似乡村那样的自然生发的、小规模的、紧密连接的社会组织形式。费孝通先生在翻译滕尼斯的这本著作的时候,将英文单词"Community"翻译为"社区"一词。目前不同学科学者们对它的定义解释有许多种,城乡规划学中则主要将社区限定为一个具有固定边界范围的城市居住区,是组成城市的最基本单元。综合来看,所有对于社区的定义基本包括以下方面:即包括具有一定数量的人口,具有相对独立的物质空间范围和环境区域界限(可能是自然界限,也可能是人工界限),社区居民具有共同利益和特定的组织方式,具有相对完善的社会结构,一个相对成熟的社区应该具备经济、文化、教育、服务等多种功能,能满足其成员的各种需求。

历史文化社区可以定义为以居住为主、多种功能复合、具有稳定的社会网络、稳定传承城市传统文化的城市历史街区。由历史文化街区转变为历史文化社区的保护,是社区理念加历史文化街区理念的综合体,是基于物质文化遗产的保护、传统生活文化延续、街区活力复兴、社会居民治理所提出的更深入的文化遗产保护概念。历史文化社区的概念首先体现的是遗产价值认知的转变,使保护内容和对象涵盖更加全面,也代表遗产保护范式的根本转变和相对应的保护措施、保护方法的转变,同时也是遗产管理方式的转变。归根结底,经过40年的保护和实践,我们应该认识到照搬和简单套用遗产保护理论已经不适合中国历史文化名城和历史文化街区的保护。历史文化街区是典型的"活态遗产",历史文化社区的概念是更适合其遗产特征和性质的保护管理方法。

三、遗产价值认识和保护范式的根本转变

ICCROM 的核心专家 Gamini 博士于 2009 出版的《活态遗产保护方法手册》(*Living Heritage Approach Handbook*)一书中将"延续性"视为界定活态遗产的核心,他认为:活态遗产"仍为社会持续履行着原功能的遗产没有与当今的社会孤立,这种孤立正是由西方管理体系下的'博物馆化'所造成的"。活态遗产这一概念近年来在遗产保护领域受到了越来越多的关注,我们对于遗产地非物质层面的社会机制、传统、习俗以及遗产地"人"的研究也逐渐增多。正如很多学者指出的那样,活态遗产保护理念体现的是遗产价值认知框架的发展,遗产保护的理念已经从注重客观实体的"以物质为中心"的保护,扩展到将不同

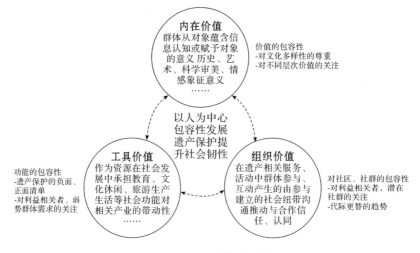

图 10-2　遗产价值认知转变

群体的不同认知都纳入价值评价体系中,强调社会性的意义与遗产价值的阐释关联,即"以价值为中心"的保护理念。(图 10-2)活态遗产的保护理念,则是在以价值为中心的基础之上更进一步,更加强调基于遗产地社区的、自下而上的管理与保护,强调核心社区与遗产地功能的延续性。充分尊重和关注不同群体、不同层次人群的价值认识,体现遗产价值认识的包容性。历史街区对于专家学者来说赋予的都是我们普遍意义下的历史、艺术、科学价值,但对于普通居民来说遗产的情感价值、使用价值,以及由此带来的商业价值或许比专家学者认识的内在价值更有吸引力。这种"空降的专业知识"应逐渐让位给"立足本土智慧"的价值认知,并将逐渐替代自上而下管理的方式。遗产保护可持续发展范式的普及,以基于文化背景或文脉的不同方式,重新构建了政府、机构、从业者、社区居民的社会网络关系和相互合作模式,人们也越来越认识到遗产的存在并不是防御式的孤立区域,它们在改善区域经济、提高工作机会、健康、教育和整体福利方面有巨大潜力。那种被少数"专家"占领(话语权),并采用脱离社会的管理方式和保护方法已经不适应现代城市遗产保护发展的需要,"本地化"以及跨部门动员推广遗产事业,也许是我们这一代遗产保护从业者面临的最大考验,迫切需要利用公民社会和基层的主动行动,抓住目前被广泛认知的所有潜力。

活态遗产的保护理念经过近二十年的发展,尤其是在 ICCROM 等国际遗产保护组织的推动之下,已经成为全球遗产保护领域普遍认可的保护原则。2007 年,联合国教科文组织在第 31 届大会上将世界遗产项目的战略目标增加了"社区"一项,更加注重让遗产地社区参与决策、共享保护成果。与"以物质为中心"的保护理念相比,"活态遗产"理念最本质的区别是认为物质遗产的生成过程不能简单等同于建造、发展过程,而是遗产核心价值的不断积累过程,这个过程有可能既包括始建过程,也很可能包括改动甚至重建过程。当然如果以"功能延续"作为活态遗产的界定标准,历史文化街区并不能算是最严格意义上的活态遗产,居住人口的流失、延续居住的乏力已是不争的事实,街区内的某些传统和文化也已经无法与时代的发展相适应。但不可否认的是,历史街区仍然与社会、城市保持着密切的联系,仍是城市居民所共同维系的重要居住空间和公共文化空间,"核心社区的延续""关切的延续""文化表达的延续"需要仍然存在。活态意味着不断变化,对活态遗产的管理即是对于遗产地变化的管理。历史街区怎样的变化是合理的？变化的程度如何把握？街区内的居民是否能够决定变化的方向？这些问题都不是传统遗产保护的分析方法与工具所能解决的。

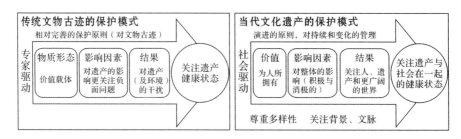

图 10-3　遗产管理范式转变

　　我们已经看到在实际的保护案例中，历史文化街区的保护决策可能更为复杂，谁能代表"核心社区"的意见？核心社区可能由代表不同价值观的不同群体组成，不同群体之间的价值与利益需要协调。作为历史文化社区至今都在不断地更替变化、新陈代谢，社区成员、社会结构、价值观等不同的变化维度，究竟哪些对于遗产的"活态性"有着决定性的影响？社区的变化也会产生不同的功能需求，不是简单的使用功能，而是涵盖很多人与遗产物质和空间场所的联系。在这种情况下如何保持历史功能、控制和管理好街区在不同层面和社会环境中的变化，拆解其中对于"活态性"决定性的因素，需要建立更为复杂的机制与评估判断方式。在文化遗产由人创造（by people），且为人享有（for people）的理念指导下，今后对于变化和持续性的管理将成为历史文化街区管理的中心。政府、机构、专家学者、运作遗产相关问题的当地组织和其他 NGO 的代表，越来越多来自民间社会的参与者的加入将成为一种常态，将取代过去领域间互不相通的状态，并将重点落于人—文化—城市的连接。城市历史文化遗产能力建设途径的重点应该从"文物古迹保护"转向"将保护作为遗产管理工作的一部分"，并进一步向"关注遗产与社会在一起的健康状态"迈进。（图 10-3）

四、保护与管理方法的转变路径

　　历史街区的保护从性质上涉及政府公共管理与基层社区治理双重层面，无论从保护目标的实现、参与主体的动机目标以及可持续社区发展目标的达成来看，建立健全社区参与机制都有其必要性。社区参与在学术研究与社会管理范畴内都被认为是一个颇具"共识"的概念，指社区组织或居民作为主体，在社区事务治理过程中以合法方式进行的信息沟通、政策评估反馈、利益平衡、利益表达等参与活动，以直接或间接的方式影响相关公共决策及社区发展项目进程。但事实操作层面上，社区参与的主体、效果及方式会因为各种主、客观因素的影响而千差万别，如政府宏观的制度环境、时空因素以及参与主体的利益关联、主观意愿及行动力等。在我国社区的出现更多的是单位管理制解体之后，国家进行城市管理的基层组织单元，而非真正意义上促进公民社会发育的地域利益共同体，社区参与自然也就缺乏价值基础与制度支持。已经进行的社区居民参与历史街区更新实践中显示，广泛社区参与的尝试和特殊的政策、经费支持，也会因为政府的目标设定和监管力度、居民的参与动机、策略手段及社区的参与理性与能力等因素而出现诸多负面效果。因此，历史街区保护中的有效社区参与应体现三大特征，即公共性、经历性和再构建性特征。所谓公共性是指参与的前提是公共议题，应明确以私利为动机的参与不是真正意义上的社区参与，要通过宣传和鼓励居民将历史街区的保护、社区生活品质的改善等公共利益目标作为其参与的基础，将居民的关注点由私人领域转向公共领域。经历性，则是要正视和认可社区参与过程中个人和组织之间、社会与国家之间等多元利益主体之间的利益博弈过程，这个充满争论的过程也是社会群体对历史街区价值认同生成的过程。所谓再构建性，是指居民通过社区参与强化了原来薄弱的历史文化价值认同感和家园意识，并将这种认同意识转化为对街区物质空间的再生产和对社区共同体的建构。政府部门不能急于求成，这会直接导致公共目标和私人利益的不一致甚至冲突，保护与更新的全过程既是实验又是一个政府与居民建立相互信任、共同认同"底线"的过程。国家—社会—个人之间的博弈虽然难免会出现诸多失控之处，但若能坚持参与居民自愿、保护底线不变、政府不急功近利、不追求百分百圆满解决等原则，公共目标与私人利益之间通过磨合是能找到"保护、解困、发展"等子目标间平衡的。

在社区参与机制方面，应完善法律法规和参与程序。在观念转变的基础上，政府应进一步完善制度、出台配套政策。从法律、法规的层面对居民参与历史文化街区保护的内容和程序进行规定，将知情权、决策权、质询权、监督权等一系列权利合法化。保护规划的编制和保护政策出台要在深入、细致调研的基础上广泛征询民意，对保护目标、保护内容和保护底线等原则性问题进行充分的论证和解释。应建立完善的利益表达和监督机制，将分散的、原初的个体利益诉求凝聚成集中而深化的公共利益，并通过组织化的监督保证社区诉求能落实到政策制定、规划编制及实施的全过程中。

由于历史原因，历史街区中的住房产权复杂多元，物业配套服务也很不健全，往往没有业主委员会和物业管理公司等现代城市社区的管理主体。为实现历史街区保护目标需要成立专门的社区自治组织，如历史街区管委会、历史街区业委会、历史街区社区保护委员会等，以合法而有效的方式表达社区诉求、参与规划编制、参与政策制定、监督项目进程和利益分配、约束过度的市场行为。

应建立健全的结果预测和评估机制，为缺乏专业知识和全面认知的居民提供充足的历史街区保护和社区发展的相关知识信息、专家意见等，使其获得对社区规划和实施结果的全面了解和研判能力。比如社区责任规划师或设计师机制，将责任规划师作为项目进行过程中居民与政府职能部门之间的桥梁，通过责任规划师对规划实施进行动态评估，并根据实际情况对规划实施进行调整。建立第三方抗诉机制，尤其是在发展旅游型社区等以第三产业发展推动历史街区保护项目中，此机制能保证居民或社区在利益受到侵害时能够有及时、有效的维权渠道，如成立由社区居民代表、社区工作人员、政府职能部门、专家学者、媒体等共同组成的历史街区保护监督委员会。

应提高居民的参与理性与组织能力，进行社区公民教育。对社区参与主体的培养包括两个方面：首先是对社区参与意识本身的培养。虽然近年来很多城市居民，尤其是受过良好教育的中青年群体已经有了较强的公民意识，但是在历史街区内主要的居住人口仍是中低收入人口、老年人口和外来人口，他们一般仍认为"社区的事政府说了算"，对于公众参与的认知还停留在对置换补偿利益的争取层面，并没有社区自治和参与决策的主观意愿。政府宣传、专家指导和家庭里的中青年成员的参与，是培养居民社区参与意识的有效方法。其次是培养居民对历史街区价值的主观认同，由于缺乏对历史街区价值的认同，这些遗产的直接使用者往往只想争取历史街区保护带来的好处，而不想承担相应的义务，因此往往提出一些有悖保护原则的要求，对保护目标的达成会起到负面作用。应对这种问题，可通过专家咨询、街区历史文化溯源及推介、青少年教育等方式，提升居民对自己生活其中的街区及建筑的美学、文化和社会价值产生认同感及自豪感。以上两方面主体意识的培养是相辅相成的，社区认同感的形成、社区意义的建构以及市民在空间政治博弈、社会改造过程中主体性的生长，正是在参与保护生活空间的文化特质和集体记忆的过程中实现的。

社区参与还应重点加强社区组织和 NGO 的孵化培养，主要指专家委员会和其他非营利社会组织。专家委员会可以很好地起到咨询与协调的作用，一方面为政府制定社会政策提供有力的智力支持，另一方面，有机整合社会公众的利益诉求和城市遗产保护的理想目标，协调各方利益。NGO 参与历史街区的保护在国外非常普遍，这些社会组织通过招收会员和志愿者、募集资金、宣传保护城市遗产思想等方法对社会公众进行教育，并有效影响决策。虽然目前国内的社会组织没有相对成熟的发育土壤,但仍可以在公众城市遗产保护意识的培育等方面起到积极作用。重视风险评估与风险管理,历史街区作为人居型活态文化遗产,在快速现代化的环境中体现出了脆弱性。无论是物质遗存因无法满足现代生活需求而被破坏,还是原住民外迁等非物质价值弱化甚至消失,都对历史街区造成了不可逆的负面影响。社区居民与社会组织既是风险(物质环境和人文环境的破坏)的直接导致因素,也可能成为风险管理的积极主体,因此在社区参与制度的完善过程中,需要加入量化、可操作的风险影响评估指标,并将风险管理纳入社区参与的公共目标。针对不同的情况,影响遗产价值的风险影响评估指标应包括交通、店铺装修改造、游客带来的环境污染、业主房屋改扩建、游客游览方式、新辟公共空间与公共环境改造、社区解体等内容。

五、小结与展望

早在 2017 年国务院就已发布了《关于加强和完善城乡社区治理的意见》,多年前社区规划的概念已经被引入城乡规划领域,社区规划和社区自治的相关研究和实践也在北京、成都、上海等多地陆续进行过探索。北京等地先后推出社区规划师和社区设计师的"双师"制度实践,让规划师实现了由一个单纯的设计者向一个设计实施的贯彻者和协调者的角色转变。自从"陪伴式设计"推出,社区设计师们深入社区生活,倾听居民意见,组织居民对社区公共空间进行改造,这些地方的城市更新在推动社会参与、实现社会公平等方面进行了制度和模式的积极探索,取得了宝贵的实践经验,其中也不乏如北京的大栅栏等历史文化街区的实践范例。但是,就已经进行的案例实践来看,还难以完全将历史文化街区视为历史文化社区对待。这些项目实施过程中物质和空间仍是主要关注内容,以推动居民参与设计和实施为主要目标,这其中还是由设计师进行引导和组织,居民往往是被"推着走和牵着走",相对来说社会力量和居民仍然是处于被动状态,许多实践是以活动形式开展的,其主观能动性仍有待大力提高。已有的实践探索也较为碎片化,以项目论项目,一事一议,缺乏整体性和战略性的考量,无法进行制度化和向政策制定转化。引入历史文化社区的保护与更新,不仅仅是保护理念、认识和范式的转变,更重要的是强调将其转化为一项制度设计,相应的制度和政策的创新、法律法规的制定和完善才是实现的根本路径。历史文化街区的保护和更新与其他城市更新的项目一样,不能再仅凭"一份规划、一个设计方案"来决定其未来命运,历史文化街区的保护更新应该转化为一项综合社会治理工作。应该系统关注物质、文化、经济、环境、生活、生产、服务、治理等多维度的互动和共生,贯彻以人民为中心的保护发展理念,实现由"为人的设计"向"与人的设计"转变。历史文化街区的保护更新过程,应转变为保护与发展的管理体系和组织机制构建的过程,亦应真正实现公共政策的制定、执行、实施的全过程。

附录一 湖州历史文化街区传统街巷名录

街巷名称	始建年代	宽度（米）	长度（米）	路面材料
衣裳街	唐宋	6米	430	水泥
平安巷	明清	1.4—2.2	85	石板
包安弄	明清	1.2—4.5	95	石板
竹安巷	明清	2.9—5.1	105	石板
当弄	明清	1.7—3.5	85	石板
吉安巷	明清	1.5—3.0	80	石板
小弄	明清	1.0—1.5	70	石板
馆驿巷	宋	2.5—3.9	90	石板
钦古巷	清	1.7—5.4	95	水泥
九曲弄	清	1.2—3.3	115	石板
馆驿河头	宋	2.3—8.3	310	石板
仓桥弄	清	2.2—2.6	70	水泥
五爱弄	民国	1.4—2.5	47	石板
大摆渡口	清	1.4—11.0	40	石板
承德里	民国	2.3	29	石板
红门馆前	清	3.1—10.9	300	石板
证通寺前	清	2.5—8.5	45	水泥
团结巷	民国	5.0	120	水泥
保健巷	民国	3.5—6.9	132	水泥

续表

街巷名称	始建年代	宽度(米)	长度(米)	路面材料
小西街	明	3—4.2	560	石板
栅口弄	清	2—3	60	石板
海门底	明清	1.5—3	60	石板
眺谷桥弄	明清	3	174	石板
花园弄	明清	4	68	石板
木桥北弄	明清	2—3.2	70	石板
木桥南弄	明清	2—3	68	石板
石乱巷	明清	2.5	60	石板
高巷	明清	1.8—2	86	石板
油车巷	清	1.5—3	156	石板
朝阳巷	民国	4—5	100	水泥
勤劳街	近代	6—8	427	水泥
桥梓巷	清	3.5	60	石板
医院巷	民国	4.5	132	水泥

附录二 湖州历史文化街区不可移动文物名录

名称	级别	保护内容及价值评价	保存状况
周宅	市文保单位	清代典型民居,体量较大,保存完整。保护建筑、庭院格局、历史文化内涵和历史环境。	较好,基本完整
吴兴电话公司	市文保单位	湖州首家电话公司,保护建筑、庭院格局、历史内涵和历史环境。	良好,基本完整
王宅	市文保单位	清代大型民居,规模较大。保护建筑、庭院格局、历史文化内涵和历史环境。	良好,第三进改动大
碧澜堂旧址	市级文保单位	建筑结构精美,具有鲜明的晚清建筑特色,保存精美的砖雕门楼一座,始于东晋时,为谢安宅旧址,历史悠远。	良好,前进已毁
章宅	市文保点	童子试监考官住宅。保护建筑、格局、历史文化内涵和历史环境。	较好,基本完整
宗宅	市文保点	晚清典型民居,曾为辛亥革命军政府旧址。保护建筑、历史文化内涵和历史环境。	较好,基本完整
叶宅	市文保点	典型民居童子试监考官、考生住宿地,曾为民国军政分府要员聚会地。保护建筑、格局。	较好,基本完整
褚宅	市文保点	典型民国民居,保护建筑、格局,庭院环境。	较好
钮宅	市文保点	湖州典型民居,保护建筑、庭院格局、历史文化内涵和历史环境。	一般,前进已毁
沈宅	市文保点	典型晚清民居,保护建筑、庭院格局、历史文化内涵和历史环境。	较好
陆宅	市文保点	民国典型民居,风格独特,保护建筑、格局。	一般,后进已毁

续表

名称	级别	保护内容及价值评价	保存状况
钮氏状元厅（本仁堂）	省级文保单位	湖州地区仅存的一座科举文化厅堂建筑，典型清代厅堂，格局完整	完整
小西街莫宅	市文保点	典型晚清民居，保护建筑、庭院格局、历史文化内涵和历史环境。	完整
小西街杨宅	市级文保单位	典型晚清民居，保护建筑、庭院格局、历史文化内涵和历史环境。	完整
沈氏晓荫山庄	市文保点	典型晚清民居，保护建筑、庭院格局、历史文化内涵和历史环境。	基本完整
许宅（宝树堂、宝恒堂、宝魏堂）	市级文保单位	清代典型民居，体量较大，保存完整。保护建筑、庭院格局、历史文化内涵和历史环境。	完整
朝阳巷温宅	市级文保单位	清代典型民居，体量较大，保存完整。保护建筑、庭院格局、历史文化内涵和历史环境。	完整
吴宅	市文保点	典型晚清民居，保护建筑、庭院格局、历史文化内涵和历史环境。	基本完整

附录三 湖州历史文化街区名店老号名录

名称	位置	原经营范围	保护利用措施
吴兴电话公司	红名馆前 48 号	电话公司	保护,保留原业态
碧澜堂(雪溪馆)	馆驿河头 22—32 号	驿馆	辟为展馆
仁济善堂	红门馆前 52 号	药店	保护,保留原业态
老公泰旅馆	馆驿河头 58 号	旅馆	保护,保留原业态
吴兴旅馆	馆驿河头 96 号	旅馆	保护,保留原业态
青莲阁茶楼	馆驿河头 12—14 号	茶楼	保护,保留原业态
昌大当店	馆驿巷 5 号	当铺	保留名称业态另定
泰济成药店	馆驿巷 9 号	药店	保护,保留原业态
鼎裕糖行	钦古巷 1 号	糖店	保护,恢复原业态
交通银行旧址	馆驿巷 7 号	银行	恢复原业态
同泰药材店	钦古巷 3 号	药材	保留名称业态另定
朱连宝柴炭行	钦古巷 5 号	柴炭	保留名称业态另定
稽敦睦堂	钦古巷 16 号		保留名称业态另定
王记柴炭行旧址	钦古巷 14 号	柴炭	保留名称业态另定
永安洋龙会旧址	钦古巷 6 号	公共服务	保护,恢复原业态
育婴堂	馆驿河头 1—4 号	社会慈善	设标志说明
福泰顺烟草行	馆驿河头 52 号	烟草	保留名称业态另定
成德当店	馆驿河头 66—68 号	当铺	保留名称业态另定
恒裕当店	馆驿河头 90—92 号	当铺	保留名称业态另定

续表

名称	位置	原经营范围	保护利用措施
孙义昌药材店	馆驿河头 100—102 号	药材	保留名称业态另定
冯大耒纸行	馆驿河头 108 号	纸店	保留名称业态另定
吴氏缸坛店	馆驿河头 110 号	缸坛	保留名称业态另定
义丰酱油店	馆驿河头 112 号	酱油店	保留名称业态另定
套鞋店	馆驿河头 120 号	套鞋店	保护,恢复原业态
慎益钱庄	九曲弄口	钱庄	保留名称业态另定
胡仕文湖笔店	小弄口	湖笔店	保护,恢复原业态
马恒春漆店	吉安巷口	油漆店	保留名称业态另定
祥泰来布店	吉安巷口	布店	保护,恢复原业态
森益源药店	平安巷西	药店	保护,恢复原业态
中国银行旧址	平安巷西	银行	保护,恢复原业态
戒烟所	竹安巷口	公共服务	设标志说明
济成当铺	平安巷内	当铺	保留名称业态另定
小琉璃文具店	衣裳街北侧	文具店	保护,恢复原业态
新泰和嫁妆店	衣裳街北侧	嫁妆店	保护,恢复原业态
福泰和嫁妆店	衣裳街北侧	嫁妆店	保护,恢复原业态
陈信源银楼	衣裳街北侧	首饰店	保护,恢复原业态
德源钱庄	九曲弄内	钱庄	保留名称业态另定
安豫钱庄	九曲弄内	钱庄	保留名称业态另定
三余学社	衣裳街	公共服务	设标志说明

参考文献

UNESCO. Global report on culture for sustainable urban development, 2016.

UNESCO. Historic districts for all. a social and human approach for sustainable revitalization, 2000.

UNESCO. Operational Guidelines for the Implementation of the World Heritage Conventiong, 2015.

阿尔多·罗西. 城市建筑史[M]. 黄士钧, 译. 北京: 中国建筑工业出版社, 2006.

安东尼·滕. 世界伟大城市的保护: 历史大都会的毁灭与重建[M]. 郝笑丛, 译. 北京: 清华大学出版社, 2014.

白舸, 朱媛卉, 甘伟. 城市历史街区失落空间的活力重塑——以武汉黎黄陂路为例[J]. 华中建筑, 2016(3).

边兰春, 石炀. 社会—空间视角下北京历史街区整体保护思考[J]. 上海城市规划, 2017(6).

蔡路, 郝爱玲, 郭伟. 历史文化街区保护性开发过程中的防火间距问题[J]. 消防科学与技术, 2021(12).

曾诗晴, 谢彦君, 史艳荣. 时光轴里的旅游体验——历史文化街区日常生活的集体记忆表征及景观化凝视[J]. 旅游学刊, 2021(2).

陈晨, 谭许伟, 由宗兴, 等. 历史文化街区保护的困境与展望——以沈阳市中山路为例[J]. 城市规划, 2016(1).

陈虎, 梅青, 王颖超, 等. 历史街区旅游意象对环境责任行为的驱动性研究——以满意度为中介变量[J]. 中国人口·资源与环境, 2017(12).

陈力, 关瑞明. 基于类设计理论的历史街区动态保护及其社区再造模式研究

[J].建筑学报,2016(12).

陈薇.生活是条河——宜兴丁蜀古南街保护20年思考[J].建筑学报,2021 (5).

程德年,周永博,魏向东.旅游目的地意象固化与更新的动力机制研究——以 苏州为例[J].旅游学刊,2017(2).

程新宇,张勇.基于体验消费视角的历史街区改造分析——以哈尔滨中华巴洛 克历史文化街区为例[J].华中建筑,2015(6).

楚晗,谢涤湘,常江.地方发展变迁与居民地方感关系研究——以广州荔枝湾涌 历史文化街区为例[J].人文地理,2019(4).

戴湘毅,朱思嘉,宋予佳,等.居住性历史街区的商业结构及其形成机制——以 北锣鼓巷为例[J].城市发展研究,2017(7).

丁少平,陶伦,王柠,等.原真性视角下历史街区风貌更新的困境、根源与实 践——基于南京、苏州、杭州、福州五个历史街区的比较分析[J].东南文 化,2021(1).

顿明明.苏州居住型历史文化街区保护的利益相关者分析及其策略应对[J]. 规划师,2016(7).

高见,邬晓霞,张琰.系统性城市更新与实施路径研究——基于复杂适应系统理 论[J].城市发展研究,2020(2).

高艺元,郭建.基于GIS的昙华林历史文化街区建筑价值评价研究[J].华中建 筑,2017(5).

龚蔚霞,钟肖健.惠州市历史文化街区渐进式更新策略[J].规划师,2015(1).

顾方哲.公众参与、社区组织与建筑遗产保护:波士顿贝肯山历史街区的社区营 造[J].山东大学学报(哲学社会科学版),2018(3).

郭凌,周鹏程.文化意象视角下城市历史街区游客满意度测评及影响因子分析 ——以都江堰市西街历史街区为例[J].四川师范大学学报(社会科学版), 2018(5).

郭志强,吕斌.历史文化街区有机更新中的风貌管控——以北京南锣鼓巷为例 [J].商业经济研究,2018(24).

国际工业遗产保护协会.下塔吉尔宪章[S].2003.

国际古迹遗址理事会.华盛顿宣言.国家文物局法制处编.国际保护文化遗产法 律文件选编[G].北京:紫禁城出版社,1993.

国际古迹遗址理事会.威尼斯宪章.国家文物局法制处编.国际保护文化遗产法

律文件选编[G].北京:紫禁城出版社,1993.

国际现代建筑协会.雅典宪章[S].清华大学管建系译,1933.

何淼.城市更新中的文化策略与空间政治——基于J市N街区的个案分析[J].四川理工学院学报(社会科学版),2017(2).

侯志强,曹咪.游客的怀旧情绪与忠诚——历史文化街区的实证[J].华侨大学学报(哲学社会科学版),2020(6).

胡敏,郑文良,陶诗琦,等.我国历史文化街区总体评估与若干对策建议——基于第一批中国历史文化街区申报材料的技术分析[J].城市规划,2016(10).

胡敏,郑文良,王军,等.中国历史文化街区制度设立的意义与当前要务[J].城市规划,2016(11).

黄明华,关晓慧,曾勤,等.我国住区模式转型的是与非[J].规划师,2017(3).

黄亚平.城市空间理论与空间分析[M].南京:东南大学出版社,2002.

黄怡,吴长福,谢振宇.城市更新中地方文化资本的激活——以山东省滕州市接官巷历史街区更新改造规划为例[J].城市规划学刊,2015(2).

黄勇,刘杰,史靖塬,等.城镇商业街道空间网络模型构建及方法研究——以重庆磁器口为例[J].城市规划,2016(6).

黄勇,石亚灵,万丹,等.西南历史城镇空间形态特征及保护研究[J].城市发展研究,2018(2).

贾蓉.基于城市策展视角的历史街区跨界复兴——以大栅栏更新计划为例[J].装饰,2017(5).

简·雅各布斯.美国大城市的生与死[M].金衡山,译.南京:译林出社,2006.

姜妍,徐永战,陆磊.历史街区开放空间形态的再生研究——以南通寺街—西南营街区为例[J].城市发展研究,2016(2).

李晓东.文物学[M].北京:学苑出版社,2015.

李云燕,赵万民,杨光.基于文化基因理念的历史文化街区保护方法探索——重庆寸滩历史文化街区为例[J].城市发展研究,2018(8).

联合国教育、科学及文化组织.内罗毕建议.国家文物局法制处编.国际保护文化遗产法律文件选编[G].北京:紫禁城出版社,1993.

联合国教育、科学及文化组织保护世界文化与自然遗产政府间委员会.实施《世界遗产公约》操作指南[S].2015(http://whc.unesco.org/en/guidelines).

梁晨,曾坚. 基于重要性—绩效分析的历史文化街区步行环境优化研究 ——以天津五大道地区为例[J]. 现代城市研究,2019(2).

梁学成. 城市化进程中历史文化街区的旅游开发模式[J]. 社会科学家,2020(5).

廖春花,明庆忠. 旅游开发与城市历史街区保护[J]. 城市问题,2015(4).

凌晓红. 历史街巷集体记忆的空间分布特征研究——以广州文德路和北京路为例[J]. 南方建筑,2017(5).

刘东超. 场景理论视角上的南锣鼓巷[J]. 东岳论丛,2017(1).

刘易斯·芒福德. 城市发展史[M]. 宋俊岭,倪文彦,译. 北京:建筑工业出版社,2005.

刘易斯·芒福德. 城市文化[M]. 宋俊岭,李翔宁,周鸣浩,译. 北京:中国建筑工业出版社,2009.

卢永毅. 新老之间的都市叙事——关于"严同春"宅的修缮及改扩建设计[J]. 建筑学报,2016(7).

陆明,蔡籽焓. 原住民空间融合下的历史文化街区活力提升策略[J]. 规划师,2017(11).

罗小未. 上海新天地——旧区改造的建筑历史·人文历史与开发模式的研究[M]. 南京:东南大学出版社,2002.

罗兹·墨菲. 上海——现代中国的钥匙[M]. 上海社会科学研究院历史研究所,编译. 上海:上海人民出版社,1986.

马云,刘紫春. 文化自信背景下提升历史街区文化内涵的思考——以南昌历史街区和抚州文昌里为例[J]. 东华理工大学学报(社会科学版),2021(2).

马云晋. 历史文化街区保护与利用的三个关键[J]. 人民论坛,2019(25).

孟华. 探求历史文化街区市政基础设施规划提升改造之路——以嘉定西大街改造区为例[J]. 上海城市规划,2016(3).

孟令敏,赵振斌,张建荣. 历史街区居民地方依恋与制图分析——以商南西街为例[J]. 干旱区资源与环境,2018(11).

牛玉,汪德根. 基于游客视角的历史街区旅游发展模式影响机理及创新——以苏州平江路为例[J]. 地理研究,2015,34(1).

彭敏,盖春英,魏贺. 基于历史文化街区保护的地下停车库规划研究 ——以北京市受壁街为例[J]. 城市交通,2018(5).

平措卓玛,徐秀美. 历史文化街区绅士化对社区居民生活品质的影响——以拉萨八廓街为例[J].云南民族大学学报(哲学社会科学版),2016(4).

齐骥.历史文化街区的空间重构与更新发展[J].广西民族大学学报(哲学社会科学版),2017(6).

钱穆.中国文化史导论[M].北京:商务印书馆,1994.

秦海东,胡李平.基于城市触媒效应的传统商业街区微更新策略[J].规划师,2019(1).

屈峰,周倩媛,李晨阳,等.历史文化街区开发中的原真性保护——以三坊七巷历史文化街区的保护与开发为例[J].福建农林大学学报(哲学社会科学版),2015(4).

阮仪三.城市遗产保护论[M].上海:上海科学技术出版社,2005.

单霁翔.城市化发展与文化遗产保护[M].天津:天津大学出版社,2006.

邵宁.以文化生态为核心的历史街区有机更新——以高邮盂城驿街区为例[J].华中建筑,2016(4).

沈苏彦,艾丽君.南京城市历史街区社会——生态环境与旅游开发耦合协调分析[J].地域研究与开发,2016(2).

时湘斌,廖宇航,曾国惠,等.南宁历史文化街区整体风貌保护与更新策略[J].规划师,2015(1).

史蒂文·蒂耶斯德尔,等.城市历史文化街区的复兴[M].张玫英,董卫,译.北京:中国建筑工业出版社,2006.

宋海娜,周斌.基于怀旧需求的历史文化街区有机更新策略剖析——以宁波南塘老街为例[J].装饰,2017(5).

宋伟轩,孙洁,陈艳如,等.南京内城商业绅士化发育特征研究[J].地理学报,2020(2).

宋晓勇.历史文化街区保护整治工程的防火技术问题[J].消防科学与技术,2017(4).

孙菲.从空间生产到空间体验:历史文化街区更新的逻辑考察[J].东岳论丛,2020(7).

孙九霞,黄秀波,王学基.旅游地特色街区的"非地方化":制度脱嵌视角的解释[J].旅游学刊,2017,32(9).

谭俊杰,常江,谢涤湘.广州市恩宁路永庆坊微改造探索[J].规划师,2018(8).

汪雪.基于行动者网络理论的历史街区更新机制[J].规划师,2018(9).

王承华,张进帅,姜劲松.微更新视角下的历史文化街区保护与更新——苏州平江历史文化街区城市设计[J]. 城市规划学刊,2017(6).

王承华,周立,牛元莎. 古城保护语境下的地块更新路径探索——《苏州平江历史文化街区东南部地块修建性详细规划》思路解析[J]. 规划师,2016(9).

王建国. 历史文化街区适应性保护改造和活力再生路径探索——以宜兴丁蜀古南街为例[J]. 建筑学报,2021(5).

王骏,王刚,李百浩,等. 基于文脉传承的滨水工业遗产保护更新研究——以烟台渔轮修造厂为例[J]. 城市发展研究,2017(5).

王磊,刘敏霞,胡莉莉,等. 上海历史文化风貌保护对象扩大深化研究[J]. 上海城市规划,2015(5).

王敏菡,周建华. 历史文化街区公共环境设施应用探讨——以重庆磁器口古镇为例[J]. 西南师范大学学报(自然科学版),2016(11).

王为,沈旸,俞海洋. 被历史和记忆缠绕的"过去"——古南街改造更新中的3个案例[J]. 建筑学报,2021(5).

王泽阳,沈晓铃,吴连丰,等. 基于海绵城市的历史文化街区水安全体系构建——以厦门市鼓浪屿为例[J]. 给水排水,2016(11).

王昭雨,庄惟敏. 点评数据驱动下的感性评价SD法使用后评估研究——以城乡历史街区为例[J]. 新建筑,2019(4).

温天蓉,叶胜发,邓金平,等. 历史文化街区消防规划初探——以赣州市灶儿巷历史文化街区为例[J]. 现代城市研究,2015(10).

吴良镛. 北京旧城与菊儿胡同[M]. 北京:北京建筑工业出版社,1994.

吴良镛. 世纪之交的凝思:建筑学的未来[M]. 北京:清华大学出版社,1999.

吴在栋,胡玉娟,张明锋,等. 基于GIS的历史文化街区火灾风险评估——以福州市三坊七巷为例[J]. 灾害学,2016(4).

西村幸夫. 再造魅力故乡[M]. 王惠君,译. 北京:清华大学出版社,2007.

夏毓婷. 文化与经济的融合:现代城市更新发展的基本遵循——基于历史文化街区创新发展视角[J]. 湖北大学学报(哲学社会科学版),2018(5).

肖洪未,李和平. 从"环评"到"遗评":我国开展遗产影响评价的思考——以历史文化街区为例[J]. 城市发展研究,2016(10).

肖竞,李和平,曹珂. 价值导向的历史文化街区保护与发展[J]. 城市发展研究,2019(4).

徐敏,王成晖. 基于多源数据的历史文化街区更新评估体系研究——以广东省历史文化街区为例[J]. 城市发展研究,2019(2).

264

许晶. 文化与空间:历史街区复兴实践中城市文化资本的转换与反思——以福州市三坊七巷为例[J]. 北京科技大学学报(社会科学版),2019 (3).

许骁,罗小龙,刘晓曼,等. 被"遗忘"的城市角落:对常熟历史街区衰败的思考[J]. 人文地理,2015 (6).

薛凯,岳利中. 青岛大鲍岛历史街区公共空间活力特征与提升策略[J]. 科学技术与工程,2020(21).

闫怡然,李和平. 传统风貌区的价值评价与规划策略——以重庆大田湾传统风貌区为例[J]. 规划师,2018(2).

阳建强. 基于文化生态及复杂系统的城乡文化遗产保护[J]. 城市规划,2016,40(4).

杨俭波,李凡,黄维. 历史文化名城改造中城市更新概念的衍生、想象和认知局限性——以佛山岭南天地"三旧"改造为案例[J]. 热带地理,2015(2).

杨俊宴,史宜. 基于"微社区"的历史文化街区保护模式研究——从社会空间的视角[J]. 建筑学报,2015(2).

杨亮,汤芳菲. 我国历史文化街区更新实施模式研究及思考[J]. 城市发展研究,2019(8).

杨梦丽,王勇. 历史街区保护更新的协作机制[J]. 城市发展研究,2016(6).

杨涛. 可持续与系统性:拉萨八廓街保护实践中的街区保护方法探索[J]. 城市发展研究,2015(2).

叶露,王亮,王畅. 历史文化街区的"微更新"——南京老门东三条营地块设计研究[J]. 建筑学报,2017(4).

於红梅. 数字媒体时代城市文化消费空间及其公共性——以苏州平江路为例[J]. 新闻与传播研究,2016(8).

于英,高宏波,王刚. "微中心"激活历史文化街区——智慧城市背景下的苏州悬桥巷历史街区有机更新探析[J]. 城市发展研究,2017(10).

袁奇峰,蔡天抒,黄娜. 韧性视角下的历史街区保护与更新——以汕头小公园历史街区、佛山祖庙东华里历史街区为例[J]. 规划师,2016(10).

张兵. 城乡历史文化聚落——文化遗产区域整体保护的新类型[J]. 城市规划学刊,2015(6).

张泉. 关于历史文化保护三个基本概念的思路探讨[J]. 城市规划,2021(4).

张杨,何依. 历史文化名城的研究进程、特点及趋势——基于 CiteSpace 的数据可视化分析[J]. 城市规划,2020(6).

张悦,郝石盟,朵宁,等. 开间更新:一种基于整体保护与人居改善的北京老城微更新模式[J]. 建筑学报,2018(7).

张中华,焦林申. 城市历史文化街区的地方感营造策略研究——以西安回民街为例[J]. 城市发展研究,2017(9).

赵衡宇. 怀旧视角下老城旧街的复兴及其价值认同——以武昌县华林街区的"慢更新"为例[J]. 城市问题,2015(9).

赵寰熹. "真实性"理论语境下的历史街区研究——以北京什刹海和南锣鼓巷地区为例[J]. 人文地理,2019 (2).

郑锐洪,张妞,成阳超. 天津市五大道历史街区旅游价值的整合开发[J]. 城市问题,2018(2).

郑锐洪. 城市历史街区旅游体验价值开发模式选择[J]. 城市问题,2020(7).

钟晓华,寇怀云. 社区参与对历史街区保护的影响——以都江堰市西街历史文化街区灾后重建为例[J]. 城市规划,2015(7).

周宁,范熙晅,吴龙杰. 历史街区的文脉传承与复兴——南京南捕厅历史街区保护与改造[J]. 新建筑,2017(3).

周茜,刘贵文,马昱,等. 基于认知评价的历史文化街区商业适宜度研究——以重庆磁器口为例[J]. 城市发展研究,2018 (6).

周尚意,吴莉萍,张瑞红. 浅析节事活动与地方文化空间生产的关系——以北京前门—大栅栏地区节事活动为例[J]. 地理研究,2015(10).

周玮,黄震方. 城市街巷空间居民的集体记忆研究——以南京夫子庙街区为例[J]. 人文地理,2016(1).

周玮. 旅游历史街区空间格局分布特征与机理研究——以南京夫子庙为例[J]. 商业研究,2016(5).

朱永杰,韩光辉,吴承忠. 北京旧城历史街区保护现状与对策研究[J]. 城市发展研究,2018 (5).

朱昭霖,王庆歌. 空间生产理论视野中的历史街区更新[J]. 东岳论丛,2018(3).

后　记

从第一次踏进衣裳街以来,我与湖州这座城市结缘已近 20 年,在全程参与湖州历史文化街区保护与更新工作中,结识了许多亦师亦友的领导和朋友。儒雅睿智的戴健局长,对湖州古建筑如数家珍的林星儿先生,和善可亲而又坚持原则的陈子凤所长,以及沉稳、干练的钱顺根先生,一起同舟共济研究方案的戴俊成先生……当然还有我的搭档——永远开心、大度的侯旸先生,感谢他们多年来的理解、支持和帮助。另外,湖州银行在旧城改造中坚持绿色建筑与绿色金融协同发展理念,为城市建设和本书的出版提供了资金方面的鼎力支持。湖州历史文化遗产能够保护好,历史文化街区能够整治、管理好,正是这些领导、企业和专家学者、幕后英雄们默默奉献的结果,在此一并向他们表示衷心感谢!

本书完稿时正值杭城飘起瑞雪,看着窗外漫天飞舞的如席琼芳,不禁又想起那句"世界上没有两片完全相同的雪花",雪是大自然的精灵,历史文化街区又何尝不是人类城市文明的精灵,世界上或许也没有两个完全相同的历史街区吧!中国古代的城市规划,只有诸如道路、水系、城墙、城门、衙署等重要公共设施的设计,城市街区一般是任其慢慢自由生长的。也正是因为如此,中国广袤大地上,在不同自然、地理和文化传统的共同作用下,才形成那么多风格迥异的历史文化街区。它们的可贵之处就在于其本身是生长的、变化的、丰富的,有不同时代的印记,有自然、文化、社会和生产、生活之间彼此的关联。以人的生产、生活为核心,理解中国历史街区的形成和发展机制,对于我们今天采用什么样的保护技术和保护管理方式十分重要。我们不可能有放之四海而皆准的保护与更新模式,更不可以还是简单地照搬先规划再批量进行建筑设计的工程建设程序。

生活永远是历史文化街区的根脉,随着社会发展、科技进步与设施提升,人们可以有许多的生活选择,当你选择历史文化街区,就是选择了一种最接近从前的"慢生活",切不可什么都想要。当然,你可以选择只慢一天或慢两天,也可以选择慢一生一世,但不可强求这里轿车直达楼下,而又能在庭院里静静看着日影西去。选择是一种权利,也是一种舍得,只有不苛求面面俱到,才有可能技术可行,才能实现历史文化街区价值至上、生活第一的保护,而不仅仅是肤浅的流于物质和风格形式的保护。

壬寅正月初七,窗外依然寒英纷飞,朋友圈里看到一段小西街大雪中的视频,一位七十多岁的长者留言"好看,少年时光的感觉"。城市文化是需要人们去感知的,历史文化街区就是赋予我们有根有源、有动力有灵感、有价值有追求的一种感知城市历史文化的场所。为时光留下曾经的记忆,为城市留下传统形态特色,为市民留下活态产业,为社会留下文化遗产,在历史文化街区不断提升的保护意识中,不变的是对于传统生活的理解,它像一条深邃的河流,波澜不惊而又一直汨汨向前!

梁　伟

壬寅早春,于杭州临安桃李春风